职业院校煤矿类专业课程教材

煤矿机械

主　编　贾水保　龙　虎
副主编　于玥冉　柏　惠
主　审　魏　鹏

中国劳动社会保障出版社

图书在版编目（CIP）数据

煤矿机械 / 贾水保，龙虎主编 . -- 北京 : 中国劳动社会保障出版社，2025. --（职业院校煤矿类专业课程教材）. -- ISBN 978-7-5167-7012-2

Ⅰ. TD4

中国国家版本馆 CIP 数据核字第 202528Q32Q 号

煤矿机械

MEIKUANG JIXIE

中国劳动社会保障出版社出版发行

（北京市惠新东街 1 号　邮政编码：100029）

*

北京市鑫霸印务有限公司印刷装订　　新华书店经销

787 毫米 ×1092 毫米　16 开本　13.5 印张　293 千字

2025 年 8 月第 1 版　　2025 年 8 月第 1 次印刷

定价：36.00 元

营销中心电话：400-606-6496

出版社网址：https://www.class.com.cn

《煤矿机械》编审委员会

主　编　贾水保　龙　虎

副主编　于玥冉　柏　惠

编　者　**（以姓氏笔画为序）**

于玥冉（郑州航空工业管理学院）

龙　虎（晋能控股煤业集团有限公司技师学院）

闫丽丽（河南能源工业技师学院）

张丽媛（晋能控股煤业集团有限公司技师学院）

柏　惠（晋能控股煤业集团有限公司技师学院）

贾水保（河南能源工业技师学院）

主　审　魏　鹏（河南能源工业技师学院）

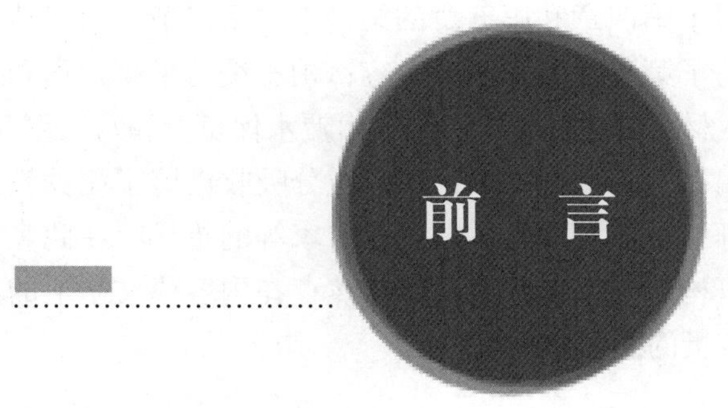

前言

为了全面贯彻落实党的二十大和二十届二中、三中全会精神，深入贯彻落实习近平总书记关于大力发展技工教育的重要指示精神，贯彻落实中共中央办公厅、国务院办公厅印发的《关于推动现代职业教育高质量发展的意见》，推进技工教育高质量发展，全面推动技工院校教学模式改革创新，适应新时代技能人才培养要求，满足全国技工院校、职业院校以及相关培训单位的需求，我们在充分调研的基础上，组织有关院校的教师和行业企业专家，编写了“职业院校煤矿类专业课程教材”并作为“十四五”技工教育规划教材推荐使用。

在编写本套教材的过程中，我们严格贯彻落实《职业院校教材管理办法》《技工院校教材管理工作实施细则》《中等职业学校专业教学标准》等文件要求，依据技工院校教材规划、专业课课程规范，服务学生成长和就业创业，兼顾职业培训实际需要。本教材具有四个方面的特点：一是坚持知识性、准确性、适用性、先进性，体现专业特点。教材努力做到以教学实际为需求导向，根据煤矿行业发展现状和趋势，合理编写教材内容，同时在严格执行国家有关技术标准的基础上，尽可能多地介绍行业新知识、新技术、新工艺和新设备。二是突出职业教育特色，重视实践能力培养。教材以职业能力定位内容，根据煤炭专业职业实际需要，适当设置专业知识的深度与难度，合理确定学生应具备的知识结构和技能水平，以满足企业对技能型人才的需求。三是创新编写模式，激发学生学习兴趣。按照技工院校、职业学院和职业培训机构教学规律及学生的认知规律，合理安排教材内容，定位学习目标，以问题为导向设置知识导引、知识点和技能点，以图表、实物照片辅助知识理解，为学生营造生动、直观的学习环境。四是注重立体化开发，方便多媒体教学使用。

《煤矿机械》配有电子课件并逐步丰富配套习题册等教学资源，以方便教师上课使用，可以通过技工教育网（https://jg.class.com.cn）查询下载。本教材既可作为全国职业院校煤矿类及其相关专业的通用课程教材，也可作为煤矿类专业各类职业培训教材。本教材的主要内容包括采煤机械、掘进机械、运输机械、液压支护设备、矿井提升设备、流体机械共六章，重点介绍了煤矿常用机械设备的组成与分类、结构和工作原理以及如何使用操作等知识。为了贴近教学与学习实践，本教材中在每章设置了学习目标、引言、知识拓宽、思考练习题、技能实训，力求使内容符合职业教育和职业培训的教学需求，做到实用、适用。

《煤矿机械》由贾水保、龙虎任主编，于玥冉、柏惠任副主编，闫丽丽、张丽媛参编。其中，贾水保编写了第一章、第二章和技能实训一、技能实训二；于玥冉编写了第三章的第一节、第二节、第三节、第四节；闫丽丽编写了第三章的第五节和技能实训三、技能实训四；龙虎编写了第四章和第五章的第一节、第二节、第三节，以及技能实训五、技能实训六；张丽媛编写了第五章的第四节内容；柏惠编写了第六章和技能实训七、技能实训八、技能实训九。本教材由魏鹏任主审，全文由贾水保负责编写大纲并主持组稿和统稿。

在编写本教材过程中，我们充分吸收借鉴了相关教材、著作的思路和内容，接受了很多优秀教师、企业管理人员、行业专家等的指导，在此表示衷心的感谢。由于水平有限，尽管我们认真构思、反复修改，但依然存在内容或文字上的遗憾，衷心希望广大教师、学生、读者提出宝贵的意见和建议。

“职业院校煤矿类专业课程教材”编写工作组

2025 年 5 月

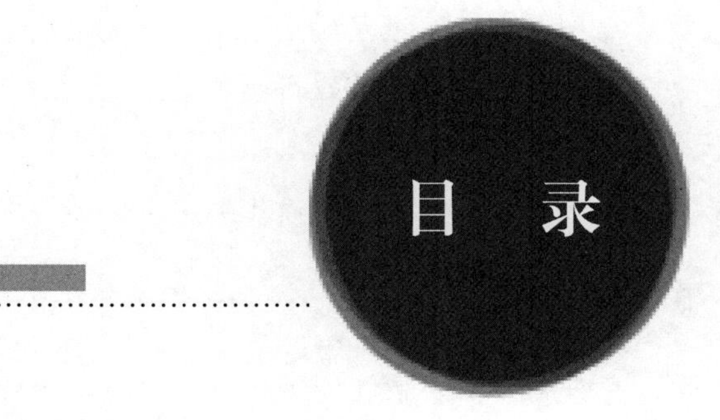
目 录

第一章

采煤机械

学习目标

1. 了解我国采煤机械的发展概况及发展趋势。

2. 熟悉滚筒式采煤机的组成与分类及其他类型采煤机（薄煤层采煤机、连续采煤机、刨煤机）的组成、结构和工作原理。

3. 掌握采煤机的选型和使用操作。

引　言

采煤工作是在采煤工作面完成的。采煤工作面的主要工作是破煤、装煤、运煤和顶板控制，其具体工作流程是：首先，将煤从整体的煤壁上截割破碎下来；其次，把破碎下来的煤装入工作面输送机；最后，经过工作面巷道及煤矿的运输提升系统将采下来的煤运到地面。煤采出后的裸露空间、采煤工作人员及设备必需的空间，其维护和保障由顶板控制来完成。采煤机械是完成破煤、装煤两个功能的机械设备，能够截割破碎煤量的多少，直接决定了采煤工作面的煤炭产量。同时，采煤机械也决定了产出煤炭的质量（块煤率、含矸率等），还决定了工作面适应各种地质构造的能力。

在采煤机械化的发展过程中，采煤机械的发展始终处于主导地位。我国采煤机械技术经过几十年的发展，经历了国外设备和技术引进、国外设备仿制、国际合作研制、自主产品技术研制、自主技术创新等发展过程，相关技术理论和产品从无到有，已形成了开采范围为 0.8～6.0 m、适应倾角为 0°～60°、总装机功率达 2 215 kW 的具有自主知识产权的采煤机械产品和理论基础。

本章主要介绍我国采煤机械的发展概况及发展趋势，滚筒式采煤机的组成与分类及其他类型采煤机（薄煤层采煤机、连续采煤机、刨煤机）的组成、结构和工作原理，以及采煤机的选型和使用操作。

第一节　采煤机械概述

一、采煤机械的种类

将煤由煤层中采落下来的机械称为采煤机械。采煤机械还应具有装煤机构，在工作过程中能同时把煤装入输送机并运出采煤工作面。

采煤机械分为采煤机和刨煤机两大类。采煤机是机械化采煤作业的主要机器设备，其功能是落煤和装煤。采煤机有不同的分类方法：按工作机构的型式可分为滚筒式、钻削式和链式；按牵引的方式可分为链牵引式和无链牵引式；按牵引机构的布置方式可分为内牵引式和外牵引式；按牵引的控制方式可分为机械牵引式、液压牵引式和电牵引式；按工作机构的位置可分为端头式和侧面式。

目前应用最广泛的采煤机是滚筒式采煤机，如图 1－1 所示为双滚筒采煤机。由于滚筒式采煤机的采高范围大，对各种煤层的适应性强，能截割硬煤，并能适应较复杂的顶底板条件，因而得到了广泛的应用。

图 1－1　双滚筒采煤机

刨煤机（见图 1－2）有动力刨煤机和静力刨煤机两种。刨煤机对煤层的地质条件要求较严，一般适用于煤质较软且黏度低、顶底板较稳定的薄煤层或中厚煤层，故应用范围较为有限。但是刨煤机结构简单，尤其在薄煤层条件下生产率较高。

二、对采煤机械的一般要求

对采煤机械的要求，是根据工作面的条件和采煤工艺的需求而提出的。现代采煤机械必须满足下列一般要求：

图 1－2　刨煤机

（1）应满足生产率要求。

（2）工作机构应能适应煤层厚度变化而稳定工作；牵引机构应能在工作过程中随时根据需要改变牵引速度，且能实现无级调速，以适应煤质硬度的变化，发挥机械的效能。

（3）机身所占空间应较小，这对于薄煤层采煤机尤为重要。

（4）整机应可拆成几个独立的部件，以便上下井和运输，也便于拆装和检修。

（5）所有电气设备都应具有防爆性能，能在有煤尘、瓦斯爆炸危险的工作面安全工作。

（6）电动机、传动装置和牵引部应具有超负荷安全保护装置。

（7）应具有防滑装置，以防机械沿斜坡自动下滑。

（8）应具有内外喷雾灭尘装置。

（9）应工作稳定可靠，操作简单方便；操作手把或按钮应尽量集中，日常维护工作少且容易。

三、我国采煤机械的发展概况

采煤机械的发展和采煤工作面机械化的发展是密切相关的。我国的采煤工作面机械化经历了人工打眼放炮采煤（以下简称炮采）、普通机械化采煤（以下简称普采）、高档普通机械化采煤（以下简称高档普采）和综合机械化采煤（以下简称综采）4 个主要阶段。

1. 炮采

20 世纪 50 年代，采煤工作面是以炮采为主的阶段。在这个阶段，破煤是用煤电钻在煤壁上钻出炮眼，装入安全炸药爆破把煤破碎，工人用板锹把破碎的煤装入刮板输送机。为了增加爆破时的自由面、提高爆破效果以及装煤时能有平滑的底板，使用了截煤机在靠近底板处掏槽。截煤机采用截盘式截割机构，牵引机构采用卷绳筒和钢丝绳，主电动机两端出轴以驱动截割部和牵引部。运煤采用可拆卸搬移的刮板输送机，顶板控制采用木支柱和木顶梁，截煤机和刮板输送机之间有一排木支柱。当时，每个采煤工作面的月产量只有几千吨。

2. 普采

20 世纪 60 年代，采煤工作面发展到了普采阶段。在这个阶段，破煤和装煤工作使用截深较浅的单滚筒采煤机，其螺旋滚筒式截割机构能同时完成破煤和装煤。这种采煤机的牵引机构最开始使用的是摩擦绳筒和悬挂在工作面全长上的钢丝绳，张紧的钢丝绳和摩擦绳筒之间靠摩擦力使采煤机移动。后来，牵引机构改进为主链轮和悬挂在工作面全长上的牵引链（圆环链），两者啮合使采煤机移动，其主电动机同时驱动截割部和牵引部工作。装煤工作采用铠装式可弯曲刮板输送机，顶板控制采用摩擦式单体金属支柱和铰接式金属顶梁。相较于炮采，普采的刮板输送机中部槽得以加强，采煤机可以不用专门的机道骑在中部槽上行走。因采煤机截深减小了，故采煤后裸露的顶板可以用铰接顶梁来支护，在采煤机、刮板输送机和煤壁之间没有了支柱，可弯曲刮板输送机可以用推移千斤顶向前推移，不用拆卸后人工搬移。摩擦式单体金属支柱代替了木支柱，不仅节约了木材，对煤层厚度空化的适应性也增强了，同时提高了支撑力。

3. 高档普采

高档普采是在普采的基础上，把摩擦式单体金属支柱改为单体液压支柱而形成的，使采煤工作面的煤产量得以极大提高。

4. 综采

20 世纪 70 年代，我国开始研制综采设备。综合机械化实现了采煤工作面全部机械化生产，破煤、装煤使用双滚筒采煤机，运煤使用刮板输送机，顶板控制使用液压支架，消除了繁重的人工体力劳动。综采的出现、完善和推广使用为采煤机械化开创了新的时代，使得采煤能力大幅度提高。例如，综采推广使用后的 10 年时间，工作面平均月产量从 1977 年的 21 688 t 提高到 2006 年的 105 320 t，实现了高产高效，出现了“一矿一面”的高产高效矿井。

同时，综合机械化设备的使用范围也逐步扩大。我国最早为综合机械化研制的采煤机是 1970 年设计的。经鉴定，1978 年研制的 MD－150 型双滚筒采煤机，主电动机功率为 150 kW，牵引速度为 0～6 m/min，最大牵引力为 160 kN，最大截割高度为 2.5 m。1975 年仿制的 MLS3－170 型双滚筒采煤机，主电动机功率为 170 kW ，牵引速度为 0～9.33 m/min，最大牵引力为 210 kN，最大截割高度为 2.6 m。以上两种采煤机的液压调速牵引机构都是牵引链和牵引链轮。为提高生产能力的要求，要增大采煤机的截割功率，同时也必须加大牵引速度和牵引力，而采用牵引链和牵引链轮的牵引机构却限制了牵引力的提高，并且在实际使用中出现了一些不安全的因素。例如，由于悬挂在工作面全长的牵引链仍然具有很强的弹性，在工作面往往由于它的弹跳造成附近人员的伤亡，如果牵引链断裂则危险性更大；由于弹性变形量大往往出现链轮的排链不畅引起卡链现象，弹性也使采煤机移动很不稳定。因此，在 20 世纪 70 年代末出现了无链牵引。无链牵引有两种形式，一种是油缸迈步行走式，另一种是轮轨啮合行走式。前者没有获得推广，后者获得普遍推广，使用的是轮轨啮合式行走机构，采煤机由链牵引变成了轮轨啮合式行走。轮轨啮合式行走一般都使用两个行走轮，使采煤机的牵引力增大，生产能力提高。最初研制的轮轨啮合式行走采煤机有 MG300－W 型采煤机和 MXA－300 型采煤机。MG300－W 型采煤机的主电动机功率为 300 kW（或 2 × 300 kW），牵引速度为 0～6 m/min，最大牵引力为 400 kN，最大截割高度为 3.8 m，采用销轮齿轨啮合式行走机构。后来又扩展成 MG400－W 型，主电动机功率增大到 400 kW，行走机构改用齿轮销轨啮合式。MXA－300 型采煤机的主电动机功率为 300 kW，工作牵引速度为 0～4.17 m/min，最大工作牵引力为 400 kN，调动牵引速度为 4.17～8.35 m/min，最大牵引速度时的牵引力为 200 kN，采用齿轮销轨啮合式行走机构。

由于液压调速在使用中暴露出许多缺点，如对油液的清洁度要求高、效率低、发热高、可靠性差、矿物油不耐燃等，因此在大功率电力电子器件逐渐成熟的条件下，20 世纪 80 年代末至 90 年代初开始研制电气调速的采煤机。我国第一台电气调速采煤机是 1986 年设计的 MG344－PWD 型薄煤层采煤机，采用非机载的变频调速装置，行走电动机的功率为 22 kW。

采煤机的电气调速和总体结构横向布置得以广泛应用后，其生产能力大幅度提高。进入 21 世纪，采煤机的发展更加迅速。目前，采煤机的总装机功率已经超过 2 000 kW，最大牵引力已经超过 100 kN，最大工作牵引速度已经超过 10 m/min。2023 年，世界首套 10 m 超大采高智能综采工作面在陕煤曹家滩矿业公司启用，创造了一次采全高 10 m 世界第一，单工作面年产量突破 2.0×10^7 t 世界第一。可见，我国的综采工作面已经由机械化向智能化迈进。

四、采煤机械的发展趋势

自 20 世纪 80 年代以来，采煤机械在结构、性能参数、可靠性和易维修性等方面都有很大的改进，在增大功率、结构布置以及牵引方式上都有了划时代的发展。特别是进入 21 世纪以来，电牵引采煤机械已成为主要发展方向。采煤机械的发展趋势主要体现在以下 8 个方面：

1. 增大总装机功率和生产能力

为了适应煤炭生产的高产高效和在不同地质条件下快速截割煤岩的需要，厚煤层、中厚煤层和薄煤层的采煤机械均在不断增大总装机功率和生产能力。经过不断发展，单截割电动机采煤机械的总装机功率已增大到 450～1 100 kW，双截割电动机采煤机械的装机总功率已超过 2 000 kW，最大的可达 2 925 kW，同时生产能力也大幅度提高。由于增大了截深和牵引速度，中厚以上煤层的采煤机械生产能力可实现 1 500～2 000 t/h。

2. 电牵引采煤机械已成为主导机型

目前，电牵引采煤机械已成为德国、英国、美国、日本和法国等主要采煤机械生产国家的主导机型，有些国家的液压牵引采煤机械发展停滞。我国从 20 世纪 90 年代以来，也研制了多种电牵引采煤机械，有交流电牵引和直流电牵引等，具有代表性的机型有 MG200/500－WD 型、MG250/600－WD 型、MG300/700－WD 型、MGA63－DW 型、MXA－380 E 型 等，它们分别利用交流变频调速和直流调节励磁调速来实现行走与调速。

3. 增大牵引速度和牵引力，改进无链牵引机构

在发展过程中，采煤机的牵引速度已经由 5～6 m/min 提高到 15～16 m/min，同时在牵引机构上出现了多种强度高、挠性好、寿命长的链轨式无链牵引机构，并且牵引力也大幅度增大。

4. 机械的结构布置有了新发展

出现了多电机横向布置、纵向布置、牵引截割合一、破碎滚筒采用独立电机等，改进了采煤机械的结构，使得组装、拆卸、使用和维护更加方便。

5. 改进截割滚筒的结构

在截割滚筒改进方面，增大了截深，采用强力截齿辅以高压水射流喷雾降尘助切，滚筒从设计即实现结构加固，出现了大截深（1 000 m 以上）、厚叶片、水压达 10 MPa 以上的高效高品质截割滚筒。

6. 提高采区供电电压

20 世纪 80 年代以前，采区供电电压多为 1 kV 左右。近年来，随着大功率采煤机械的普遍使用，采区供电电压一般提高为 2.3 kV、3.3 kV 甚至 5 kV。

7. 采用微电子技术，实现机电液一体化和自动控制

现代采煤机械一般均装有用微处理机控制的功能完善的数据采集、工况监测和故障诊断自动控制系统，这是代表采煤机械发展水平的重要标志。微处理机通过采集来自机械各部位的各种传感器检测拾取的信号，经过分析处理，对机械工况进行监测。

8. 通过现代化技术的改造和优化，实现采煤过程智能化

我国研制出的煤炭综采超级设备如 MG2660 智能采煤机，单日可采煤 3 万吨有余，相当于早期 1 000 名采煤工人一个月所采煤量总和。该设备整机长 16.9 m、高 6.4 m、自重达 166 t，仅其滚筒即重达 12 t，行走是靠 4 个滑靴在刮板输送机上的支撑和滑动来实现，摇臂将动力传递给滚筒，驱动滚筒高速旋转对煤层进行截割。智能采煤机械能自动识别地下煤层，充分保障煤炭质量，主动避让其中坚硬的岩石，利用振动波来探测区分煤炭和土石。智能采煤机械的摇臂上装有传感器，可感知到振波接收器发出的不同振动频率，通过惯性导航装置实现调整机身的采煤姿态，由此实现采煤过程的智能化。

【知识拓宽】

目前全球最大功率、超大采高智能化高端采煤机由中国煤炭科工集团研制。该设备的型号为 MG1250/3430-WD，针对 7～10 m 厚煤层或特厚煤层开发，最大截割功率为 1 250 kW，最大牵引功率为 250 kW，总装机功率为 3 430 kW，最大采高为 10 m，摇臂采用双向主动润滑、三重冷却系统，机身连接状态智能监测系统和内嵌式智能注脂系统，装有 5G + 冗余通信网络的高可靠、低时延远程控制技术。其多源数据融合的采煤机规划截割系统，构建了基于温度、振动、油质、磨粒等多种物理量的故障预诊断与决策模型，实现采煤机在线监测与远程运维。该机型的问世，有效解决了采用传统工艺时采煤工作面资源回收率低的问题，为实现超大采高采煤工作面安全、高效、智能开采提供了技术支撑。该型号采煤机集智能感知、智能控制、智能诊断与智能通信于一体，可以更好地满足综采工作面智能化、少人化的建设需求。

第二节　滚筒式采煤机

滚筒式采煤机是目前国内外采煤机械的主要类型，现在已经研发和生产出很多种型号。滚筒式采煤机具有工作可靠性高、生产率高、调高方便、功率大、装煤效果好、能自开切口等优点，因此适用于各种硬度、厚度为0.65～4.50 m的缓倾斜煤层，并能适应较复杂的顶底板条件，还有利于实现综采设备配套和自动控制。因此，在国内外煤田开采领域，滚筒式采煤机得到了广泛的应用。

一、滚筒式采煤机的分类

（1）按滚筒的数量不同，滚筒式采煤机可分为单滚筒采煤机和双滚筒采煤机。单滚筒采煤机机身较短，重量较轻，但自开切口性能较差；双滚筒采煤机调高范围大，生产率高，可自开切口，因此适用范围广。

（2）按所采煤层的厚度不同，滚筒式采煤机可分为厚煤层采煤机（采高大于3.5 m）、中厚煤层采煤机（采高1.3～3.5 m）和薄煤层采煤机（采高小于1.3 m）。

（3）按电动机的布置方式不同，滚筒式采煤机可分为电动机轴向平行煤壁布置采煤机和电动机轴向垂直煤壁布置采煤机。

（4）按调高的方式不同，滚筒式采煤机可分为固定滚筒式采煤机（靠机身上的液压缸调高）、摇臂调高式采煤机和机身摇臂调高式采煤机。

（5）按机身设置的方式不同，滚筒式采煤机可分为骑输送机式采煤机和爬底板式采煤机。

（6）按牵引的控制方式不同，滚筒式采煤机可分为机械牵引采煤机、液压牵引采煤机和电牵引采煤机。

（7）按牵引的方式不同，滚筒式采煤机可分为钢丝绳牵引采煤机、链牵引采煤机和无链牵引采煤机。

（8）按所采煤层的条件不同，滚筒式采煤机可分为缓倾斜煤层采煤机、倾斜煤层采煤机和急倾斜煤层采煤机。

（9）按采煤工作面的布置方式不同，滚筒式采煤机可分为长壁采煤机和短壁采煤机。

（10）按牵引机构的设置方式不同，滚筒式采煤机可分为内牵引采煤机和外牵引采煤机。

（11）按滚筒的布置方式不同，滚筒式采煤机可分为滚筒平行于煤壁（水平滚筒）切割的采煤机和滚筒垂直于煤壁（垂直滚筒或立滚筒）切割的采煤机。

二、单滚筒采煤机

单滚筒采煤机具有一个能够落煤和装煤的滚筒式工作机构，是我国20世纪60年代以来使用较多的一种采煤机，它骑在工作面输送机上，以输送机为导向沿采煤工作面来回牵引。

1. 单滚筒采煤机的组成与功用

（1）单滚筒采煤机的组成

单滚筒采煤机的组成可分为四部分，即截煤部、牵引部、电动机和辅助装置，各部分可细分为各类装置，如图 1－3 所示。

1）截煤部：用于把煤从煤层中截落并装入输送机，包括滚筒、摇臂、截煤部减速箱和挡煤板。

2）牵引部：用于采煤机沿工作面来回牵引，包括链轮、锚链和牵引部减速箱。

3）电动机：用来驱动截煤部和牵引部，包括电动机及其输送电的电缆。

4）辅助装置：包括承托机身的底托架、防止采煤机沿倾斜坡自动下滑的防滑装置、灭尘用的喷雾装置，以及其他电气、机械的保护和控制装置等。

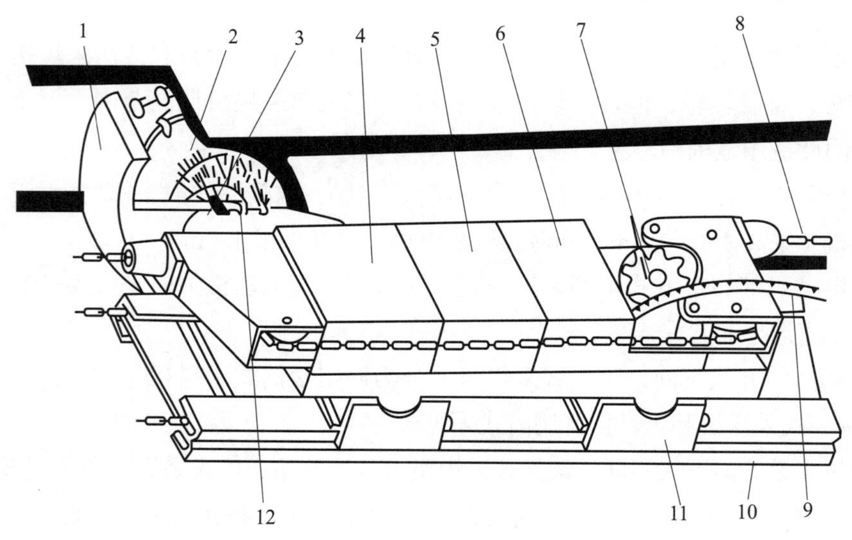

图 1－3 单滚筒采煤机的组成

1—挡煤板；2—滚筒；3—摇臂；4—截煤部减速箱；5—电动机；6—牵引部减速箱；7—链轮；8—锚链；9—电缆；10—刮板输送机；11—底托架；12—喷雾装置

（2）各部分的功用

单滚筒采煤机的滚筒是由电动机通过截煤部减速箱和摇臂内的齿轮所驱动，滚筒的螺旋叶片上装有许多截齿。滚筒转动时，截齿把煤从煤层上截落下来，并利用螺旋叶片和挡煤板，把煤装入刮板输送机。同时，电动机另一端出轴带动牵引部，使采煤机在刮板输送机上边采煤边移动。

摇臂可上下摆动，以此来升高或降低滚筒，并可将滚筒固定在摆角内任意位置，以适应煤层厚度的变化。

牵引机构的组成包括紧链、导链管、导链轮、链轮和锚链装置，如图 1－4 所示。链轮水平地装在牵引部减速箱的出轴上。锚链通过链轮、导链轮和导链管等，由机身上引出，两端分别与固定在工作面两端的紧链装置相连，使锚链两端张紧。链轮转动时，带动采煤机沿锚链移动，移动方向取决于链轮的转动方向。采煤机单位时间移动的距离称为牵引速度。现代采煤机的牵引速度一般为 0～10 m/min，新型采煤机的牵引速度可达 20 m/min，其中高速牵引用于空载调动，截煤时用的牵引速度一般不超过 6 m/min。

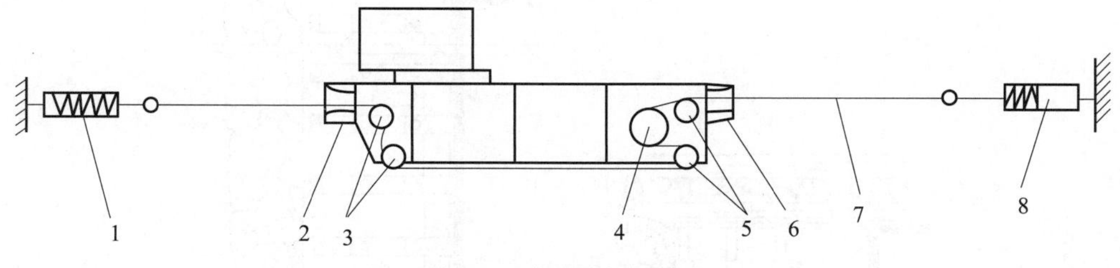

图 1-4 牵引机构的组成

1、8—紧链装置；2、6—导链管；3、5—导链轮；4—链轮；7—锚链

滚筒的转速一般不变，但有的可通过更换齿轮而获得多种滚筒转速。滚筒的直径是指自截齿齿尖处量得的直径，截齿的截割速度是指齿尖的线速度。当滚筒直径和每分钟转数已知时，截割速度为

$$v_{截} = \frac{\pi D n}{60} \tag{1-1}$$

式中，$v_{截}$——截割速度，m/s；

D——滚筒直径，m；

n——滚筒转数，r/min。

底托架的作用是托高机身，使采煤机各组成部分为一整体，并使其骑在刮板输送机上。底托架下面有过煤空间，机身用螺钉等固定在它上面。底托架下面有 4 个腿装着滑靴，机器牵引移动时，依靠滑靴在刮板输送机两边槽帮上滑行。刮板输送机两边槽帮外侧，还装有滑靴导向挡板，使采煤机滑行时不致掉出机道。

2. 普采工作面设备布置及工作方法

普采工作面的配套设备有采煤机、可弯曲刮板输送机和支护设备。因支护设备不同，故其机械化程度也不一样：普采采用金属支柱加铰接顶梁；高档普采则采用单体液压支柱加铰接顶梁。

普采工作面设备布置如图 1-5 所示。其采煤方法为：采煤机为单滚筒采煤机，骑在工作面刮板输送机上，首先沿工作面倾斜向上移动，把靠近顶板的煤采落并装入输送机，采过后裸露出的岩石顶板用金属支柱和金属铰接顶梁支撑，以保护设备和工人的安全。采煤机采完工作面顶部煤后，再返回下行采下部的余煤，并把所有落在底板的煤装入输送机。紧跟在设备后用千斤顶把输送机推移至新的煤壁。推移距离等于采煤机滚筒截割深度，也称为步距，一般为 0.6～1.0 m。同时，把采空区后排支柱和铰接顶梁拆除，让顶板岩石冒落下来，即回柱放顶。沿工作面全长这一工作过程称为一个工作循环，每个工作面的工作过程都是根据事先编制好的工作循环图表按照一定程序进行的。普采工作面也可采用双滚筒采煤机。

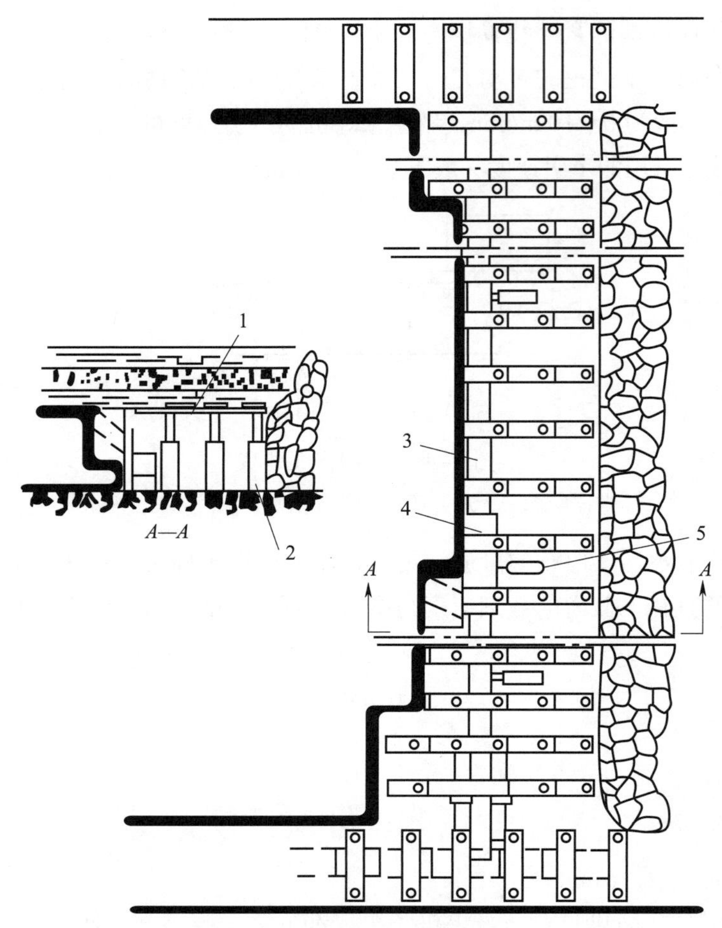

图 1-5　普采工作面设备布置

1—金属铰接顶梁；2—金属支柱；3—刮板输送机；4—单滚筒采煤机；5—千斤顶

三、双滚筒采煤机

双滚筒采煤机有两个滚筒，一个沿顶板采煤，另一个沿底板采煤，因此一次采全高、作业范围大、生产率高。综采工作面主要采用双滚筒采煤机。

1. 双滚筒采煤机的结构和传动特点

双滚筒采煤机（见图 1-6）的两个滚筒通常分别布置在机身两端，如图 1-6（a）所示。也有将两个滚筒布置在机身同一端的情况，如图 1-6（b）所示。后一种布置方式的机身较短，灵活性较大，空顶面积小。但因为其机身偏重，工作稳定性差，所以只能自开工作面的一端切口，而且机身中部的滚筒装煤效果差。前一种布置方式的机身结构对称，工作稳定性好，装煤效果也较好，可自开工作面两端的切口进行双向采煤，工作面产量大。因此，现在各国基本上都采用这种布置形式。

现以 MG－170 型双滚筒采煤机为例，说明双滚筒采煤机的主要结构。

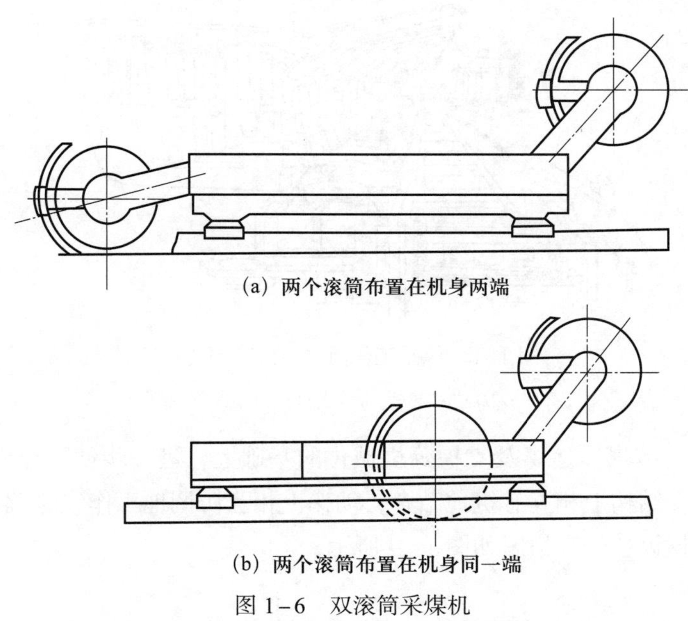

(a) 两个滚筒布置在机身两端

(b) 两个滚筒布置在机身同一端

图 1－6 双滚筒采煤机

如图 1－7 所示为 MG－170 型双滚筒采煤机，它的主要部件包括：左、右弧形挡煤板，左、右螺旋滚筒，装有电磁阀的电液控制箱，固定的左、右截煤部减速箱，液压牵引部，带有电气控制的中间箱和接线箱，电动机。附属装置包括底托架、防滑装置和调高油缸。此外，这种型号的采煤机还有牵引锚链液压紧链装置、电缆拖移装置和供水灭尘装置等。

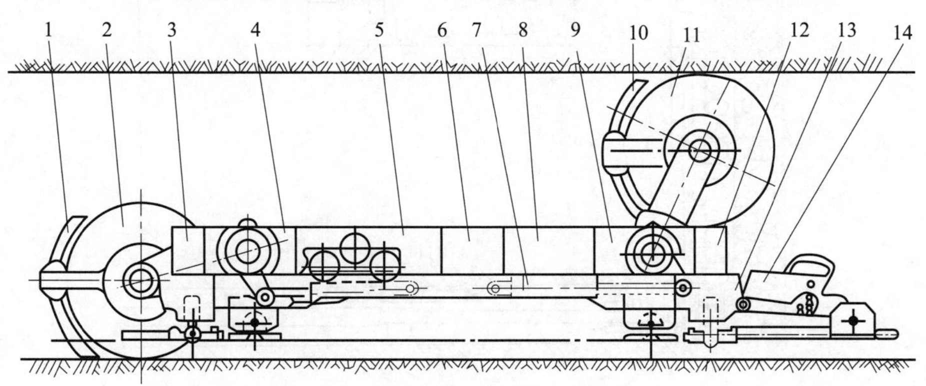

图 1－7 MG－170 型双滚筒采煤机

1、10—左、右弧形挡煤板；2、11—左、右螺旋滚筒；3—电液控制箱；4、9—左、右截煤部减速箱；5—液压牵引部；6—中间箱；7—调高油缸；8—电动机；12—接线箱；13—底托架；14—防滑装置

MG－170 型双滚筒采煤机适用于厚度为 1.5～3.0 m、倾角为 0°～30° 的中厚煤层，要求顶板中等稳定、底板不过于松软、起伏不大和煤质中硬。当煤层倾角超过 10° 时，应安装防滑装置；当煤层倾角超过 18° 时，需配备防滑绞车。

2. 双滚筒采煤机在综采工作面的工作情况

煤矿综采工作面“三机”是指采煤机、刮板输送机、液压支架。图 1－8 所示为综采工作面“三机”配套图。

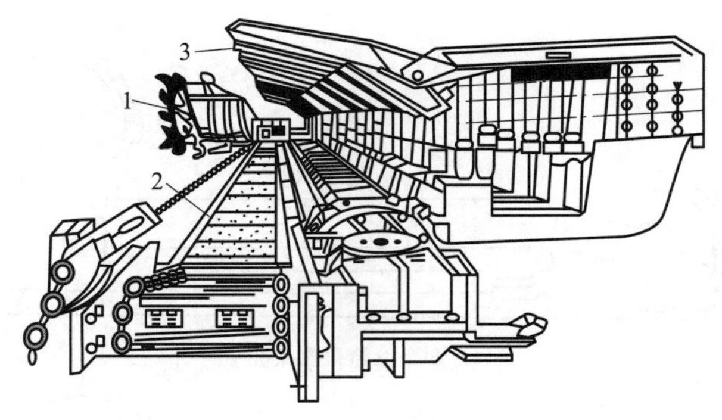

图 1－8　综采工作面“三机”配套图

1—采煤机；2—刮板输送机；3—液压支架

在工作面采煤、装煤、运煤及支护等机械化的基础上，进一步使工作面各种机械组成一个整体进行生产，在结构上相互有机地结合，动作上相互协调地工作，这就是综合机械化。

综采工作面机械设备配套情况如图 1－9 所示。

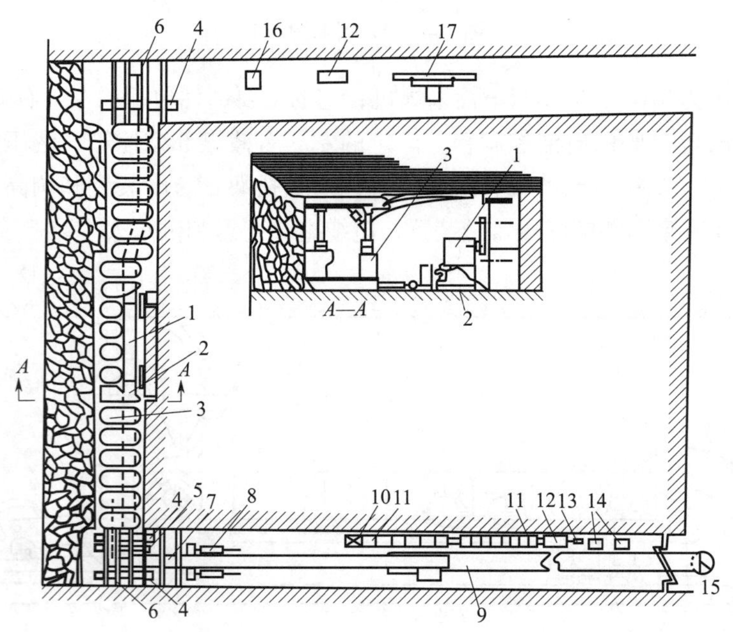

图 1－9　综采工作面机械设备配套情况

1—双滚筒采煤机；2—输送机；3—液压支架；4—端头支架；5— 锚固支架；6—巷道棚梁；7—转载机；8—转载机推移装置；9—可伸缩胶带输送机；10—控制台；11—配电点；12—泵站；13—移动装置；14—移动变电站；15—煤仓；16—绞车；17—单轨吊车

综采工作面机械设备工作情况可简单描述为：双滚筒采煤机完成落煤和装煤；采煤机所骑的输送机，是一种可弯曲刮板输送机，它将煤运出工作面，进入下顺槽转载机，由转载机将煤装到顺槽可伸缩胶带输送机上运走；工作面用液压支架支护，它可自移，沿工作面全长布置；随着采煤机采过后，液压支架一架一架往前移，以支护新裸露的顶板，后面的顶板让其自行垮落；由液压支架的推移千斤顶，将输送机推向新的煤壁；液压支架所需的高压乳化液，由安置在下顺槽内的乳化液泵站供给。

3. 双滚筒采煤机的进刀方式

双滚筒采煤机可在工作面两端自开切口。采煤机沿工作面割完一刀后，需要重新将滚筒切入煤壁，推进一个截深，这一过程称为进刀。常用的进刀方法有斜切进刀法和正切进刀法。其中，斜切进刀法又可分为端部斜切进刀法和中部斜切进刀法两种。

（1）端部斜切进刀法

利用采煤机在工作面两端 25～30 m 的范围内斜切进刀的方式称为端部斜切进刀法，如图 1－10 所示。其操作过程如下：

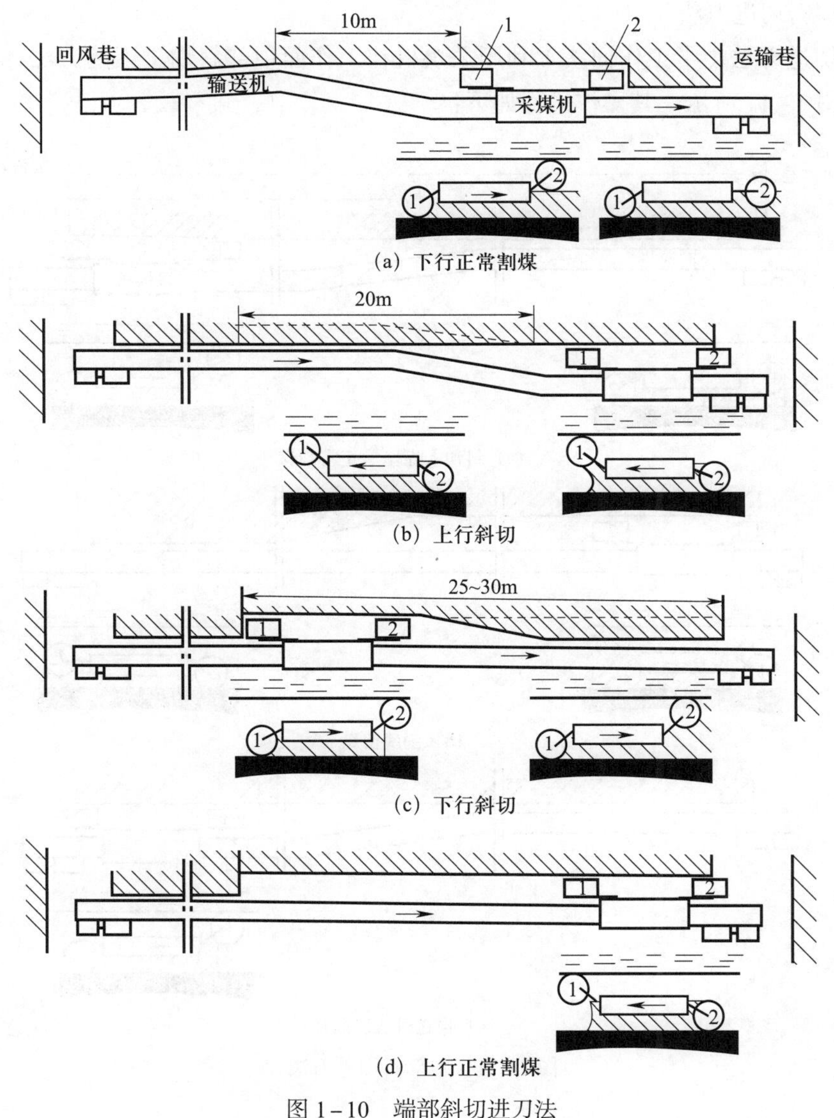

图 1－10　端部斜切进刀法

1）采煤机下行正常割煤时，滚筒 2 割顶部煤，滚筒 1 割底部煤，如图 1－10（a）所示，在离滚筒约 10 m 处开始逐段移输送机；当采煤机割到下顺槽处时，将滚筒 2 逐渐下降，以割底部残留煤，同时将输送机移成如图 1－10（b）所示的蛇弯形。

2）翻转挡煤板，将滚筒 1 升到顶部。然后开始上行斜切，如图 1－10（b）中虚线所示，斜切长度为 20 m 左右。同时，将输送机移直，如图 1－10（c）所示。

3）翻转挡煤板，并将滚筒 1 下降割煤。同时，将滚筒 2 上升，然后开始下行斜切，如图 1－10（c）中虚线所示，直到下顺槽。

4）翻转挡煤板，将滚筒位置上下对调，如图 1－10（d）所示。然后快速移过斜切长度开始上行正常割煤。随即移动下部输送机，直到上顺槽时又重复上述进刀过程。这种进刀方法工序较复杂，适用于工作面较长、顶板较稳定的条件下工作。

（2）中部斜切进刀法

中部斜切进刀法（半工作面法）利用采煤机在工作面中部斜切进刀的方法称为中部斜切进刀法，如图 1－11 所示。其操作过程如下：

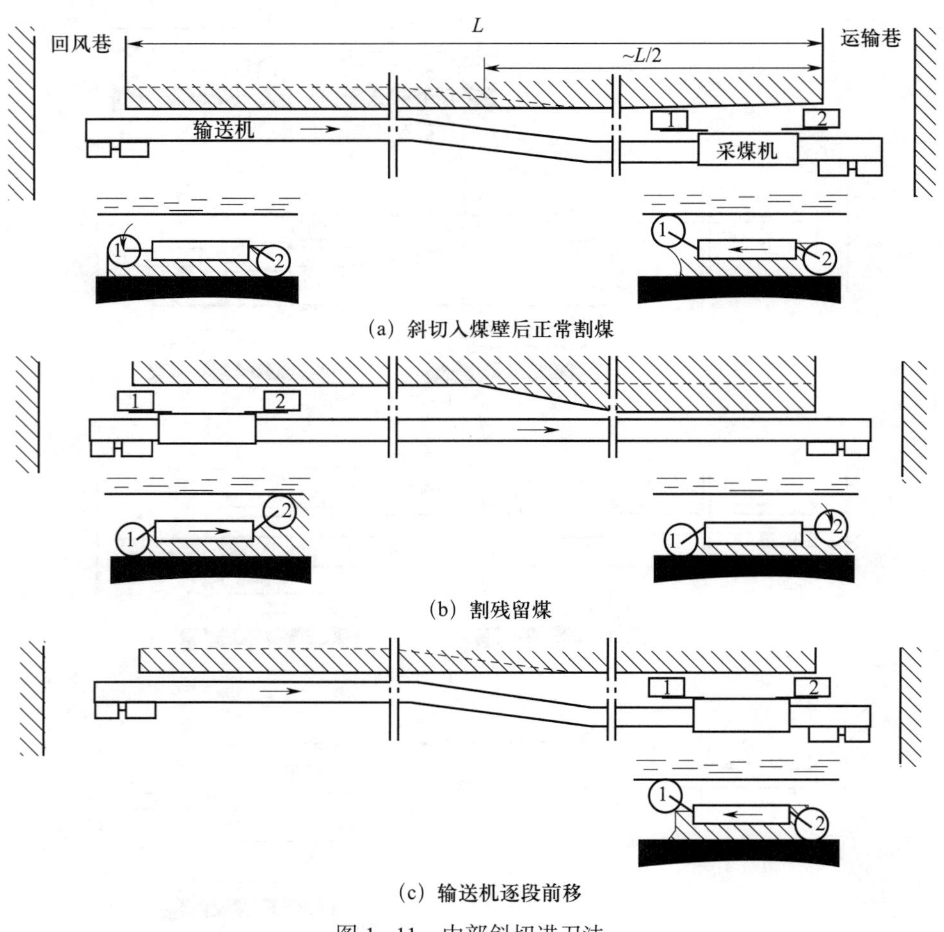

图 1－11　中部斜切进刀法

1）开始时工作面是直的，输送机在工作面中部弯曲，如图 1－11（a）所示。采煤机在下顺槽将滚筒 1 升起，待滚筒 2 割完残留煤后快速上行到工作面中部，装完上一刀留下的浮煤并逐步使滚筒斜切入煤壁，如图 1－11（a）中虚线所示；然后转入正常割煤，直到上顺槽。翻转挡煤板，将滚筒下降割残留煤，同时将下部输送机移直，这时工作面是弯的，输送机是直的，如图 1－11（b）所示。

2）将滚筒 2 升起，机器下行割掉残留煤后即快速移到中部，逐步使滚筒切入煤壁，如图 1－11（b）虚线所示，转而正常割煤，直到下顺槽。翻转挡煤板，并将滚筒下降，即完成了一次进刀。然后将上部输送机逐段前移成如图 1－11（c）所示，即又恢复到工作面是直的，输送机是弯的位置。

3）将滚筒 1 上升，机器又快速移到工作面中部，又开始新的斜切进刀，重复上述过程。

这种进刀方法的特点是：每进 2 刀只改变牵引方向 4 次，故工序比较简单，省时间；采煤机快速移动时可以装完上次进刀留下的浮煤，故装煤效果好；采煤机割煤时，输送机头处于非移动状态，且有一半时间完全呈直线，故能提高输送机的寿命。

中部斜切进刀法适用于工作面较短，煤片帮严重的煤层条件。

（3）正切进刀法

正切进刀法（钻入法）是在工作面两端用千斤顶将输送机及其上面的采煤机滚筒推向煤壁，利用滚筒端盘面上的截齿钻入煤壁，以实现正切进刀，如图 1－12 所示。其操作过程如下：

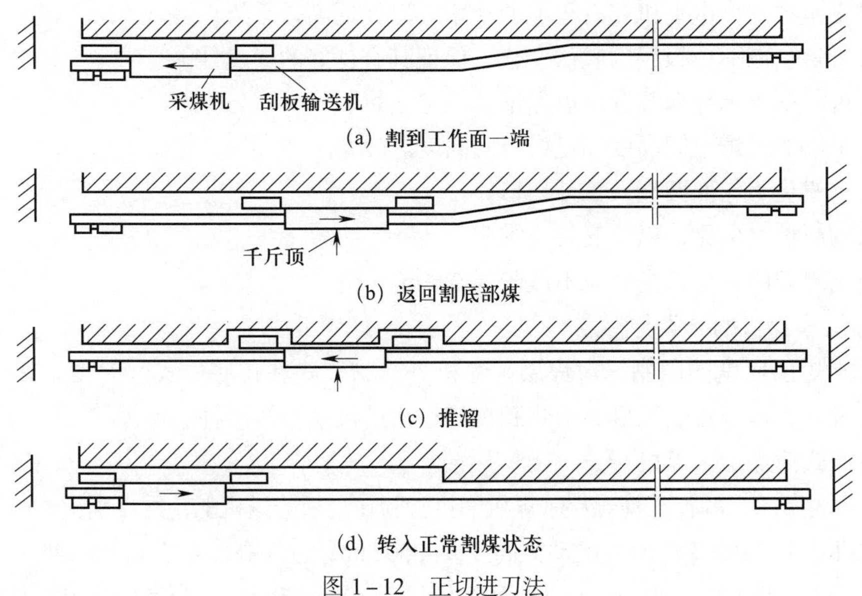

(a) 割到工作面一端
(b) 返回割底部煤
(c) 推溜
(d) 转入正常割煤状态

图 1－12　正切进刀法

1）当采煤机割到工作面一端后，如图 1－12（a）所示，放下上滚筒，返回割一个机身长的底部煤，则工作面如图 1－12（b）所示。

2）开动滚筒，并靠推移千斤顶将输送机连同采煤机强行推入煤壁（俗称推溜）。为便于钻入，在推溜的同时将采煤机在 1 m 距离内往复牵引，直到钻入一个截深，如图 1－12（c）所示。

3）滚筒切入后，变换前后滚筒高度，割去端面残余煤，再转入正常割煤状态，如图 1－12（d）所示。

正切进刀法的优点是：工作面空顶面积小，切入时间短，可提高工效。但这种进刀方法只适用于用有门式挡煤板或无挡煤板的采煤机，且千斤顶推力要大，要求输送机、采煤机摇臂强度高。因此，这种进刀方法一般很少采用。

第三节　其他类型采煤机

一、薄煤层采煤机

国内外在中厚煤层发展综采的同时，也已重视厚度为 0.7～1.3 m 薄煤层的机械化采煤技术，但薄煤层劳动条件恶劣，开采难度大，因此发展得比较缓慢。我国薄煤层煤炭储量约占总储量的 20%，因此薄煤层采煤机械化是一个迫切需要解决的问题。

我国正在大力研制薄煤层采煤机，其中 MG100 型采煤机已批量生产，MG344－PWD 型薄煤层电牵引采煤机也已投入使用。

1. 对薄煤层采煤机的要求

（1）机身虽矮，但电动机要有足够的功率，以保证高效采煤。

（2）机身短，以适应煤层的起伏变化，保证其有良好的通过性能。

（3）有可靠的支承导向装置，以保证其稳定运行。

（4）有足够的过煤空间高度和过机空间高度。

（5）力求避免工作面两端人工开切口。

（6）结构简单、可靠，以便安装与维修。

（7）液压支架的人行道高度应不低于 400 mm。

2. 薄煤层采煤机的分类与特点

由于受到煤层厚度的限制，薄煤层采煤机分为骑溜式和爬底板式两大类。其中，爬底板式采煤机又可分为机身在输送机煤壁侧和机身在输送机采空侧两种。

（1）骑溜式薄煤层采煤机

如图 1－13 所示，骑溜式薄煤层采煤机的机身骑在刮板输送机上，并靠刮板输送机支承和导向。当电动机功率为 100 kW 时，电动机高度 h=350 mm，过煤高度至少为 C=140～160 mm，输送机中部槽高度为 B=180～190 mm，则机面高度为 A=600～650 mm。再考虑到顶梁厚度、顶板下

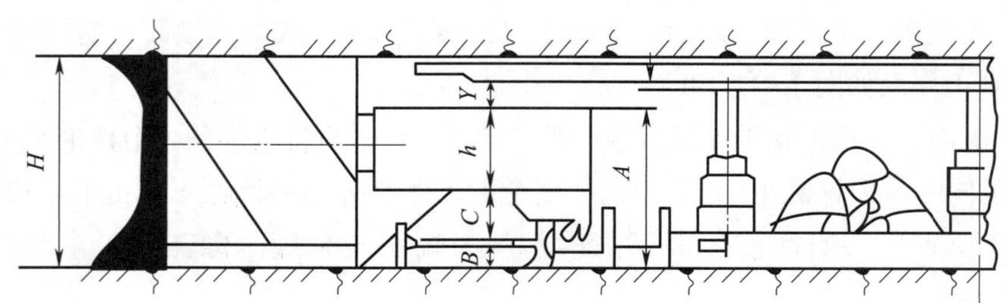

图 1－13　骑溜式薄煤层采煤机的布置

沉量以及过机高度（通常为 Y=90～200 mm），则骑溜式薄煤层采煤机只能适用于 H=0.75～0.90 m 的煤层。如果电动机功率加大，则电动机高度相应加大。因此，其最小采高还应更大。

（2）爬底板式薄煤层采煤机

如图 1－14（a）所示为爬底板式薄煤层采煤机的结构。其机身位于机道内，因而机面高度降低，使过煤高度和过机高度增大，这不仅改善了机器的性能，而且可使采煤机能在 0.6～0.8 m 的极薄煤层中工作。另外，板底的机面高度还可增加工作面的通风断面，提高工作的安全性。因此，爬底板式薄煤层采煤机是薄煤层开采机械的主要发展方向之一。但爬底板式薄煤层采煤机也存在割底、飘底、导向困难等技术问题。

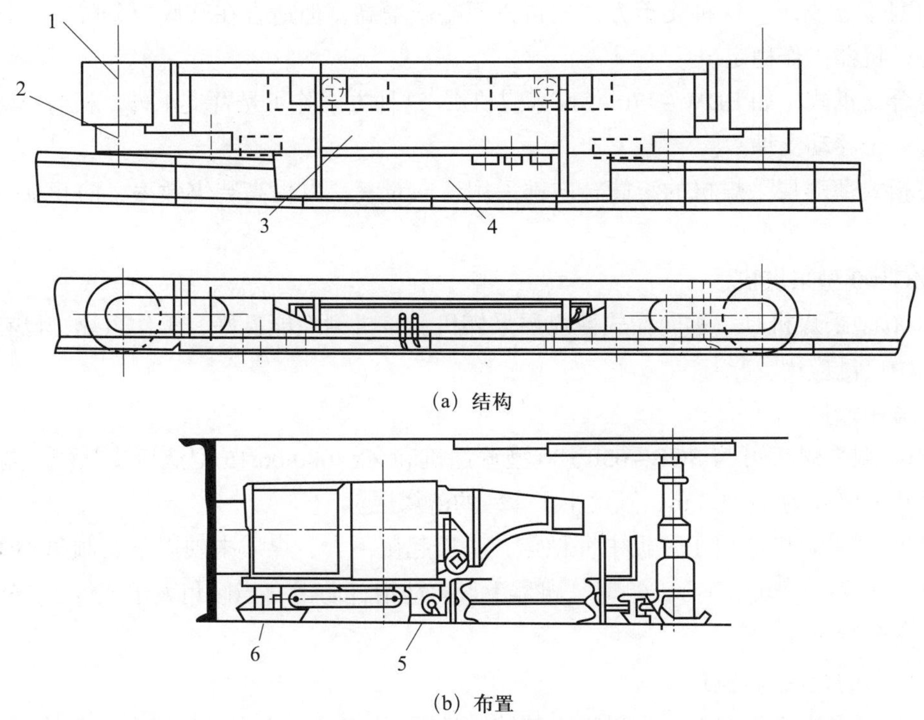

(a) 结构

(b) 布置

图 1－14 爬底板式薄煤层采煤机的结构与布置

1—滚筒；2—摇臂；3—机身；4—操纵箱；5—导轨；6—滑靴

1）关于爬底板式薄煤层采煤机的布置，应注意以下几点：

①滚筒位于机身两端，而不是位于机身一侧。因此，滚筒直径必须大于机身高度，且前方滚筒贴着底板割煤，以保证采煤机行走不受阻碍。这与一般骑溜式薄煤层采煤机有所区别。

②滚筒直径与输送机溜槽高度的比值只有 3.8～4.5，而中厚煤层采煤机的这个比值有 6.0～10.0，因此必须合理确定滚筒参数和摇臂尺寸，保证煤流畅通，以获得较好的装煤效果。

③必须重视导向和支承问题。采煤机机身的支承点可以在机身下、溜槽铲煤板上或采空区侧槽帮上，要有一处可靠地起导向作用，一般采用导向管。

④无论采用哪种支承方式，采煤机机身都应离开底板适当距离，以便进行调整，以适应底板起伏和清除浮煤。

⑤这类采煤机仅用于开采薄煤层，观察和行动都很不方便，限制了牵引速度的提高，故应多采用遥控和自动化技术。

2）爬底板式薄煤层采煤机的支承方式有以下三种：

①底板支承式（如 AM－420 型采煤机）。这种方式将机身一侧支承在铲煤板上，另一侧采用液压支承在机道内煤壁侧的底板上。由于一侧机身的高低取决于滚筒刚开出的底板位置，故机身容易倾斜，必须随时进行调整。这种方式适用于底板稳定，采高较小的场合。

②悬臂支承式（如 K－103 采煤机）。这种方式的机身在机道内是悬臂状的，一侧支承在铲煤板上，另一侧通过采煤机连接桥跨过刮板输送机而支承在输送机采空区侧的导向装置上，煤壁侧机身下无支承。这种支承方式使得机面略微增高，但适合在软底板条件下工作，且导向性良好，机器工作稳定。

③混合支承式（如 EDW－170－LN 采煤机），这种方式除了悬臂支承外，机身靠煤壁侧底板上还有一个浮动支承。

爬底板式薄煤层采煤机的滚筒转向都采用正向对滚，以提高装煤效率，防止摇臂挡住装煤口。

3. MG100 型采煤机

MG100 型采煤机是一种骑溜式薄煤层采煤机。该机型性能良好、工作可靠，已在我国薄煤层开采中广泛应用。

（1）适用条件

MG100 型采煤机可与 SGB－630/180 型输送机和 ZY2000/06/15 型液压支架组成综采成套设备，可开采厚度为 1～1.3 m、倾角小于 12° 的薄煤层。

MG100 型采煤机适用于顶板中等稳定、底板起伏不大、煤质中硬以下、倾角小于 25° 的长壁采煤工作面。当倾角小于 16° 时，机器上设有防滑杆防滑；当倾角大于或等于 16° 时，要配置防滑安全绞车。

（2）机器的组成与特点

MG100 型采煤机是双滚筒采煤机（其结构见图 1－15，图中右截煤部与滚筒未画出），由电动机、牵引部、截煤部减速箱、摇臂、滚筒等主要部件，以及挡煤板、底托架、拖移电缆装置和喷雾装置等辅助装置共同组成。

MG100 型采煤机的优点是能自开切口、功率大、强度高、系统保护完善。

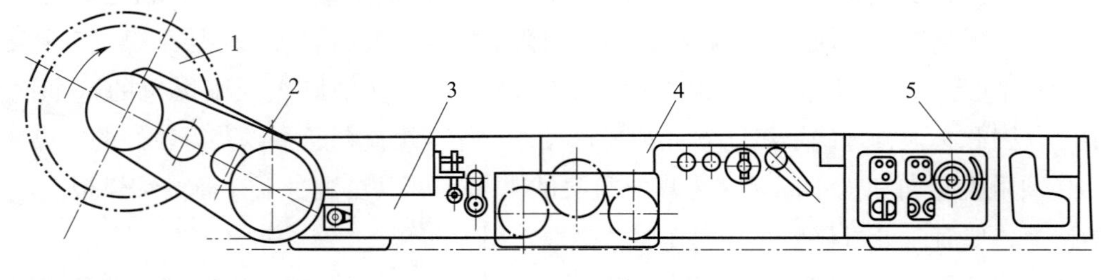

图 1－15　MG100 型采煤机的结构

1—滚筒；2—摇臂；3—截煤部减速箱；4—牵引部；5—电动机

（3）截煤部传动系统

如图 1-16 所示为 MG100 型采煤机的截煤部传动系统。电动机的出轴一路经齿轮离合器、圆柱齿轮、圆锥齿轮、连接齿轮、齿轮联轴器及摇臂箱内的齿轮，传动滚筒；另一路由齿轮离合器经连接齿轮传动调高泵，调高泵用来传动调高油缸，使调高套带动摇臂向上或向下摆动 30°。

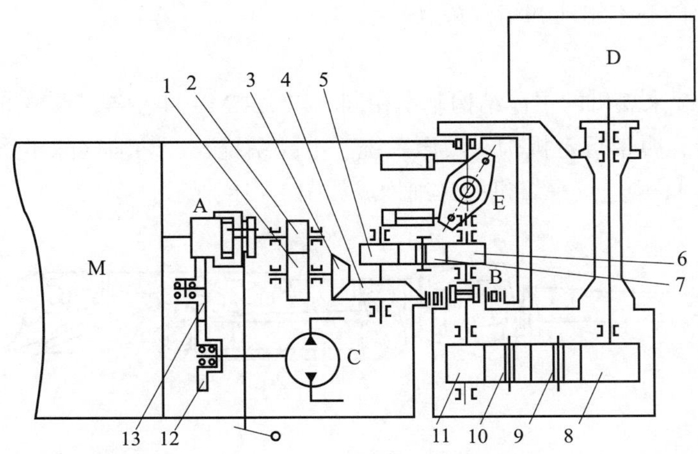

图 1-16　MG100 型采煤机的截煤部传动系统

A—齿轮离合器；B—齿轮联轴器；C—调高泵；D—滚筒；E—调高套；M—电动机；
1、2—圆柱齿轮；3、4—圆锥齿轮；5、6、7、12、13—连接齿轮；8、9、10、11—摇臂箱内齿轮

（4）牵引部传动系统

图 1-17 所示为 MG100 型采煤机的牵引部传动系统。电动机出轴经齿轮联轴器及连接齿轮驱动主油泵，同时经连接齿轮驱动辅助泵。

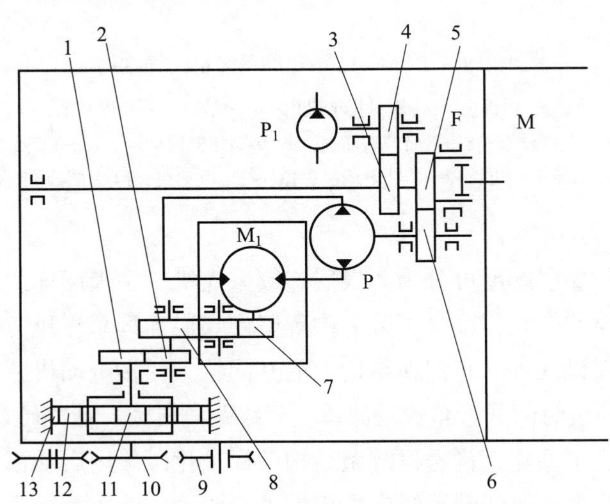

图 1-17　MG100 型采煤机的牵引部传动系统

F—齿轮联轴器；M、M_1—电动机；P—主油泵；P_1—辅助泵；
1、2、3、4、5、6、8—连接齿轮；7—惰轮；9—导向链轮；10—主链轮；11、12、13—行星齿轮

电动机的出轴上装有惰轮，通过连接齿轮及行星齿轮，驱动主链轮进行锚链牵引，并设有导向链轮。

二、连续采煤机

连续采煤机可用于开采煤柱或掘进煤巷，实现工作面落煤和装煤的一类采煤机械。

1. 连续采煤机的基本组成和结构特点

（1）基本组成

各种型式的连续采煤机的主体结构基本相同。以 12CM－11 型连续采煤机为例，主要由截割机构、装运机构、履带行走机构、液压系统、电控系统、冷却喷雾除尘系统及安全保护装置等组成。12CM－11 型连续采煤机的详细构成如图 1－18 所示。

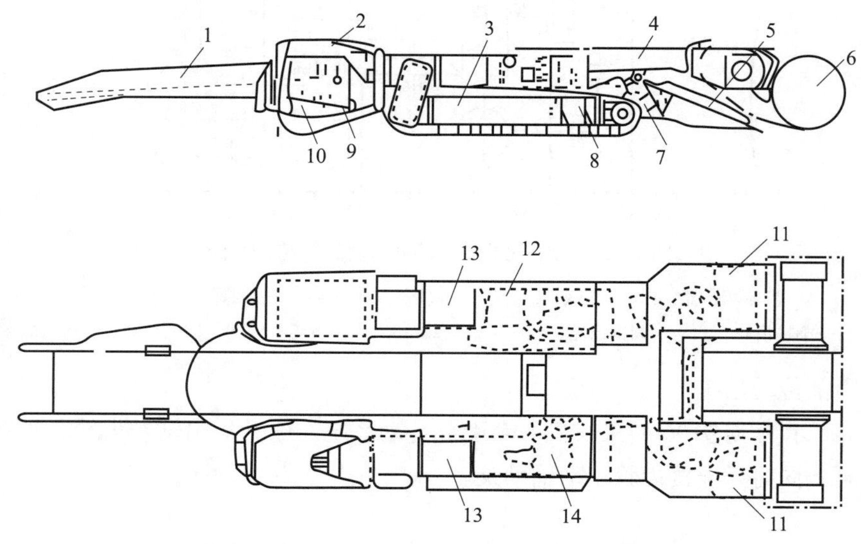

图 1－18　12CM－11 型连续采煤机的详细构成

1—刮板转载机；2—司机室；3—履带行走机构；4—悬臂；5—装煤耙爪；6—截煤滚筒；
7—铲板升降油缸；8—滚筒调高油缸；9—装载机升降油缸；10—稳定油缸；
11—截割电动机；12—装载电动机；13—行走电动机；14—油泵电动机

（2）结构特点

连续采煤机按截割煤层厚度可分为薄煤层连续采煤机、中煤层连续采煤机和厚煤层连续采煤机三种，按截割煤的软硬程度又可分为中等坚硬煤层连续采煤机、坚硬煤层连续采煤机和特坚硬煤层连续采煤机三种。它们在结构上的共同特点：多电动机独立驱动；采用横轴式较长的截割滚筒；截割滚筒的截齿布置较简单，截线距离较大；截割硬煤和夹矸的能力较强；装运机构的传动布置已定型化，输送机链条结构已标准化；采用启动扭矩高的直流串励电动机驱动行走履带机构；各主要传动系统多采用电动机驱动；液压系统采用了齿轮油泵、多液压缸开式系统；机器的自动控制、自动检测、安全装置较完善。

2. 连续采煤机的工作原理

连续采煤机的工作原理与滚筒式采煤机的工作原理基本相同，仅在工作方式上略有差异。连续采煤机的工作机构是横置在机体前方的旋转截割滚筒，截割滚筒（有的还装有同步运动的截割链）上装有按一定规律排列的镐形截齿。在每一个作业循环的开始，工作机构的升降液压缸将截割滚筒举至要截割的高度位置。在行走履带向前推进的过程中，旋转的截割滚筒切入煤层一定的深度，称为截槽深度。然后行走履带停止推进，再用升降液压缸使截割滚筒向下运动至底板，即可切割出宽度等于截割滚筒长度、厚度等于截槽深度的弧形条带煤体，这就是一个作业循环切割下来的煤体。连续采煤机的工作原理如图 1－19 所示。

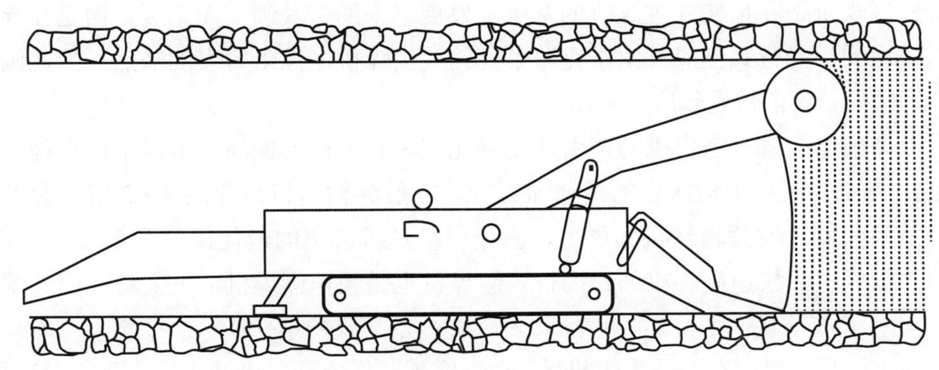

图 1－19　连续采煤机的工作原理

3. 连续采煤机正常工作程序

（1）将截煤滚筒和装煤铲板适当升起，开动履带行走电动机，把机器开到工作面。

（2）升起转载机尾部，将梭车置于转载机下面。然后升起截煤滚筒至所需的高度，先开动装运电动机，再开动截割电动机。

（3）机器向工作面推进，使截煤滚筒沿工作面顶部切入煤壁；当切入深度达到约 0.4 m 时，机器停止前进。

（4）悬臂带动截煤滚筒从上往下截割，在截割过程中机器不准移动。

（5）当截割滚筒截割到底板时，把机器后退约 0.4 m，以便修整底板突起部分，保持巷道底板平整。

至此，完成一个循环作业。重新升起截煤滚筒，重复上述工作程序。

三、刨煤机

刨煤机是一种以刨头为工作机构，采用刨削方式落煤的浅截式采煤机械。刨煤机与液压支架配套使用能实现全工作面的综合机械化，它的截深较浅（30～120 mm），牵引速度高（一般为 20～40 m/min，快速刨煤机可达 150 m/min），与工作面输送机组成一体，成为一套具备能落煤、装煤和运煤的机组。刨煤机机组一般沿工作面全长布置。

1. 刨煤机的分类及应用

刨煤机有动力刨煤机和静力刨煤机两种：因为动力刨煤机靠刨刀对煤体冲击破煤，所以存在问题较多，至今仍在研究解决；静力刨煤机靠刨刀对煤体静压破煤，目前应用较多。根据静力刨煤机的煤刨结构不同，可将其分为拖钩式、刮斗式和滑行式等。刨煤机宜用于顶底板稳定、煤质较软、地质构造简单的薄煤层和中厚煤层，工作面不能太长，因此生产率较低。

拖钩式刨煤机的刨链位于输送机采空区一侧，刨头设有插在中部槽底部的掌板，刨刀可看成一个钩子，刨链拖动刨头时加强了刨头对煤壁的楔入作用，故称拖钩式。

刮斗式刨煤机是在刮斗上装刨刃，除了刨煤外还利用刮斗运煤。它适用于煤质松软、底板较硬而且较平整的极薄煤层。

滑行式刨煤机是在拖钩式刨煤机的基础上发展起来的，其刨头无掌板，而是在导轨上滑行，牵引速度快。滑行式刨煤机由于克服了拖钩式刨煤机摩擦阻力大的缺点，因此刨煤动力加大，能刨硬煤，目前得到较广泛应用。

为了提高刨煤效率，刨煤机的牵引速度近几年来有了很大提高，出现了许多种快速刨煤机，而刨速快慢是相对于输送机的链速而言的，一般为输送机链速的1～2倍。为了能装满输送机，最大限度地发挥输送机的能力，刨速与输送机链速的最佳比值为3∶1。一般来说，除了拖钩式刨煤机为快速刨煤机外，滑行式刨煤机也是快速刨煤机，下文将专门介绍这两种机型。

目前刨煤机是薄煤层有效的采煤机械，也是实现薄煤层开采机械化的主要发展途径之一，尤其是在极薄的煤层中，刨煤机的优越性更加明显。

2. 刨煤机的优缺点

（1）优点

刨煤机是一种仅次于滚筒式采煤机而使用较多的一种采煤机械。它主要有下列优点：

1）刨煤机沿煤壁表面刨煤，截深小，充分利用了地压，落煤的块煤率较高、粉煤率较低，其每立方米能耗为0.2～0.6 kW·h，是各种落煤法中能耗最低的一种。

2）刨煤机结构简单，维修也容易，工人不需要跟随煤刨行走操作，大大减轻了劳动强度。

3）刨煤机的煤刨高度可以设计得很低，更能适应较薄煤层的开采。

4）不带动力的煤刨，不需要随煤刨移动电缆或风管，简化了工作面设备和管理工作。

5）装煤效果较好，不怕片帮煤。

6）煤尘少，瓦斯泄漏均匀而不易聚集。

（2）缺点

但是，刨煤机也存在一些不易克服的缺点，主要如下：

1）对地质条件变化的适应性较差。例如，煤刨安装好后，其高度不能随机调整，遇到顶板起伏就要留较多的顶煤，如果煤粘顶不及时落下，就会给推移支架带来困难。

2）遇到底板起伏就会“啃底”或“飘刀”。

3）带动力的煤刨是采用静力破煤原理工作的，对很硬的煤和岩石不能适应，因此遇到断层便不易处理。

4）煤刨若抬高时，稳定性差，控制平衡较困难。

3. 拖钩式刨煤机

拖钩式刨煤机的结构如图 1－20 所示，在输送机的机头和机尾槽靠采空区一侧，各加设一套由 40 kW 电动机、液力联轴器和减速器组成的煤刨驱动装置，驱动装置固定在煤刨上的牵引链上，拖动煤刨在工作面上往返移动。

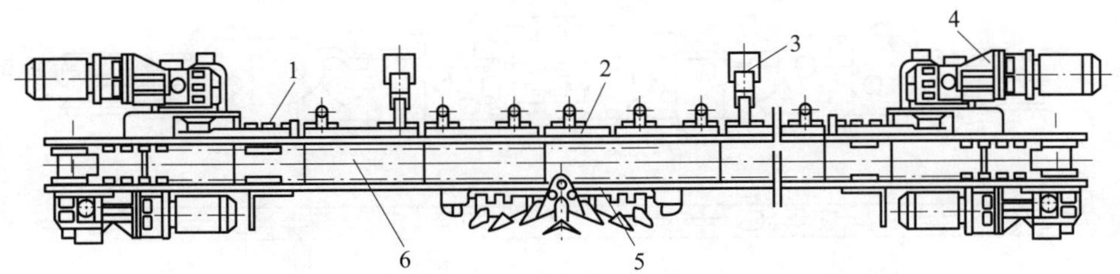

图 1－20　拖钩式刨煤机的结构

1—牵引链；2—导链架；3—推进油缸；4—煤刨驱动装置；5—煤刨；6—输送机

有的刨煤机牵引链（简称刨链）在采空区侧，称为后部牵引；有的刨链在煤壁侧，称为前部牵引。与前部牵引相比，后部牵引的优点是：刨链的牵引对刨刀产生一个切入煤壁的力，可以提高刨刀的切削性能；刨链检修较方便；缩小了输送机与煤壁的距离，提高了装煤效果；刨头的稳定性较好。后部牵引的缺点是：牵引阻力较大；刨链寿命较短。这两条缺点对提高刨速和刨硬煤都是不利的。

图 1－21 所示为拖钩式刨煤机刨头的掌板结构。为了保持煤刨工作时的稳定性，把刨头的掌板压在输送机中部槽下面，掌板还钩住输送机中部槽靠采空区的一侧，以引导煤刨顺着中部槽运行，刨链挂在掌板的两端。为了更好地适应底板的起伏，掌板由三段铰接组成。较长的煤刨，可由更多段掌板铰接而成，以减小每段掌板的长度。

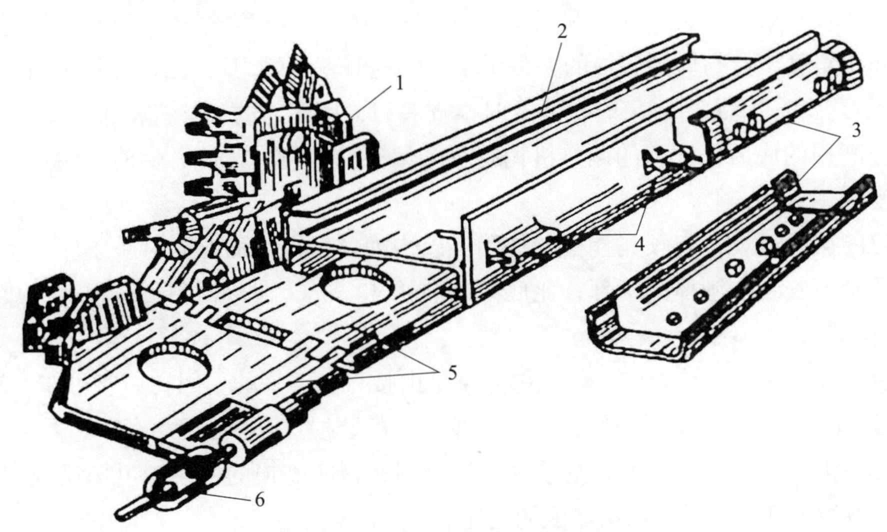

图 1－21　拖钩式刨煤机刨头的掌板结构

1—刨头；2—中部槽；3—护罩；4—导链架；5—掌板；6—刨链

刨头是刨煤机的工作机构，其结构如图 1－22 所示。

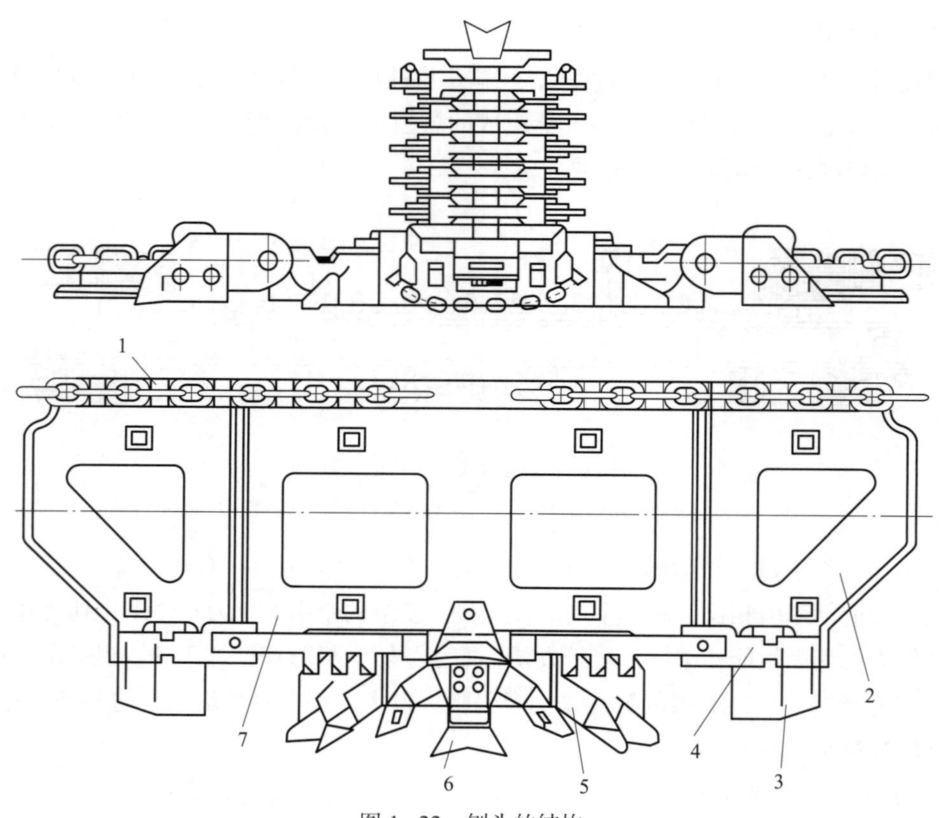

图 1－22　刨头的结构

1—卡链块；2—掌板；3—限位块；4—导向块；5—回转刀座；6—顶刀；7—刨体

在刨体的回转刀座上装有底刀、预割刀、腰刀和顶刀。底刀刨煤层的煤，因其受力最大，最易磨损，所以一般最多使用两个班就需更换。底刀的安装和磨损情况对刨头的稳定性影响较大，当底刀角度（指与煤层底板的夹角）小或磨钝时就“飘刀”，当角度过大时就“啃底”。当发现“飘刀”和“啃底”现象时，要及时检查底刀，用底刀的调整机构来调整底刀的角度，或者更换已磨损的底刀。底刀的调整机构是一个偏心轴，可旋转偏心轴使凸块顶起底刀，以调整其角度。

预割刀的截深最大，起预先掏槽的作用，以增加煤的自由面，同时减小底刀和腰刀的切削阻力。预割刀安装在刨体的下部，比底刀超前约 40 mm，在运行中负荷很大，故预割刀易磨损或折断。

腰刀装在加高块的回转刀座上，大部分煤是由腰刀刨下来的。回转刀座可左右转动 2.5°，使不工作边的刨刀让开煤体（即让刀），以减少刨刀的磨损。

顶刀装在刨体的上部，起着剥落顶煤和避免回转刀座磨损的作用。可用增减加高块的数量来调节顶刀的高低，以适应煤层厚度的变化。

在左右掌板上还装有限位块、导向块和清底刀。其中，限位块用来限制刨刀的截深。在刨煤机链轮和接合套筒之间装有保险销，过载时则剪断保险销。

4. 滑行式刨煤机

为克服拖钩式刨煤机的缺点，经过近10年的研究改进，我国在20世纪60年代末生产并定型了滑行式刨煤机。它和拖钩式刨煤机相比，在结构上有下列明显的不同：

（1）取消了刨头的掌板，煤刨的导向主要依靠工作面输送机，在煤壁一侧安置了三角形导轨。

（2）不需要机道，煤刨在导轨上滑行，在宽度上只有刨刀伸出于紧贴煤壁的导轨下的铲煤板外。煤刨运行时，不会使工作面输送机横向游动，避免了对输送机的“后让压力”，也保持了预定的截深不变。

（3）牵引链移至输送机的煤壁一侧，在导轨内的封闭链道中运行。这样不但缩小了支架前探梁长度，而且大大减小了煤刨偏转扭矩，同时减小了摩擦阻力，使得用于刨煤和装煤的传动功率达到总功率的40%～60%。

（4）为了在开采较厚煤层时能保持煤刨的稳定性，增加了平衡架，使得煤刨采高可达2.5 m。

（5）为了控制煤刨沿水平走向，除了它的底刀位置可以调整外，还装有抬高千斤顶调向。

（6）增大了电动机容量，使刨煤机可用于开采较硬煤层。

滑行式刨煤机的结构如图1－23所示。在输送机的靠煤壁侧的中部槽帮上，装有滑行架，其长度与中部槽相等。在滑行架上有两根导向管，刨头就沿着这两根管子滑动。滑行架兼有刨头导向、装煤、刨链导向、护链和限制截深等作用。为了使刨头工作稳定，在刨头上加装有平衡架，平衡架还沿着输送机采空侧的导向管滑动。滑行式刨煤机的方向控制，

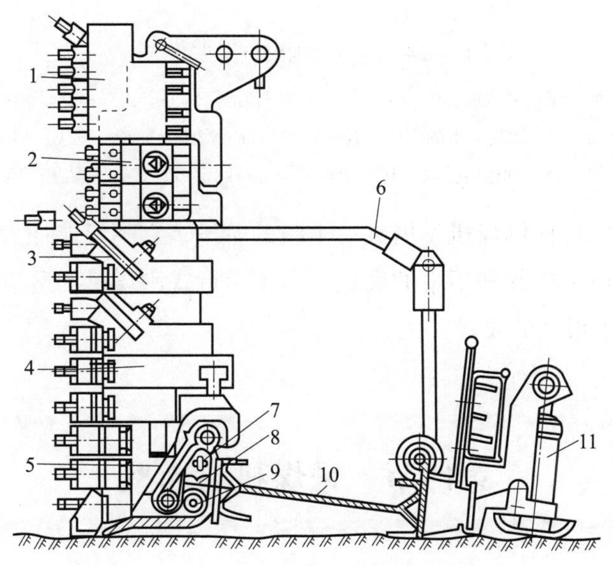

图1－23　滑行式刨煤机的结构

1—顶刀座；2—中间加高块；3、4—加高架；5—滑行架；6—平衡架；7—空回链；8— 导链块；9—牵引链；10—输送机；11—抬高千斤顶

除了用拖钩式刨煤机类似的偏心轴调整底刀的位置外，还用抬高千斤顶来控制。在煤层局部发生变化时，控制抬高千斤顶的缩回和伸出，使输送机及滑行架处于水平、上倾和下倾位置。

滑行式刨煤机刨头的结构如图 1－24 所示。刨头的基体由左右滑橇所组成，用链子把两个滑橇连接起来。左右底刀座可在扇形体上摆动，用偏心轴调整底刀的位置来决定截深和刨削水平。在滑橇的外端装有左右装煤底刀和左右盲块，它们担负着滑行式刨煤机的装煤工作。在顶刀座上，可用加高块和调整刀头长度来调整刨头的高度。

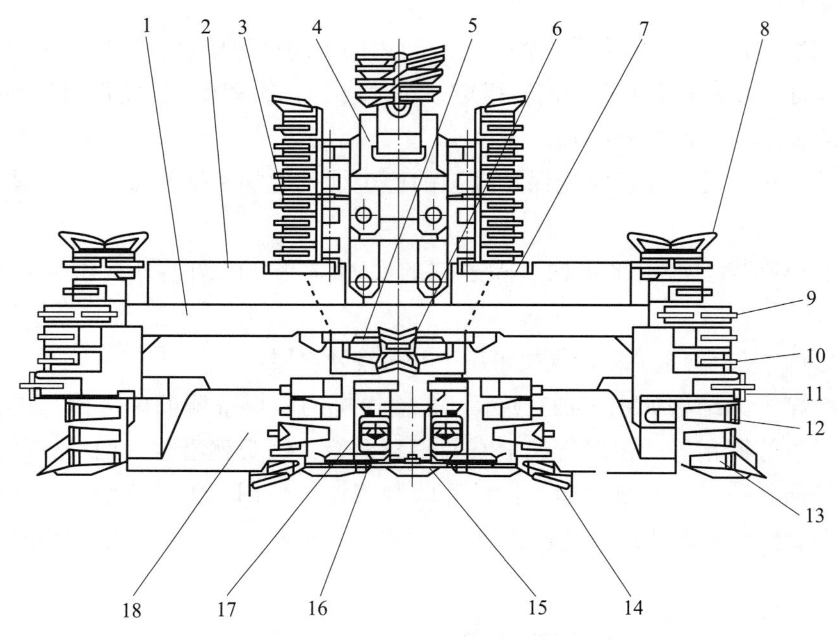

图 1－24　滑行式刨煤机刨头的结构

1—加高架；2—加高梁；3—加高块；4—顶刀座；5—辅助回转刀座；6—双向掏槽刀；7—平衡架；8—上回转刀座；9—加高架上的刀座；10—腰刀；11—掏槽刀；12—盲块；13—装煤底刀；14—底刀；15—刨链连接块；16—带夹紧块的特殊链节；17—底刀座；18—滑橇

滑行式刨煤机的出现使刨煤机发展到一个新的阶段，它不仅能加大截深、提高刨速，可刨较硬的煤，而且能适应松软和不平的底板。由于滑行式刨煤机的适应性增强、结构比较简单，因此稳定性也有了很大的改善。

第四节　采煤机的选型

采煤机是综采工作面最主要的生产设备，选型时，应首先考虑煤层赋存条件和对生产能力的要求，以及与液压支架和刮板输送机的匹配要求。

一、根据煤的坚硬度选型

滚筒式采煤机适用于开采普氏系数 $f<4$ 的缓倾斜及急倾斜煤层，对 $f=1.8$～2.5/2.4 的中等硬度煤层，可采用中等功率的采煤机。对黏性煤及 $f=2.5$～4 的硬煤层，应采用大功率采煤机。

二、根据煤层厚度选型

采煤机的最小采高、最大采高、过煤高度、过机高度等都取决于煤层的厚度，煤层可根据技术要求分为薄煤层、中厚煤层和厚煤层三类，分别据此进行采煤机选型。

1. 薄煤层采煤机

薄煤层的厚度小于 1.3 m。最小采高在 0.65～0.80 m 时，可选用爬底板式采煤机；最小采高在 0.75～0.90 m 时，可选用骑溜式采煤机。

2. 中厚煤层采煤机

中厚煤层的厚度为 1.3～3.5 m。开采这类煤层在技术上比较成熟，根据煤的坚硬度等因素可选择中等功率或大功率的采煤机，如 MG340、MXA－300/3.5、MG300－W（2×300）、MG200－W（2×200）等。

3. 厚煤层采煤机

厚煤层的厚度在 3.5 m 以上。由于大采高液压支架及采煤、运输机械设备的出现，厚煤层大采高一次采全高综采工作面取得了较好的经济指标。适用于大采高的采煤机应具有调斜功能，以适应大采高综采工作面地质及开采条件的变化以及俯采、仰采的要求。此外，由于落煤块度较大，采煤机和输送机应有大块煤机械破碎装置，以保证采煤机和输送机的正常工作。

适用于厚煤层大采高一次采全高的采煤机有 MXA－300/4.5、MXA－600/4.5、MG300－WG（600）、AM－500 等型式，这些机械设备最大采高可达 4.5 m。

分层开采时，采高应控制为 2.5～3.5 m，以获得较好的效率。采煤机可按中厚煤层条件，并根据分层开采的特点选型。

当采用厚煤层放顶煤综采工艺时，在长度大于 60 m 的长壁放顶煤工作面，采煤机的选型与一般长壁工作面相同；但在短壁工作面，可选用正面截割的短壁工作面采煤机和侧面截割的短壁工作面采煤机两种机型。正面截割的采煤机滚筒轴线平行于工作面，致使顶底板由多个圆柱体相交而成为不平坦的表面，造成支架和输送机移动困难，且机身重心高、稳定性差。然而由于机身短、结构紧凑、操作维修方便，较为适于短壁工作面使用，侧面截割的如 MGD150－NW 型采煤机则克服了上述缺点，该机型摇臂在机身中间出轴，并可旋转 270°，机身短，工作平稳，装煤效果也很好。

三、根据煤层倾角选型

煤层倾角可分为三类：25° 以下为缓倾斜煤层；25°～45° 为倾斜煤层；45° 以上为急倾斜煤层。

骑溜子或以溜子支承导向的爬底板式采煤机在倾角较大时还应考虑防滑问题，在干燥条件下金属间的摩擦系数为 0.24～0.26，相应的摩擦角为 13.5°～14.5°，故煤层倾角大于 10° 时，须使用防滑装置；在工作面潮湿的条件下，摩擦系数减小，故倾角大于 8° 时，就应使用防滑装置。

目前普遍采用的防滑装置是固定在工作面回风巷内的同步绞车，当采煤机由下向上截割时，液压绞车除了防止采煤机下滑外，还起到辅助牵引的作用；而当采煤机由上向下截割时，液压绞车的液压马达，以液压泵工况运行，产生阻止采煤机下滑的阻力矩，一旦采煤机下行超速时，限速装置则切断电源，绞车自动抱闸。一般来说，同步绞车的牵引力应为 80～100 kN。

【知识拓宽】

我国的采煤机经过引进吸收、测绘仿造、自主研制三个阶段，已经有了长足进步，整机参数和使用性能逐步提高，部分机型达到甚至超过国际先进水平。例如，我国自主开发了装机功率大且牵引速度快的超大型采煤机、大节距行走系统、高强度摇臂壳体等先进机型和系统，并且将负载敏感技术、虹膜识别技术等先进技术应用于采煤机，提升了采煤机的技术水平。

采煤技术经历了炮采、普采、高档普采和综采四个主要阶段，目前正朝着智能化开采方向发展。智能化煤矿要求开拓设计、地测、采掘、运输、选煤、安全保障、生产管理等主要系统具有自感知、自学习、自决策与自执行的基本能力，5G 技术、大数据和云计算相结合，将非实时的数据上传到云端，对数据价值进行深度挖掘，将实时性强的数据下沉到设备端，降低了数据传输与解算时延。我国的采煤装备制造业正在加快结构调整和转型升级，产业规模持续扩大，自主创新能力显著增强，先进高端制造取得新进展，已实现高度机械化。

我国智能采煤行业市场规模呈现逐年上涨趋势。2022 年，我国智能采煤行业市场规模为 67.5 亿元；2018—2022 年，复合增长率为 23.95%。随着国家发展改革委等八部门联合发布的《关于加快煤矿智能化发展的指导意见》得以落实，智能开采领域的设备厂家纷纷加大投入。例如，仅 2022 年，某生产企业的智能开采设备在液压支架电液控制系统中占比为 35%，在综采自动化控制系统中占比为 30%。目前很多高端大型煤炭设备和千万吨级采煤成套设备已经成功下井，多种智能化产品实现国产化。经过几十年的科研攻关，我国采煤机经历了从无到有、从有到领先的跨越式发展，同时随着综采工艺的推广，井下采煤作业已基本实现机械化。未来，我国的采煤机将沿着多功能、智能化的方向不断研发，加快推进煤矿智能化转型，为煤矿无人化智能开采相关业务提供广阔的市场空间。致力于无人化智能采煤，我国煤矿机械行业推出了以“安全、高效、绿色”为目标的智能开采解决方案，适应了行业发展趋势，实现了产品优化升级，进一步拓展了发展空间。

思考练习题

1. 对采煤机械有哪些一般要求？
2. 滚筒式采煤机主要组成部分有哪些？
3. 滚筒式采煤机有哪几种分类方式？如何分类？
4. 薄煤层采煤机有哪两种结构类型？各自如何工作？
5. 爬底板式采煤机的结构有何特点？
6. 简述连续采煤机的用途和结构组成。
7. 刨煤机与滚筒式采煤机相比，有何优缺点？
8. 如何对采煤机进行选型？

技能实训一 采煤机的安全操作

一、实训目标

1. 熟悉采煤机作业前的安全检查内容。
2. 掌握采煤机的安全操作内容与步骤。

二、任务描述

熟悉采煤机作业环境安全检查、运行装置安全检查、试运转安全操作等采煤机作业前的安全检查内容；学会采煤机开机安全操作、截割安全操作、停机安全操作和收工安全操作等一系列步骤。

三、任务准备

1. 换好工作服，戴好安全帽、矿灯，携带便携式甲烷检测报警仪，并有序进入采煤机实训现场排队等候。
2. 打扫好采煤机实训现场周边卫生、清扫采煤机机身浮尘。
3. 清点采煤机操作使用的有关工具和仪器。
4. 打开采煤机试运转 15 min。
5. 熟悉操作过程中有关安全措施。

四、知识要点

1. 采煤机作业前安全检查

（1）作业环境安全检查

1）检查作业环境

①采煤机周围无其他人员和障碍物。

②工作面采高合理。

③机载甲烷断电仪或便携式甲烷检测报警仪完好、可靠，甲烷含量不超过 1.0%（体积分数）。

④通信联络畅通。

2）检查支架支护情况

①液压支架支护稳定牢靠、接顶良好。

②支架间密封严实，无漏煤漏矸现象。

③支架前梁护帮板紧贴煤壁。

3）检查供水管路和电气装置

①工作面供水管路完好。

②电气装置无“失爆”现象，保护接地完好、可靠。

③各种开关布置合理，电缆吊挂标准。

④电源隔离开关处于断开状态，刮板输送机处于闭锁状态。

（2）运行装置安全检查

1）检查操作装置

①紧急停机按钮等各种电气操作按钮（旋钮）灵敏、可靠。

②各液压操作手把操作灵活、无损坏，并全部置于“0”位。

③操作信号装置安装位置正确，能够清晰发送操作警报信号。

2）检查牵引装置

①牵引齿轨固定牢靠，拖缆装置完好，移动不刮卡。

②牵引导向滑靴、平滑靴磨损量不超过 10 mm。

③牵引装置液压油缸、油管等连接牢靠，无泄漏。

3）检查连接装置

①各连接件（螺栓、销、轴等）齐全、完好。

②连接正确、牢靠。

4）检查截割装置

①截齿挡圈齐全、无损坏。

②齿座牢固。

5）检查喷雾装置

①内外喷雾装置完好。

②内喷雾工作水压不小于 2 MPa。

③外喷雾工作水压不小于 4 MPa。

（3）试运转安全操作

1）试验急停按钮和闭锁开关

按动急停按钮、闭锁开关→确认开关灵活、闭锁可靠并复位。

2）试验电动机

复位所有开关按钮→置全部操作手把于“0”位→发出开机警报信号，启动电动机试运转→确认电动机运转情况正常并复位。

3）试验牵引装置

按动牵引送电按钮→按动左牵、右牵按钮→确认机身移动方向正确，齿轮与齿轨啮合状态正常并复位。

4）试验摇臂

转动（或按动）摇臂左右调高阀组手把（或按钮）→确认摇臂周围环境安全→确认摇臂升降情况正常并复位。

5）试验滚筒

当截割电动机即将停止转动时，缓慢挂上截割部离合器→解除刮板输送机闭锁，发出启动输送机运转信号→确认采煤机周围环境安全，启动滚筒电动机→确认滚筒运转情况正常并复位。

2. 采煤机安全操作

（1）开机安全操作

1）启动运输机

解除刮板输送机闭锁→发出启动输送机联系信号→打开供水管路截止阀→发出采煤机开机信号。

2）启动采煤机

闭合采煤机隔离开关→按动启动按钮→按动滚筒调高按钮，升平两个滚筒→按动电动机停止按钮→选择滚筒转向，当截割电动机即将停止转动时，缓慢挂上截割部离合器→启动截割主电动机。

（2）截割安全操作

升起采煤机滚筒到一定截割高度→落下后滚筒与底板相接→收起前滚筒前一组支架护帮板→打开牵引装置→打开冷却、喷雾水装置→驱动采煤机缓慢运行→操作滚筒进行截割作业。

（3）停机安全操作

1）正常停机

按动牵引减速按钮，降低采煤机行走速度→按动牵引按钮，停止采煤机行走→关闭截割电动机，停止截割主电动机→断开摇臂离合器→关闭冷却、喷雾水装置→断开采煤机隔离开关。

2）紧急停机

按动紧急停机按钮，停止采煤机运行→处理有关紧急停机情况→确认危急情况已排除→解锁紧急停机按钮→报告紧急停机情况。

（4）收工安全操作

选择采煤机停机位→确认停机位顶板完好、无淋水→落下采煤机前后滚筒→脱开摇臂离合器→关闭供水阀门→断开采煤机隔离开关→清理作业现场→填写当班作业记录→进行现场交接班。

五、实训过程

1. 介绍实训内容

在开始实训前，由指导教师介绍本次实训内容和目标以及学生必须掌握知识点的内容，并做好对学生作业前的安全操作培训有关事宜。

2. 分配任务

根据教学计划和课程要求分配任务给每位学生，学生两人一组，一人操作，另一人监护，并进行必要的指导。

3. 开展实训操作

根据分配任务进行具体操作，让学生练习采煤机开机前的安全检查工作，以及采煤机开机安全操作、截割安全操作、停机安全操作和收工安全操作一系列步骤。

4. 巡回指导并及时反馈

在学生实训过程中，指导教师要及时跟踪并进行巡回指导；共性的问题集中解决，个性问题现场及时解决处理。下课前，指导教师要对学生在操作过程中出现的问题进行必要的记录和总结，并及时反馈。

六、注意事项

1. 未经培训的人员不得进入实训现场开机操作。
2. 不得有负荷启动。
3. 一般情况下，不允许用隔离开关或电路断路器断电停机。
4. 冷却、喷雾系统工作不正常时不准割煤。
5. 滚筒截齿必须齐全。
6. 严禁滚筒割顶梁和铲煤板。
7. 拖移电缆装置在电缆槽内不许有挂卡现象。
8. 在电动机即将停转时才能操纵离合器。
9. 煤层倾角大于 15° 时应有防滑装置，大于 16° 时还应加设液压安全绞车。
10. 更换截齿或滚筒时，如果附近有人，必须脱开离合器。更换截齿和滚筒时，采煤机上下 3 m 范围内必须护帮护顶，禁止操作液压支架；必须切断采煤机前级供电开关电源并断开其隔离开关，打开截割部离合器，并对工作面输送机施行闭锁。

11. 开机前必须发出信号或高声喊话，确认机器旁无人时方准开机。采煤机上必须装有能停止工作面刮板输送机运行的闭锁装置。启动采煤机前，必须先巡视采煤机四周，发出预警信号，确认人员无危险后，方可接通电源。采煤机因故暂停时，必须打开隔离开关和离合器。采煤机停止工作或检修时，必须切断采煤机前级供电开关电源并断开其隔离开关，打开截割部离合器。

12. 使用链牵引式采煤机时，在开机和改变牵引方向前，必须发出信号。只有在收到信号后，才能开机或改变牵引方向，防止牵引链跳动或断链伤人。必须经常检查牵引链及其两端的固定连接件，发现问题要及时处理。采煤机运行时，所有人员必须避开牵引链。

13. 翻转挡煤板时要正确操作，以避免其变形。

14. 采煤机用刮板输送机作轨道时，必须经常检查刮板输送机的溜槽和挡煤板导向管的连接情况，防止采煤机牵引链因过载而断链；采煤机为无链牵引时，齿（销、链）轨的安装必须紧固、完好，并经常检查。

15. 不允许输送机上的大块异物带动采煤机强迫运行，一旦发现，应立即排除。

16. 工作面遇有坚硬夹矸或黄铁矿结核时，应采取松动爆破处理措施，严禁用采煤机强行截割。

17. 随时调节调高、调斜装置，避免工作面出现弯曲和台阶。

七、总结与思考

1. 课程总结

指导教师对本次实训进行总结，包括实训教学效果、存在问题和改进措施等。

2. 书写实训报告

让学生认真书写实训报告，深刻体会理论与实践的紧密结合，进而通过实训提高自己的技能水平。

3. 评估反馈

指导教师对学生的实训过程进行全面综合评估，并及时向学生反馈结果，以便下一次实训活动有序开展。

第二章

掘进机械

学习目标

1. 了解煤矿巷道掘进工艺的两种方法。
2. 熟悉掘进机械的定义、作用与分类。
3. 掌握凿岩机、凿岩台车、掘进机、装载机的结构、工作原理和使用操作。

引　言

随着回采工作面综合机械化程度的提高，要求巷道掘进速度相应加快，以保证采掘比例协调和矿井的高产稳产。

本章主要介绍掘进机械的定义、作用与分类，以及凿岩机、凿岩台车、掘进机、装载机的结构、工作原理和使用操作。

掘进机械是用于掘进工作面，具有钻孔、破落煤岩及装载等全部或部分功能的机械。掘进机械利用刀具的轴向压力和回转力，对岩面产生碾压作用，直接破碎矿岩以形成巷道或井。这些机械可以按掘进巷道类型的不同、工作机构的工作方式不同进行分类，例如天井钻机、竖井钻机和平巷掘进机，以及循环作业式部分断面掘进机和连续作业式全断面掘进机。掘进机械设备还包括钻探机、掘进机、钻杆、推土机等，用于在地下工程中进行开拓井巷、隧道等工程。

目前，煤矿巷道掘进工艺有两种方法，即钻（眼）爆（破）法和掘进机法。

钻爆法首先在工作面钻凿有规律分布的炮眼，在炮眼内装上炸药进行爆破，然后用装载机械把爆破下来的煤岩装入矿车运出工作面。这是我国巷道掘进的传统技术，在目前的煤矿巷道掘进中仍占相当大的比重，其优点是不受煤岩物理力学特性的限制，缺点是掘进速度较慢。钻凿炮眼常用凿岩机和凿岩台车，装载煤岩常用耙斗装载机和铲斗式装载机。

掘进机法没有钻眼爆破工序，直接利用掘进机上的刀具破落工作面上的煤和岩石，形成

所需断面形状的巷道，同时将破落下来的煤岩装入矿车或输送机运走，实现落、装、运一体化。显然，掘进机法比钻爆法的掘进速度更快、效率更高、劳动强度更低和安全性更好，是一种先进的掘进工艺。

第一节　凿岩机

凿岩机是以冲击回转方式驱动钎杆、钎头在岩体中钻凿炮眼的机具，适宜在中等坚硬和坚硬的岩石上钻凿炮眼。凿岩机的应用十分广泛，除应用于煤矿的巷道掘进外，也应用于金属矿、铁路和公路建设、水利等工程领域。

一、凿岩机的种类

凿岩机的种类很多，按其驱动力，可分为气（风）动式、电动式、液压式和内燃式四类。目前矿山大量使用气动式凿岩机，它是以压缩空气为动力，将压气能转变为机械冲击能，通过钻具对岩石进行冲击破碎以形成炮眼的钻孔机械，可用于掘进岩巷时钻凿水平或倾斜炮眼。电动式凿岩机动力单一、效率高，可省去复杂的压气供应系统，与气动式凿岩机相比，具有省电、节油、减少投资和降低凿岩成本的明显优点，但因其工作可靠性差，目前在煤矿中用得不多。液压式凿岩机比气动式凿岩机的效率高，但对零件的制造精度和维护保养技术要求较高。内燃式凿岩机多用于野外作业，若在矿井中应用，其废气的净化和防爆问题较难解决。

凿岩机按支承和推进方式又可分为手持式、气腿式、伸缩式和导轨式。手持式凿岩机用于钻凿水平、倾斜及垂直向下的炮眼。气腿式凿岩机带有起支承和推进作用的气腿，用手握持工作，可打水平、向上及向下倾斜的浅炮眼。伸缩式凿岩机是一种用于采场和天井中凿岩作业的设备，它的特点是具有灵活伸缩的功能，其气腿与主机在同一纵轴线上，并且连成一体。伸缩式凿岩机主要用来打上向炮孔，尤其是在需要打 60°～90° 角的上向炮孔时，这种机型尤为适用，因此也被称为上向式凿岩机。导轨式凿岩机质量较大，安装在推进器的导轨上，靠推进器支承和推进，可打各种方向的中深炮眼。

二、凿岩机的工作原理

凿岩机主要由冲击机构和钎子等组成，如图 2-1 所示。除此之外，还有转钎机构、除粉机构等辅助机构。

凿岩机工作时，做高频往复运动的活塞（冲击锤）不断冲击钎子尾端，在冲击力的作用下，钎子的钎刃凿入一定深度，形成一道凹痕Ⅰ—Ⅰ。活塞带动钎子返回行程时，在转钎机构的作用下钎子回转一定角度 β_1，然后再次冲击钎尾，又使钎刃在岩石上形成第二道凹痕Ⅱ—Ⅱ。两道凹痕之间形成的扇形岩块，被钎刃上所产生的水平分力剪切。活塞不断冲击钎尾，并从钎子的中心孔连续注入压缩空气或压力水将岩粉排出，就可形成一定深度的圆形炮眼。

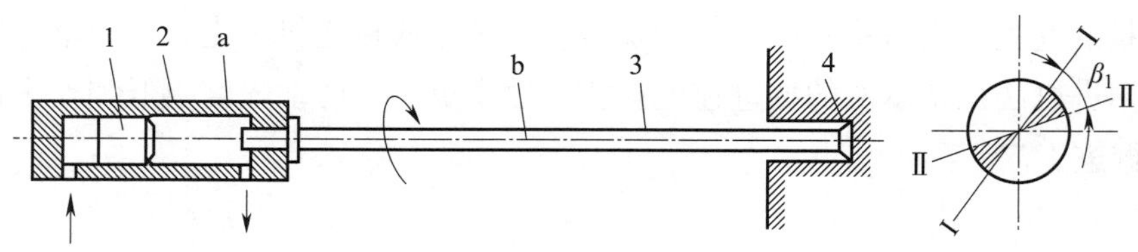

图 2-1　凿岩机的组成

a—冲击机构；b—钎子；
1—活塞；2—缸体；3—钎杆；4—钎头

三、凿岩工具

钎子是凿岩机破碎岩石和形成岩孔的刀具，常用的活头钎子的结构如图 2-2 所示，由钎头、钎杆、钎肩和钎尾组成。钎杆与钎头连接方式有两种：一种是锥面摩擦连接（锥角为 3°30'），另一种是锥面螺纹连接。目前广泛采用锥面摩擦连接方式，因为这种连接加工简单、拆装方便，只要锥面接触紧密，钎头和钎杆不会轻易脱落，而且钎头磨损后，更换方便且钎杆可继续使用。

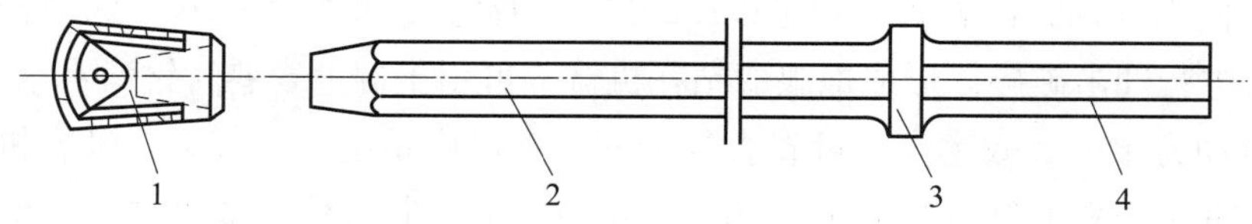

图 2-2　活头钎子的结构

1—钎头；2—钎杆；3—钎肩；4—钎尾

钎头按刃口形状不同，分为一字形、十字形和 X 形等。现场最常用的是镶嵌硬质合金片的一字形和十字形钎头，在致密的岩石中钻眼一般使用一字形钎头，在多裂隙的岩石中钻眼多使用十字形钎头。因钎头用来直接破碎岩石，所以要求其具有锋利、耐磨、排粉顺利、制造和修磨简便、成本低等特点。

钎杆是传递冲击和扭矩的部分，要求具有较高的强度，常用硅锰钢和硅锰钼钢制成。钎杆断面呈有中心孔的六角形，中心孔通水或通压气以清理钻孔内的岩粉。

钎肩用来限制钎尾插入机体的长度，并使钎卡能卡住钎杆，使其不致从钎尾套中脱落。

钎尾直接承受凿岩机活塞的频繁冲击和扭转，要求其既要有足够表面硬度，又要有良好的韧性，因此生产时应进行热处理。钎尾的长度应比凿岩机内转动套的长度稍长，以便活塞能够始终冲击钎尾。这个长度的尺寸一般在凿岩机技术性能中注明，以便配套使用。

四、气腿式凿岩机

气腿式凿岩机广泛用于煤矿岩巷掘进，其结构如图 2-3 所示。气腿支承着冲击机构并给以推进力。钎子的尾部装入冲击机构的机头钎尾套内。注油器连接在风管上，使润滑油混合在压缩空气中而进入冲击机构内润滑各运动副。压力水经水管供至钎子中心孔，用于冲洗炮眼内的粉尘。

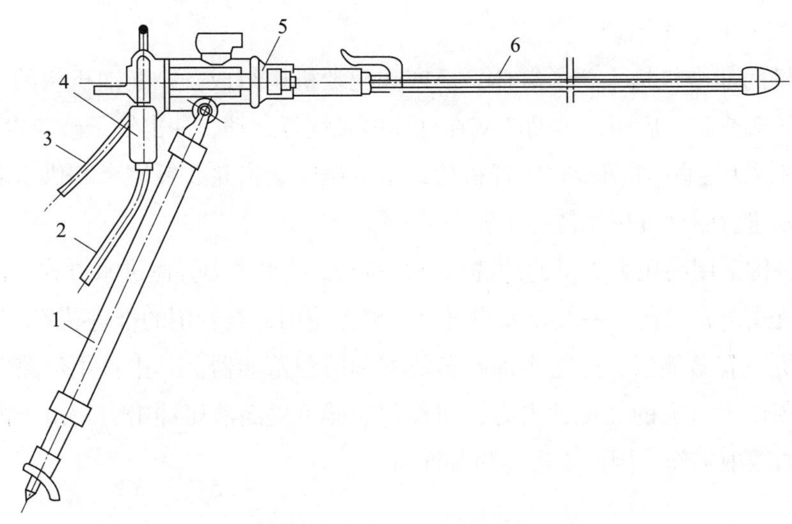

图 2-3　气腿式凿岩机的结构

1—气腿；2—风管；3—水管；4—注油器；5—冲击机构；6—钎子

气腿式凿岩机可对中硬或坚硬岩石进行湿式水平或倾斜钻岩打炮眼，若卸掉气腿，可装在凿岩台车上使用，其凿岩效果更好。气腿式凿岩机采用了气水联动、气腿快速退回和气压调节机构，控制手柄集中在柄体上，操作方便，并配有消声装置。

五、液压凿岩机

液压凿岩机是一种新型高效凿岩机械，是在气动凿岩机的基础上发展起来的，利用高压液体为动力，推动活塞在缸体内往复运动，冲击钎子来破碎岩石，因此能克服气动凿岩机存在的一系列问题和缺陷。与气动凿岩机相比，液压凿岩机具有凿岩速度快、动力消耗少、效率高、噪声小、润滑条件好、操作方便、适应性强、钻具寿命长等优点。但是由于该机型对零件的加工精度和维护使用技术要求较高，因此还不能完全代替气动凿岩机。

1. 液压凿岩机的基本组成

以国产 YYG-80 型液压凿岩机为例，液压凿岩机的组成如图 2-4 所示。

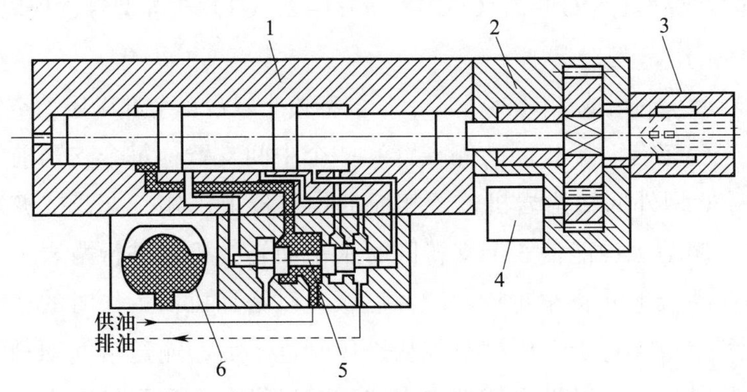

图 2-4　液压凿岩机的组成

1—冲击机构；2—转钎机构；3—供水排粉机构；4—液压马达；5—配油机构；6—蓄能器

2. 液压凿岩机的工作原理

液压凿岩机的冲击机构主要由缸体、活塞和配油机构组成。在配油机构的作用下，压力油交替地进入活塞前腔、后腔，推动活塞在缸体内做往复运动，冲击钎子破碎岩石。

液压凿岩机采用独立外回转式转钎机构，由液压马达齿轮、钎尾套和供水套等组成，液压马达经齿轮减速后驱动钎尾套使钎子转动。

供水排粉机构采用高压大流量的冲洗水进行排粉，供水采用旁侧进水方式。液压凿岩机多为高频重型导轨式凿岩设备，一般要和凿岩台车配套使用，有专用的推进装置。

液压凿岩机设有蓄能器，分为主油路蓄能器和回程蓄能器。其中：主油路蓄能器可稳定油路压力，避免产生过大的液压冲击力；回程蓄能器可提高液压冲击力。由于液压凿岩机的运动零件都在油液中工作，因此不需要另外润滑。

第二节　凿岩台车

一、概述

凿岩台车是用于煤矿平巷掘进的一种机械化凿岩设备，它将数台中型、重型高频冲击式凿岩机连同推进装置一起安装在钻臂导轨上，配以行走机构，与装载、转载和运输设备配套使用，以实现机械化作业。和凿岩机相比，凿岩台车提高了凿岩速度，工效可以提高2～4倍，而且可以改善劳动条件，减轻工人劳动强度，提高生产率。

凿岩台车按行走机构分为轨轮式、履带式和轮胎式，按安装的钻臂数量分为双臂、三臂和多臂（每个支臂安装一台凿岩机）。凿岩台车的控制有液压控制、压气控制和液压与压气联合控制三种。

我国生产的凿岩台车有 CGJ－2、CGJ－3、CTJ－2、CTJ－3 等型号，现以 CTJ－3 型为例，说明其基本组成和工作原理。

CTJ－3 型凿岩台车的组成如图 2－5 所示，该型式凿岩台车全部以压缩空气为动力。

CTJ－3 型凿岩台车有两个相同的侧支臂和一个中间支臂，每个支臂前端安装相同的推进器，3 台 YGZ－70 型外回转凿岩机位于相应的推进器上工作，支臂按极坐标的运动方式调节推进器方位。摆动机构能使 3 个支臂同时水平回转，机器进行凿岩工作时，前后支承液压缸使其紧贴在底板上并将车轮抬起脱离底板，以增加机器工作时的稳定性。行走机构一般配有轮胎，可使台车行走。压缩空气从进风管进入后，输送给气动马达后，分配给各部分使用。该型凿岩台车的操纵手把都集中安装在操纵台上和司机座旁边，操纵起来非常方便。

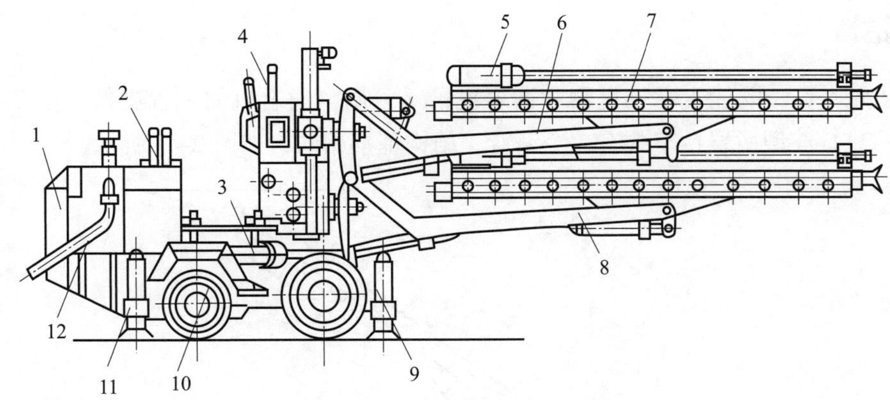

图 2-5　CTJ-3 型凿岩台车的组成

1—配重；2—司机座；3—摆动机构；4—操纵台；5—YGZ-70 型外回转凿岩机；6—侧支臂；7—推进器；8—中间支臂；9—前支撑液压缸；10—行走机构；11—后支撑液压缸；12—进风管

二、推进器

推进器是凿岩台车所使用的导轨式凿岩机的轨道，并给凿岩机以工作所需的轴向推力。CTJ-3 型凿岩台车采用气动马达-丝杠推进器，其结构如图 2-6 所示。

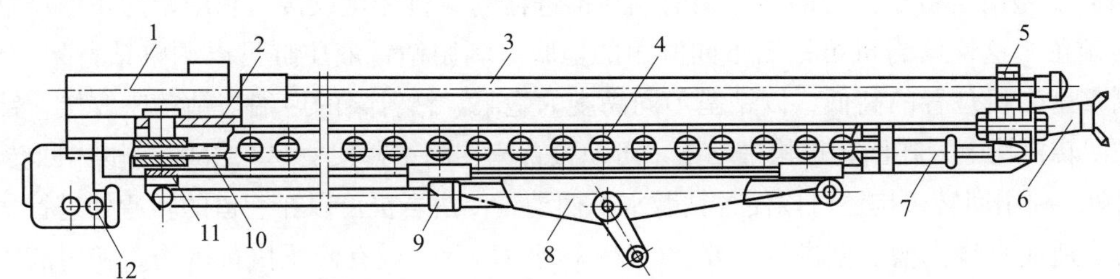

图 2-6　推进器的结构

1—YGZ-70 型外回转凿岩机；2—凿岩机底座；3—钎子；4—导轨；5—扶钎器；6—顶尖；7—扶钎液压缸；8—导轨托盘；9—补偿液压缸；10—丝杠；11—螺母；12—气动马达

YGZ-70 型外回转凿岩机固定在凿岩机底座上，底座下部装有螺母并与推进器丝杠相结合。当气动马达驱动丝杠转动后，迫使螺母及底座和凿岩机一起沿导轨向前或向后移动。调节气动马达进气量，可使凿岩机获得不同的推进速度。

补偿液压缸的缸体与导轨托盘前端铰接，活塞杆与导轨后端铰接。补偿液压缸供液后，活塞杆伸缩可以调节推进器导轨在导轨托盘上的位置。前伸时导轨前端顶尖顶紧岩壁，可减少凿岩机工作时支臂的振动，保证推进器工作时的稳定性。

导轨的前端还装有剪式扶钎器。凿岩机刚开始钻眼时，操纵扶钎液压缸的活塞杆向前伸出，其前端圆锥面顶入扶钎器下端缺口，使两卡爪上端收拢夹住钎子，防止钎子发生跳动。钎子钻入一定深度，操纵扶钎液压缸的活塞杆缩回，使两卡爪上端在弹簧作用下向外张开，扶钎器松开以减小阻力。

三、钻臂

钻臂又称支臂，既能支承推进器和凿岩机，又可调整凿岩机的位置高低，以钻凿不同高度的炮眼。CTJ－3 型凿岩台车共有 3 个钻臂，结构基本相同，如图 2－7 所示。

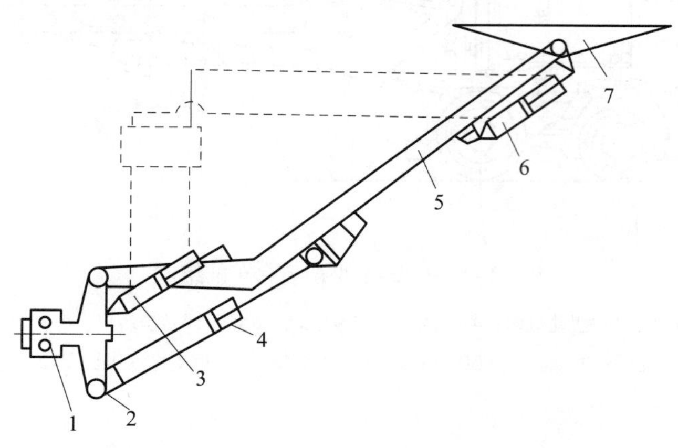

图 2－7　钻臂的结构

1—回转机构；2—钻臂座；3—引导液压缸；4—钻臂液压缸；5—钻臂架；6—俯仰角液压缸；7—导轨托盘

CTJ－3 型凿岩台车钻臂的钻臂架前端与推进器的导轨托盘铰接，利用俯仰角液压缸调整导轨的倾角，这样凿岩机可钻出不同倾角的炮眼。利用钻臂液压缸可以调整钻臂架的位置，即可调整凿岩机位置的高低，以钻凿不同高度的炮眼。钻臂架的后端与钻臂座铰接，钻臂座安装在回转机构上，在回转机构带动下，可使钻臂座连同钻臂架一起在 360° 范围内回转。

另外，利用回转机构还可以使各钻臂水平摆动，使凿岩机可以在巷道的转弯处进行凿岩作业。为了适应直线掏槽法掘进的需要，CTJ－3 型凿岩台车设有液压执行机构。利用液压执行机构，可以使钻臂在不同位置时导轨的倾角基本保持不变，这样凿岩机就可以钻出基本平行的掏槽炮眼。液压执行机构由引导液压缸和俯仰角液压缸组成，两液压缸缸径相同，它们的腔体对应相通。当钻臂向上摆动一个角度时，导轨托盘在俯仰角液压缸的作用下摆动一个相同角度，从而使推进器实现平行运动。

整个 CTJ－3 型凿岩台车用一台活塞式气动马达带动一台单级叶片泵为所有液压缸提供压力油。

第三节　掘进机

一、概述

掘进机是一种能够同时完成破落煤岩、装载转载、运输、喷雾除尘和调动行走的联合机组，具有掘进速度快、掘进巷道稳定、减少岩石冒落与瓦斯突出、减少巷道的超挖量、改善劳动条件、减轻劳动强度等优点。

目前国内外研究和使用的掘进机类型很多，主要按使用范围和结构特征进行分类。

1. 按使用范围分类

（1）按掘进机所能截割煤岩的普氏系数（f）值可将其分为：煤巷掘进机，适用于 $f \leq 4$ 的煤巷；半煤岩巷掘进机，适用于 $4 < f \leq 6$ 的煤或软岩巷道；岩巷掘进机，适用于 $f > 6$ 或研磨性较高的岩石巷道。

（2）按掘进机可掘巷道的断面大小，可将其分为：小断面掘进机，可掘进断面小于 8 m^2 的巷道；大断面掘进机，可掘进断面大于或等于 8 m^2 的巷道。

2. 按结构特征分类

按掘进机的工作机构截割工作面的方式，可将其分为部分断面巷道掘进机和全断面巷道掘进机两大类。部分断面巷道掘进机主要用于煤巷和半煤岩巷道的掘进，其工作机构一般是由悬臂及安装在悬臂上的截割头组成。工作时，经过工作机构上下左右摆动，逐步完成全断面煤岩的破碎。全断面巷道掘进机主要用于掘进岩石巷道，其工作机构沿整个工作面同时进行岩石破碎并连续推进。全断面巷道掘进机目前在煤矿上还没得到广泛的应用。

二、部分断面巷道掘进机

煤矿巷道掘进机有多种型号，ELMB 型掘进机是煤矿综合机械化掘进中的主要设备之一，现以此机型为例，说明部分断面巷道掘进机的结构和工作方式。

1. ELMB 型掘进机的组成及工作过程

ELMB 型掘进机是一种悬臂纵轴式径向截割的巷道掘进机，适用于巷道最大倾角为 ±12° 的煤巷或半煤岩巷，可任意掘出巷道的断面形状。ELMB 型掘进机的组成如图 2－8 所示。另外，该机型还包括如喷雾降尘系统和电气系统等辅助组成部分。

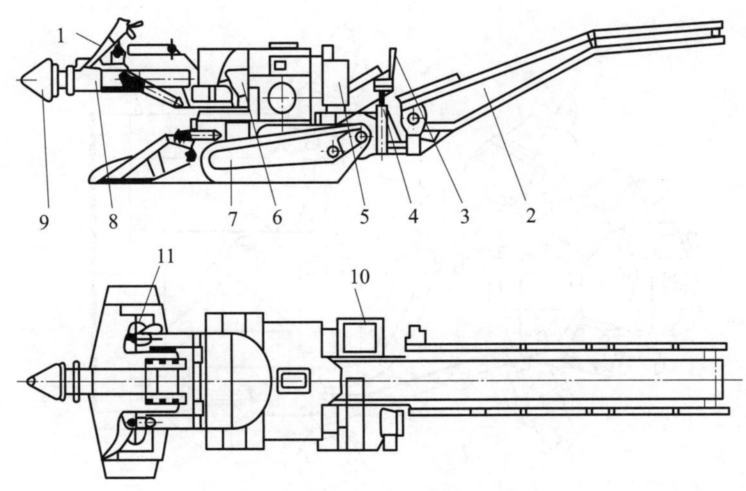

图 2－8　ELMB 型掘进机的组成

1—托梁器；2—转载机构；3—司机座；4—起重液压缸；5—操作箱；6—液压系统；7—行走机构；8—工作机构；9—截割头；10—电气设备箱；11—装运机构

ELMB 型掘进机工作时，开动履带行走机构，使机器移近工作面，截割头接触煤壁时停止前进，开动截割头并摆动到工作面左下角，在工作机构的伸缩油缸的作用下钻入煤壁。当截割头轴向推进 L（L=0.5 m，伸缩油缸的最大行程）时，操纵水平回转油缸，使截割头摆动到巷道右端，这时在底部开出一条深为 0.5 m 的底槽，然后再操纵升降油缸使截割头向上摆动一截割头直径的距离后向左水平摆动。如此循环工作，最后形成所需的断面。截割工作方式如图 2－9 所示。

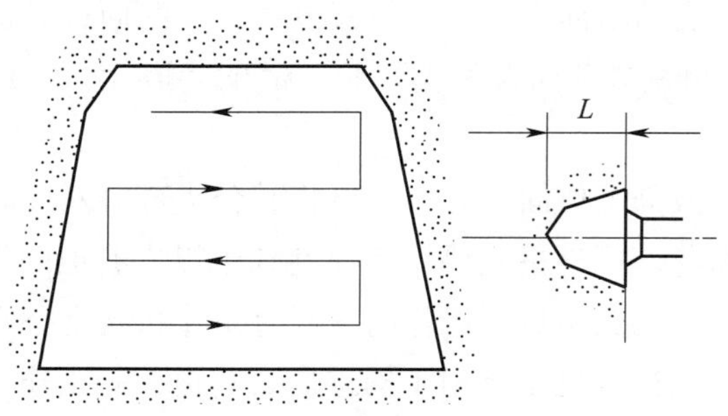

图 2－9　截割工作方式

2. ELMB 型掘进机的主要结构原理

（1）工作机构

ELMB 型掘进机的工作机构由截割头、工作臂、电动机、减速器等组成。这种悬臂式工作机构可使截割头沿工作面做前后伸缩，并能够上下摆动成水平回转，在工作面内掘出各种形状的断面。

ELMB 型掘进机的截割头为一圆锥形钻削式截割头，其结构如图 2－10 所示。其中，中心钻用以超前钻孔，为镐形截齿开出自由面，以利开展截割工作。

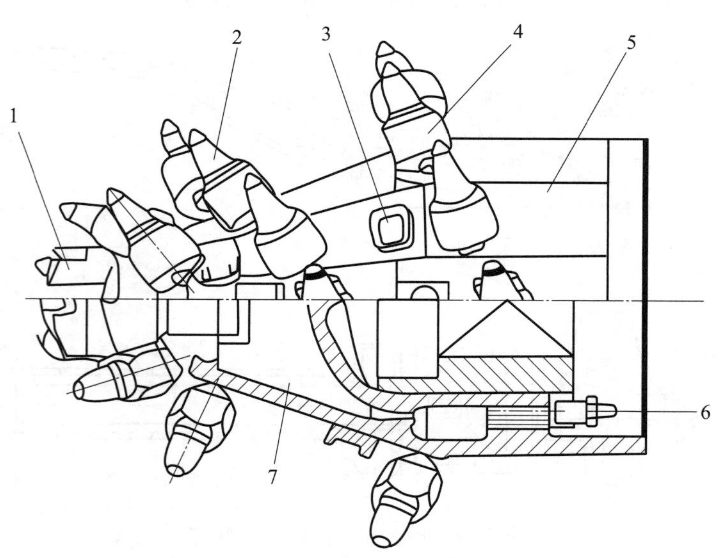

图 2－10　ELMB 型掘进机截割头的结构

1—中心钻；2—镐形截齿；3—喷嘴；4—齿座；5—锥体；6—内喷雾进水口；7—空腔

ELMB 型掘进机的截割头采用纵轴式布置，即沿悬臂的中心轴纵向安装截割头。这种布置方式能截割出平整的断面，而且可以用截割头挖支架的柱窝和水沟。但在摆动截割时，机器所受的侧向力较大，为提高机器的稳定性，其质量都比较大。

（2）装载与转运机构

ELMB 型掘进机的装载与转运机构由蟹爪式装载机构（其结构见图 2－11）与双链埋刮板输送机组成。截割头破碎下来的煤岩由蟹爪式装载机构铲板上的两个蟹爪交替耙入中间的双链埋刮板输送机，再经后部的带式转载机卸入矿车或其他输送机。

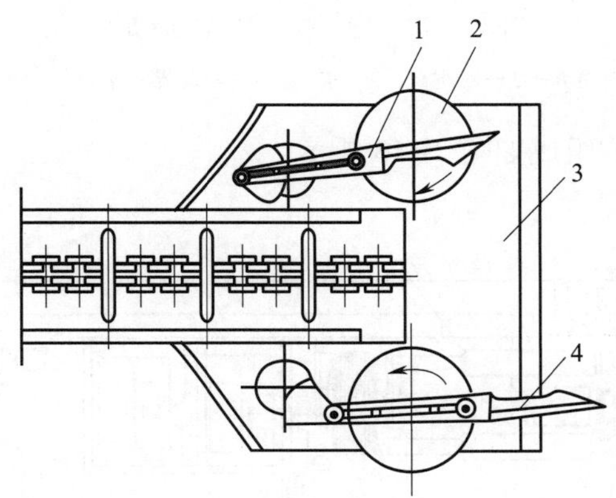

图 2－11　蟹爪式装载机构的结构

1—连杆；2—曲柄圆盘；3—铲板；4—蟹爪

（3）行走机构

ELMB 型掘进机采用履带行走机构，左右履带分别由一台内曲线液压马达驱动。在行走机构后部设有一组起重液压缸，当掘进机因底板松软而发生下沉时，用起重液压缸抬起机身后部，在履带下面垫木板，让掘进机能正常行走。

（4）液压系统

ELMB 型掘进机除截割头为电动机驱动外，其余部分均为液压传动。整个液压系统由一台 45 kW 双出轴电动机分别驱动两台双联齿轮泵，为各液压马达和液压缸提供压力油。

（5）喷雾系统

为了降低工作面的粉尘浓度，ELMB 型掘进机的冷却喷雾系统由内喷雾、外喷雾和冷却－引射喷雾三部分组成，如图 2－12 所示。

三、全断面巷道掘进机

全断面巷道掘进机又称岩巷掘进机，可以一次完成整个断面的掘进工作，代替了传统的岩巷掘进中的打眼、爆破、装岩等几个独立的工序。该机型具有掘进速度快、对巷道围岩的影响小、巷道断面的超挖量少、掘出的巷道壁面光滑、易维护等优点。

我国目前已定型生产的有 EJ－30 型、EJ－50 型等多种岩巷掘进机。现以 EJ－30 型为例介绍岩巷掘进机的组成及工作原理。

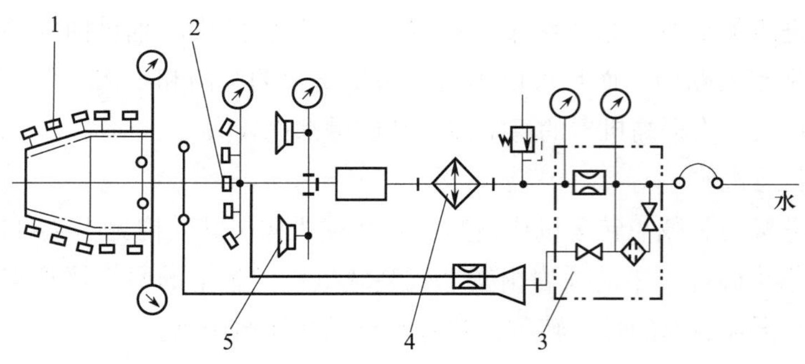

图 2－12　冷却喷雾系统的组成

1—内喷雾；2—外喷雾；3—水门；4—冷却器；5—引射喷雾器

EJ－30 型岩巷掘进机的组成如图 2－13 所示。

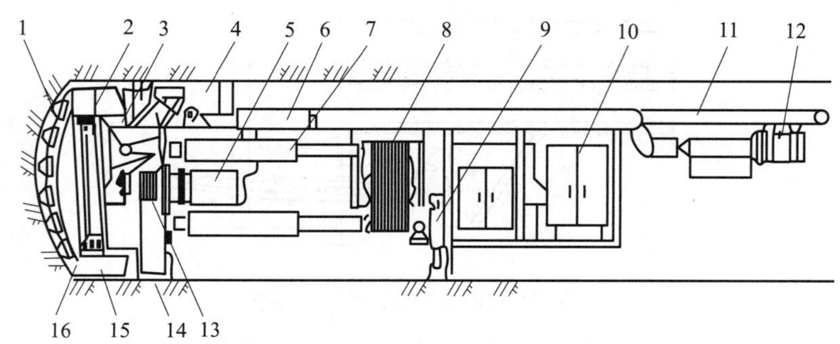

图 2－13　EJ－30 型岩巷掘进机的组成

1—滚刀；2—刀盘；3—机头架；4—上支撑；5—电动机；6—大梁；7—推进油缸；8—水平支撑板；9—反支撑油缸；10—机房；11—带式输送机；12—抽风机；13—水平支撑油缸；14—下支撑；15—铲斗；16—传动装置

工作时，电动机通过传动装置驱动支撑在机头架上的刀盘低速转动，并借助推进油缸的推力将刀盘压紧在工作面上，使盘形滚刀在绕心轴自转的同时，随着刀盘做圆周运动，滚刀在工作面上滚动，实现滚压破岩。破落在底板上的岩碴，由均布在刀盘周围的 6 个铲斗转至最低位置时装入铲斗内，在铲斗转至最高位置时，利用岩碴的自重将其卸入受料槽内，落到带式输送机上，转运至机器尾部再装入矿车或其他运输设备。推进油缸和水平支撑油缸的配合使用可使机器实现迈步行走。安装在机头架上的导向装置可使刀盘稳定工作。利用激光指向器可及时发现机器推进方向的偏差，并用浮动支撑机构及时调向，以保证机器按预定方向向前推进。抽风机可消除破碎岩石时所产生的粉尘，还可通过供水系统从安装在刀盘表面上的喷嘴向工作面喷雾来降低粉尘浓度。

第四节　装载机

将采落的煤或岩石装入矿车或巷道输送机中的机械设备称为装载机。装载机的分类：按行走方式分为轨轮式、履带式、轮胎式和雪橇式；按驱动方式分为电动驱动、气动驱动和电液驱动；按作业过程的连续性分为间歇动作式装载机，如耙斗装载机、后卸式和侧卸式铲斗装载机、扒（蟹）爪式装载机，另外还有立爪式装载机、蟹立爪式装载机、圆盘式装载机以及振动式装载机。

目前机械化掘进巷道，主要是钻眼爆破后由装载机装载、人工支护，其中装载机的工作量占整个掘进循环工作量近一半。所以在用钻眼爆破法掘进时，大力发展机械化装载，对于提高掘进效率、减轻工人体力劳动和降低掘进费用，具有重要意义。

一、耙斗装载机

耙斗装载机简称耙装机，可用于平巷或坡度为30°以内的上下山，也可在巷道的交叉处使用，既可装岩又可装煤以及半煤岩，是我国煤矿巷道掘进使用最多的装载设备。

1. 耙斗装载机的组成及工作过程

耙斗装载机的组成如图2–14所示。其工作过程是：耙斗以自重落在岩料堆的上表面，牵引工作钢丝绳使耙齿插入岩料堆并扒取岩料。然后沿着巷道底板进入料槽，通过卸料口（或刮板输送机）将岩料卸至下面的运输设备中。为了使耙斗能往复运行，耙斗装载机采用双滚筒绞车牵引，工作滚筒和回程滚筒分别牵引耙斗前进和后退。

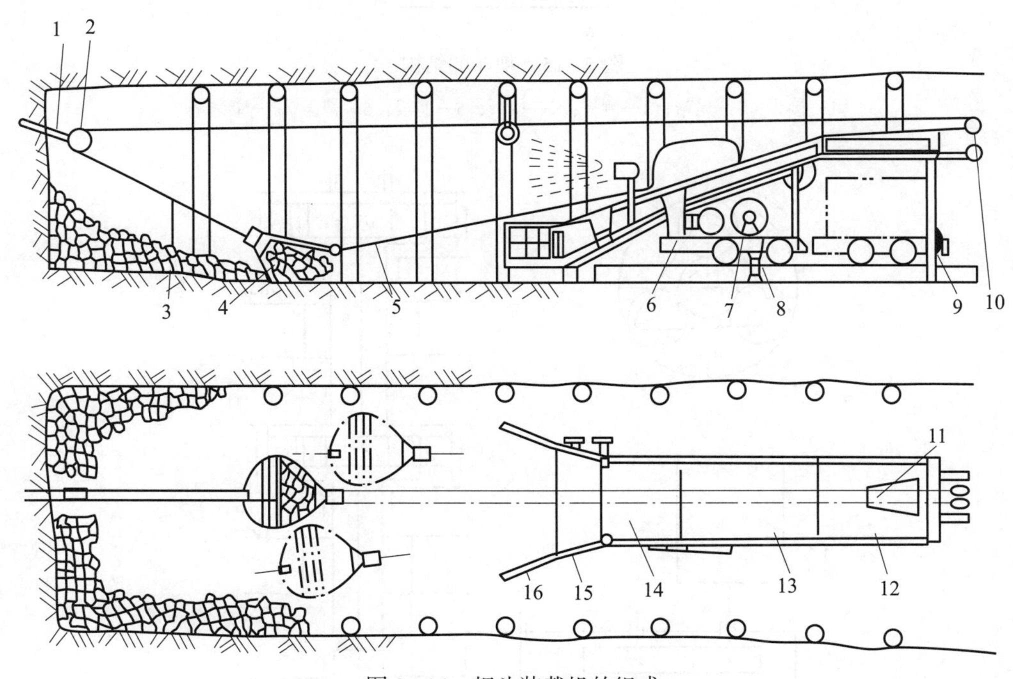

图2–14　耙斗装载机的组成

1—尾轮架；2—尾轮；3—返回钢丝绳；4—耙斗；5—工作钢丝绳；6—台车；7—绞车；8—卡轨器；9—副撑脚；10—头轮；11—卸料口；12—卸载槽；13—中间槽；14—连接槽；15—升降装置；16—簸箕口

为了防止在工作过程中卸料槽末端抖动，耙斗装载机的台车都会有副撑脚支撑在底板上。若在倾角较大的斜巷内工作时，除了用卡轨器将台车固定在轨道上外，还另设一个阻车器

（图 2-14 中未标示），以防机器下滑。尾轮架固定在掘进工作面上，用以悬挂尾轮。若移动尾轮架和尾轮的位置，便可改变耙斗的耙装位置，从而扩大耙装工作面宽度。

2. 耙斗和绞车的结构

耙斗的结构如图 2-15 所示。绞车主要有三种结构型式，即行星轮式、圆锥摩擦轮式和内胀摩擦轮式，分别如图 2-16～图 2-18 所示（均为双滚筒式绞车）。

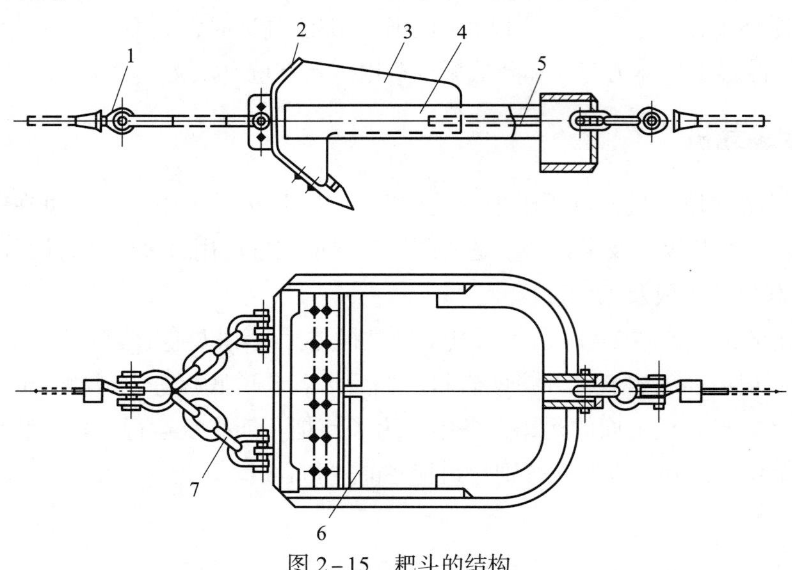

图 2-15 耙斗的结构

1—接头；2—尾帮；3—侧板；4—拉板；5—筋板；6—耙齿；7—牵引链

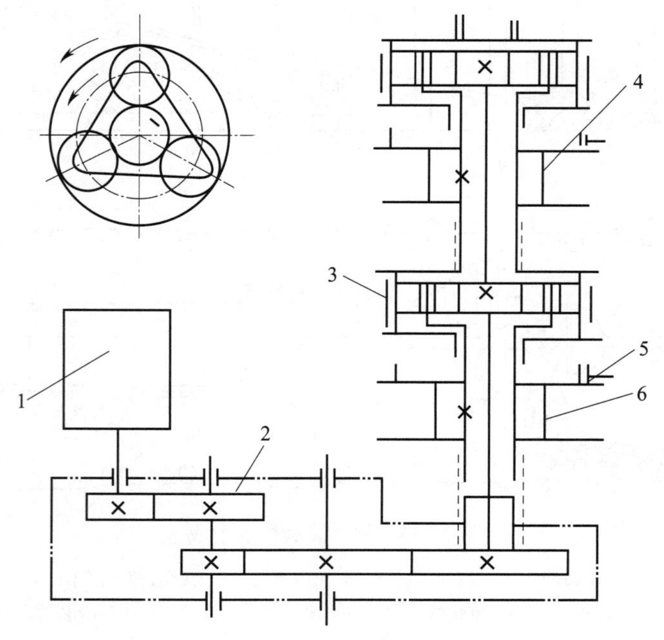

图 2-16 行星轮式绞车的结构

1—电动机；2—减速器；3—刹车闸带；4—回程滚筒；5—辅助刹车；6—工作滚筒

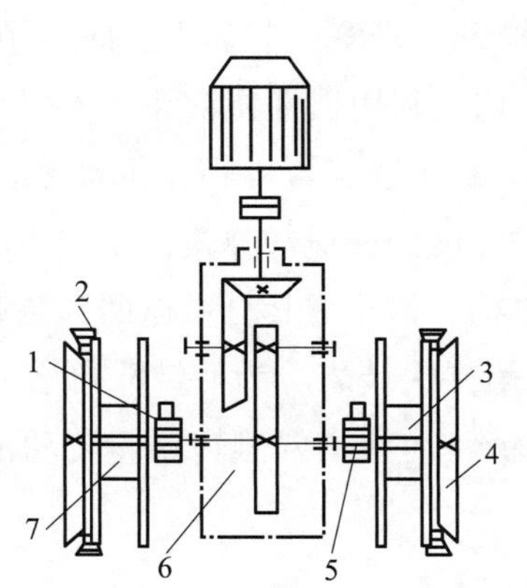

图 2-17　圆锥摩擦轮式绞车的结构

1—螺母；2—闸带；3—工作滚筒；4—圆锥摩擦轮；5—螺杆；6—主轴；7—回程滚筒

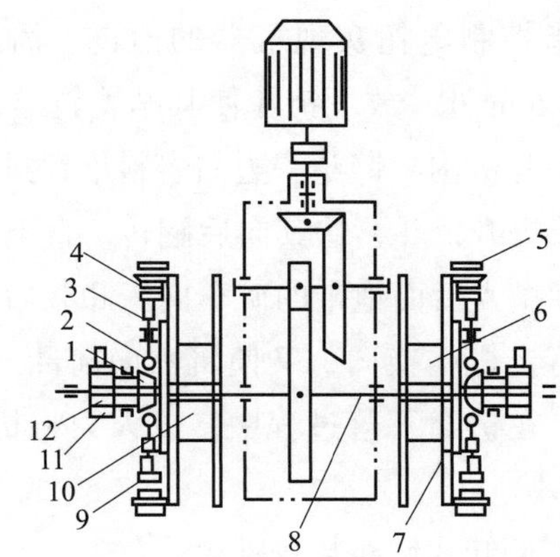

图 2-18　内胀摩擦轮式绞车的结构

1—移动锥体；2—滚轮；3—顶杆；4—摩擦带；5—闸带；6—回程滚筒；7—离合瓦座；8—主轴；9—闸瓦；10—工作滚筒；11—螺母；12—螺杆

二、铲斗装载机

铲斗装载机是煤矿岩巷掘进使用较普遍的一种装载机，主要有后卸式和侧卸式两种结构型式。

1. 后卸式铲斗装载机

如图 2-19 所示为 ZYC-20B 型后卸式铲斗装载机的组成。该机型是目前煤矿普遍使用的一种铲斗装载机。

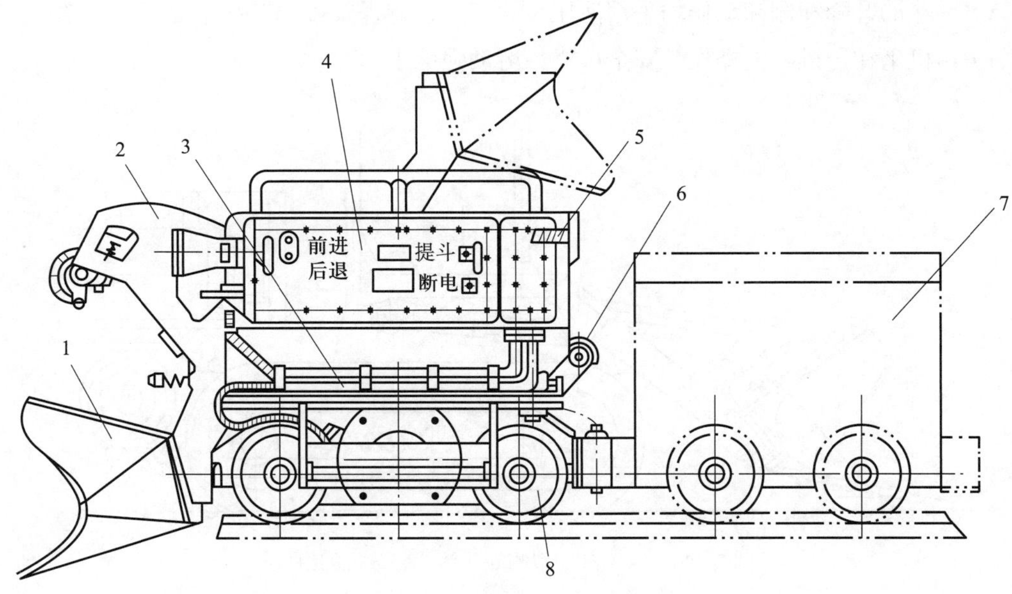

图 2-19　ZYC-20B 型后卸式铲斗装载机的组成

1—铲斗；2—斗臂；3—回转台；4—操纵控制机构；5—缓冲弹簧；6—提升机构；7—矿车；8—行走机构

后卸式铲斗装载机的工作过程：司机站在机器侧面踏板上操作，两手抓住手把，同时用手指控制电钮实现机器的前进、后退和铲斗的提升、降落。装岩开始时，在离岩料堆1.0～1.5 m处，放下铲斗使其贴着轨道，开动行走机构，利用惯性将铲斗铲入岩料堆，同时开动提升机构，铲斗一边向岩料堆铲进，一边提升。铲斗装满岩料后，开动行走机构倒退，并继续提升铲斗，让其向后翻转，直至铲斗以一定的速度碰撞缓冲弹簧，使铲斗内的岩料借助惯性抛入后面拖带的矿车内。卸载后，关闭提升机构，铲斗靠其自重返回到装载位置，同时使行走机构换向，又使机器向前冲入岩料堆进行第二次装岩。为使铲斗可装巷道两侧的岩石，在铲斗下落过程中，以人力将机器上部连同铲斗向巷道两侧转动，转动范围最大可达30°。

2. 侧卸式铲斗装载机

侧卸式铲斗装载机用铲斗从底部铲取岩料，然后机器退到卸载点，铲斗向一侧翻转进行卸载。按铲斗臂的结构型式，侧卸式铲斗装载机可分为固定式斗臂、伸缩式斗臂和摆动式斗臂三种，大多数侧卸式装载机采用的是固定式斗臂结构。

ZC－60B型侧卸式铲斗装载机是目前适用于较大断面巷道的新型高效装载机械，其组成如图2－20所示。与后卸式铲斗装载机相比，它具有以下优点：

（1）铲斗宽度不受机身宽度的限制，因此铲斗的容积较大。

（2）铲斗侧壁很低或无侧壁，故插入岩料堆的阻力较小，容易装满铲斗，对所装岩料块大小无严格要求。

（3）卸载准确、高度适中。

（4）采用履带行走机构，调度灵活，装载装置面宽度不受限制。

（5）铲斗的升降和侧卸动作均采用液压装置完成，行程较短，有利于提高生产率。

（6）司机坐在司机座上操作，安全可靠，劳动强度小。

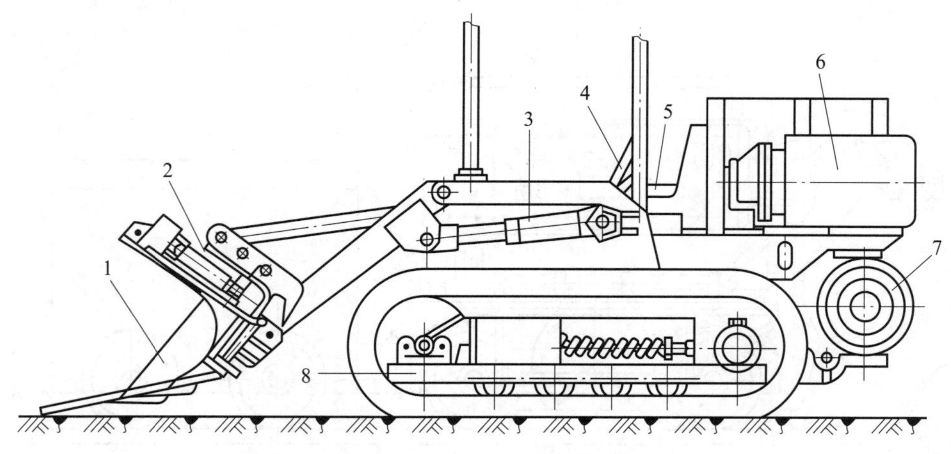

图2－20　ZC－60B型侧卸式铲斗装载机的组成

1—铲斗；2—侧卸液压装置；3—升降液压装置；4—操纵手把；5—司机座；6—泵站；7—行走电动机；8—履带行走机构

装载机工作时，先将铲斗放到最低位置，开动履带行走机构，借助行走机构的力量，使

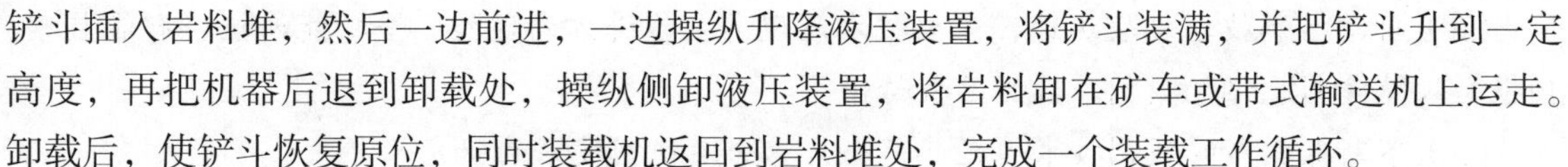

铲斗插入岩料堆，然后一边前进，一边操纵升降液压装置，将铲斗装满，并把铲斗升到一定高度，再把机器后退到卸载处，操纵侧卸液压装置，将岩料卸在矿车或带式输送机上运走。卸载后，使铲斗恢复原位，同时装载机返回到岩料堆处，完成一个装载工作循环。

三、扒（蟹）爪式装载机

扒（蟹）爪式装载机是一种在煤巷或半煤岩巷中掘进使用的装载机械，它用扒（蟹）爪做工作机构进行连续装煤或岩料（物料），故称扒（蟹）爪式装载机。该机型还可用在条件适宜的采煤工作面装煤，以及用于地面煤场向运输车辆装煤，因具有防爆性，所以还可用于有瓦斯和煤尘爆炸危险的巷道中。

如图 2-21 所示为 ZMZ2-17 型扒（蟹）爪式装载机的组成。装载机工作时，开动履带行走机构使工作机构的铲板插入物料堆，然后左右两个扒（蟹）爪交替地把铲板上的物料扒入转载机构，再由转载机构的刮板链将物料运到机尾卸入矿车或其他运输设备里。机体上设有前后升降液压装置，其中两个前升降液压装置用来调节铲板倾角，以适应物料堆高度的变化；两个后升降液压装置用来调节转载机构的卸载端高度，以适应不同运输设备对卸载端高度的不同要求。在转载机构上的左右侧各安装一个回转液压装置，用来调节转载机构卸载端的位置，以扩大卸载范围。该机型各部分的动作都靠一台功率为 17 kW 的电动机来驱动。主减速箱不但传递电动机的扭矩，还兼作液压系统的油箱。紧链装置用来调节刮板链的松紧程度，整机由各操纵手把进行操纵和控制。

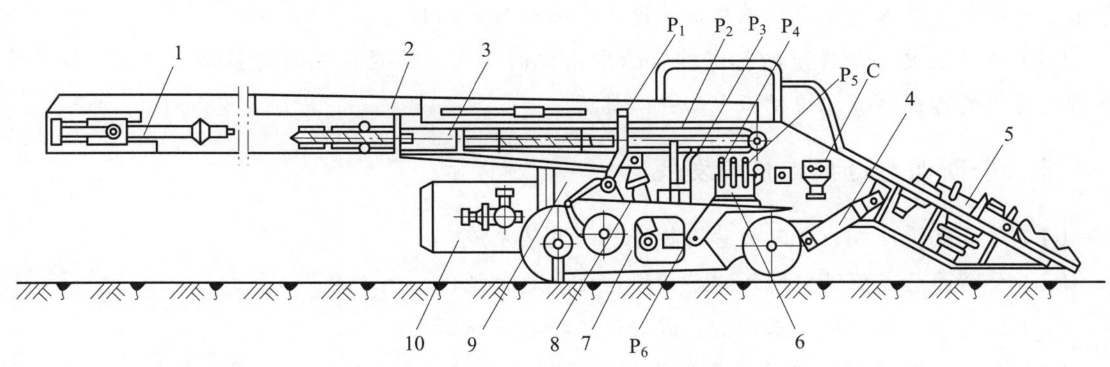

图 2-21 ZMZ2-17 型扒（蟹）爪式装载机的组成

1—紧链装置；2—转载机构；3—回转液压装置；4—前升降液压装置；5—工作机构；6—操纵阀；7—履带行走机构；8—后升降液压装置；9—主减速箱；10—电动机；P_1、P_2、P_3、P_4、P_5、P_6—操纵手把；C—按钮

【知识拓宽】

一、国内悬臂式掘进机发展趋势

（1）适用范围不断扩大。掘进机截割硬度与截割断面不断加大，扩展了掘进机的适用范围。

（2）自动控制技术发展迅速，主要技术表现为：推进方向监控、全功能遥控、智能监测、预报型故障诊断、记忆截割、数据远程传输等。

（3）不断探索新的截割技术，尤其是全岩巷岩石截割技术的研究。

（4）多功能一体化，如掘进机主机集成机载锚钻系统、机载临时支护系统、机载除尘系统等，通过多功能集成达到提高单机成巷速度和安全生产的目标。

（5）工作可靠性不断提高。

（6）掘进装备的综合配套能力进一步加强。

（7）试验和研究手段更趋完善。

二、国内掘进机亟须解决的关键技术

（1）要积极开展掘进机的基础试验和研究，建立适合我国煤矿地质条件的截割载荷谱，形成完整的设计依据，并在此基础上开展动力学仿真分析计算，提高掘进机的可靠性和寿命。

（2）要以掘进机基础元件为重点，促进解决特重型、大功率、快速掘进等核心技术问题的研发工作，提高轴承、密封、电气元部件、液压元部件等基础件寿命，提高掘进机的切割硬度，以及完善全功能遥控、智能监测、预报型故障诊断、断面监视、记忆截割、数据远程传输等机电一体化功能，逐步向掘进工作面自动化和无人化方向发展。

（3）要积极开展机载锚杆钻臂系统、临时支护系统以及除尘系统的多功能集成技术研究，通过多功能集成技术达到提高单机成巷速度和安全生产的目标。

（4）要开展复杂条件下的巷道综合除尘系统的研究，改变传统的喷雾除尘方式，显著改善掘进巷道的作业环境，维护工人的身心健康。

三、全断面巷道掘进机的发展

（1）绿色化设计成为全断面巷道掘进机的发展主流。

（2）全断面巷道掘进机的尺寸趋于微型化和超大型化。

（3）盾构巷道掘进机、三护盾巷道掘进机技术不断完善。

（4）全断面巷道掘进机的截面形状趋于多样化。例如，除了传统的圆形截面外，逐步出现三角形截面、矩形截面等设计。

思考练习题

1. 凿岩机的破岩原理是什么？

2. 气腿式凿岩机主要由哪些部分组成？

3. 凿岩台车需要实现哪些动作？如何实现？

4. 凿岩台车在使用时应注意什么？

5. 掘进机的组成及工作原理是什么？

6. 操作掘进机的注意事项有哪些？

7. 装载机的种类、用途及操作注意事项有哪些？

技能实训二　煤矿掘进机的安全操作

一、实训目标

1. 熟悉掘进机作业前的安全检查内容。

2. 掌握掘进机安全操作内容与步骤。

二、任务描述

熟悉掘进机作业环境安全检查、运行装置安全检查、试运转安全操作相关检查内容；学会掘进机开机安全操作、截割安全操作、停机安全操作和收工安全操作一系列步骤。

三、任务准备

1. 换好工作服，戴好安全帽、矿灯，携带便携式甲烷检测报警仪，并有序进入掘进机实训现场排队等候。

2. 打扫好掘进机实训现场周边卫生、清扫掘进机机身浮尘。

3. 清点掘进机操作使用的有关工具和仪器。

4. 打开掘进机试运转 15 min。

四、知识要点

1. 掘进机作业前安全检查

（1）作业环境安全检查

1）检查作业环境

①掘进机周围无人员和障碍物。

②机载甲烷断电仪或便携式甲烷检测报警仪完好可靠、甲烷含量不超过 1.0%（体积分数）。

③通信联络畅通。

2）检查顶板支护情况

①工作面顶板支护牢靠。

②支护距离合理。

3）检查局部通风情况

①风筒完好，吊挂平直。

②风筒出风口到工作面迎头距离合理。

4）检查供水管路和电气装置

①工作面供水管路完好。

②电气装置无“失爆”现象，电源隔离开关处于断开位置，保护接地完好、可靠。

③各种开关布置合理，电缆吊挂标准。

（2）运行装置安全检查

1）检查操作装置

①紧急停机按钮等各种电气操作按钮（旋钮）灵敏、可靠。

②各液压操作手把操作灵活，无损坏，并全部置于“0”位。

③操作信号装置安装位置正确，能够清晰发送操作报警信号。

2）检查连接装置

①各连接件（螺栓、销轴等）齐全、完好。

②连接正确、牢靠。

3）检查截割装置

①截齿、挡圈齐全，无损坏。

②齿座牢靠，喷嘴完好。

4）检查传动装置

①履带、刮板链连接牢靠，松紧适度。

②减速器、液压缸及油管、液压管等无泄漏。

5）检查喷雾装置

①内外喷雾装置完好。

②内喷雾工作水压不小于 2 MPa。

③外喷雾工作水压不小于 4 MPa。

（3）试运转安全操作

1）试运转准备

闭合远程隔离开关，给掘进机送电→解锁掘进机紧急停机按钮→打开操作台电源开关→打开前后照明装置→发送开机警报信号。

2）试运转

启动液压油泵→启动转载机→启动运输机→启动耙爪（星轮）→升起截割头到水平位置→升起后支撑→抬起铲板→启动截割电机→打开喷雾装置→操纵截割头左右摆动，确认试运转状态正常。

2. 掘进机安全操作

（1）开机安全操作

打开操作台电源开关→打开前后照明装置→发送开机联系信号→启动液压油泵→启动转

载机→启动运输机→启动耙爪（星轮）→升起截割头到水平位置→升起后支撑→抬起铲板→打开供水阀门。

（2）截割安全操作

发送截割报警信号→运行掘进机到截割位置→放下铲板→落下后支撑→启动截割电动机→打开喷雾装置→操纵截割头进行截割作业。

（3）停机安全操作

1）停机准备

清理工作面浮煤、浮矸→清空输送机与转载机中的煤、矸→发出后退报警信号→后方人员撤离→升平、摆正截割臂→抬起铲板→升起后支撑→后退到安全位置。

2）正常停机

停止截割头运转→停止内外喷雾→停止耙爪（星轮）→停止刮板输送机→停止转载机→放下铲板→落下截割臂→落下后支撑→停止液压油泵→关闭操作台电源开关→取下电源开关手把。

3）紧急停机

按动紧急停机按钮，停止运转→处理有关紧急停机情况→确认危急情况排除→解锁紧急停机按钮→报告紧急停机情况。

（4）收工安全操作

断开远程电源隔离开关→清理作业现场→填写当班作业记录→进行现场交接班。

五、实训过程

1. 介绍实训内容

在开始实训前，由指导教师介绍本次实训内容和目标以及必须掌握的知识点，并做好作业前的安全操作培训有关事宜。

2. 分配任务

根据教学计划和课程要求分配任务给每位学生，学生两人一组，一人操作，另一人监护，并进行必要的指导。

3. 开展实训操作

根据分配任务进行具体操作，练习掘进机开机前的安全检查工作，以及掘进机开机安全操作、截割安全操作、停机安全操作和收工安全操作等一系列步骤。

4. 巡回指导并及时反馈

在学生实训过程中，指导教师要及时跟踪并进行巡回指导；共性的问题集中解决，个性问题现场及时解决。下课前，指导教师要对学生在操作过程中出现的问题进行必要的记录和总结，并及时反馈。

六、注意事项

1. 截割头可以伸缩的掘进机，前进切割或横向切割都必须在截割头缩回的位置进行。

2. 前进时必须放下铲板，提起后支撑，将煤岩装尽，以免履带在浮煤上行走；后退时必须提起铲板和后支撑。

3. 使用喷雾时，必须先喷雾后截割、先停机后停泵。

4. 截割速度不可过快，应与装载能力相适应。煤岩的块度不可过大，以免影响装载和运输。

5. 操作液压手柄时，不可用力过猛，以免造成液压冲击而损坏机件。

6. 液压缸行程至极限位置后，应迅速扳回操作手柄，以免溢流阀长时间溢流发热。

7. 截割头必须在旋转中钻出，不得停转外拉，不得带负荷启动，不得超负荷运转，保持机器在满载、高效状态下工作。

8. 截割头降到最低位置时，不得抬铲板，避免耙爪（星轮）触碰截割臂。

9. 截割中，随时注意各部声音和温度。遇有异常情况时，必须停机检查处理。

10. 要保持巷道断面正确的中心，断面既不得因煤岩软而超掘，也不得因煤岩硬而缩小。

11. 使用截割臂上棚梁时，必须闭锁截割电动机，不得用截割臂吊装其他物品。

12. 随时注意顶板情况，不得空顶作业。如有不安全征兆，必须停机处理。

13. 掘进机工作时，禁止工作人员进行检修或注油，也不得接触任何运转部位。

14. 司机和机组人员工作时，应精力集中。利用手势进行联系时，应能正确领会意图，配合默契。

15. 工作中，如果机器或人身发生或即将发生事故时，应按动急停开关，立即停机，同时将操作手把归零，待查明原因后方可继续工作。

16. 任何人到工作面检查时，必须闭锁截割电动机。

17. 遇到过硬岩层，不得用机器硬割，必须打眼放震动炮处理。此时，机器应退后至最大可能距离，并对照明灯等设备妥善遮蔽。

18. 副司机应随时注意电源电缆和水管，不得拉伸压埋。

19. 随时注意工作面的瓦斯和粉尘情况。

七、总结与思考

1. 课程总结

指导教师对本次实训进行总结，包括实训教学效果、存在问题和改进措施等。

2. 书写实训报告

学生认真书写实训报告，深刻体会理论与实践的紧密结合，进而通过实训提高自己技能水平。

3. 评估反馈

指导教师对学生实训过程进行全面综合评估，并及时向学生反馈结果，以便下一次实训活动有序开展。

第三章

运输机械

学习目标

1. 了解煤矿常用运输机械发展的概况与趋势。
2. 熟悉煤矿常用运输机械的组成结构及工作原理。
3. 掌握煤矿常用运输机械的使用操作。

引　　言

运输机械是一类用于沿固定路线连续输送物料或人员的机械系统，具有多种类型和广泛的应用场景。运输机械的主要优点是高生产率、适用于多种行业和场景、结构紧凑、易于制造和维护、负载均匀且消耗功率稳定，以及便于实现自动控制等；其主要缺点是只能按固定路线输送物料或人员，适用性有限，且大多数不能自取物料，需要配合装载和卸载机械使用。

运输机械主要分为连续输送机械、搬运车辆和装卸机械三种类型。

连续输送机械包括带式输送机、板式输送机、刮板输送机、螺旋输送机、斗式提升机、振动输送机、气力输送装置和液力输送装置等。这些设备沿着预定路线连续输送成件或散粒物品，装卸货物时无须停车，具有供料均匀、速度稳定、动力消耗小、成本低和生产率高等优点。但每种型式的连续运输机械只适应运输一定种类的物料，当线路长或布置复杂时，则设备庞大、投资费用较高。

搬运车辆包括牵引车、翻斗车、自卸汽车等。这些车辆机动灵活，适用于搬运沉重的单件物品和集装箱货物。

装卸机械包括叉车、卸载机、抛料机、翻斗机等，主要用于仓库、料场的装卸作业。

此外，运输机械还包括输送系统的辅助装置，如储仓闸门、给料器、称量装置等；用于调节货物流量，协调各机械间的工作，以保证系统合理运行。

选用运输机械的主要依据是货物的特性（形状、重量、脆度、湿度、黏度等）、生产率、运输路线和现场条件、装卸载方式、运输过程中的工艺要求和设备投资、运输费用等。运输机械的发展趋势包括：适应施工工艺的发展，改进承载构件的构造，以提高装卸效率；采用高强度牵引构件和多电机驱动以提高经济技术指标；安装货物识别装置、连续计量装置和分选装置，并采用电子计算机的程序控制，以实现自动化。

本章主要介绍煤矿运输常用的刮板输送机、顺槽桥式转载机、带式输送机、矿用电机车，以及辅助运输设备的概述、结构组成、功能和操作使用等。

第一节　刮板输送机

一、刮板输送机概述

刮板输送机是一种有挠性牵引机构，用刮板链牵引，在槽内连续输送散料的输送机械。其中，可弯曲刮板输送机的相邻中部槽在水平面和垂直面内可有限度折曲。

刮板输送机是综合机械化采煤工作面的主要运输设备，除运送煤炭外，还可作为采煤机的运行轨道、液压支架移动的支点。

1. 刮板输送机的组成

对于不同类型的刮板输送机，其组成部件的型式和布置方式不尽相同，但其主要结构和基本组成部件是相同的。

可弯曲刮板输送机主要由机头部Ⅰ、中间部Ⅱ和机尾部Ⅲ组成，如图 3－1 所示。此外，这类输送机还有紧链阻链装置、挡煤板、铲煤板和防滑锚固装置等附属部件。

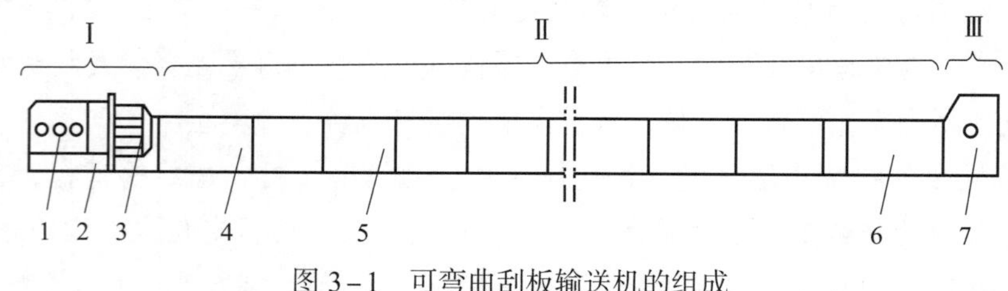

图 3－1　可弯曲刮板输送机的组成

1—减速器；2—联轴器；3—电动机；4—机头过渡槽；5—中部槽；6—机尾过渡槽；7—机尾

（1）机头部

机头部是将电动机的动力传递给刮板链的装置，其主要结构如图 3－2 所示。另外，利用机头传动装置提供动力的紧链阻链装置和牵引链的固定装置也安装在此部位。常用的机头部有端卸式机头部和侧卸式机头部。

1）端卸式机头部

采用这种机头部的刮板输送机的物料直接从机头架的端部卸载，卸载方向和刮板链运行方向相同。它需要一定的卸载高度，以防止块煤堵塞和底链将煤带回。

2）侧卸式机头部

采用这种机头部的刮板输送机的物料主要从机头架侧面卸载，卸载方向与刮板链运行方向垂直，同转载机的运输方向一致。侧卸煤流由主煤流、副煤流和粉煤流三部分构成，主煤流沿犁煤方向从机头架侧卸载口流入转载机，副煤流沿犁煤反方向从犁煤板底部流入转载机，剩下的少量粉煤随刮板链通过底板栅孔漏入转载机。

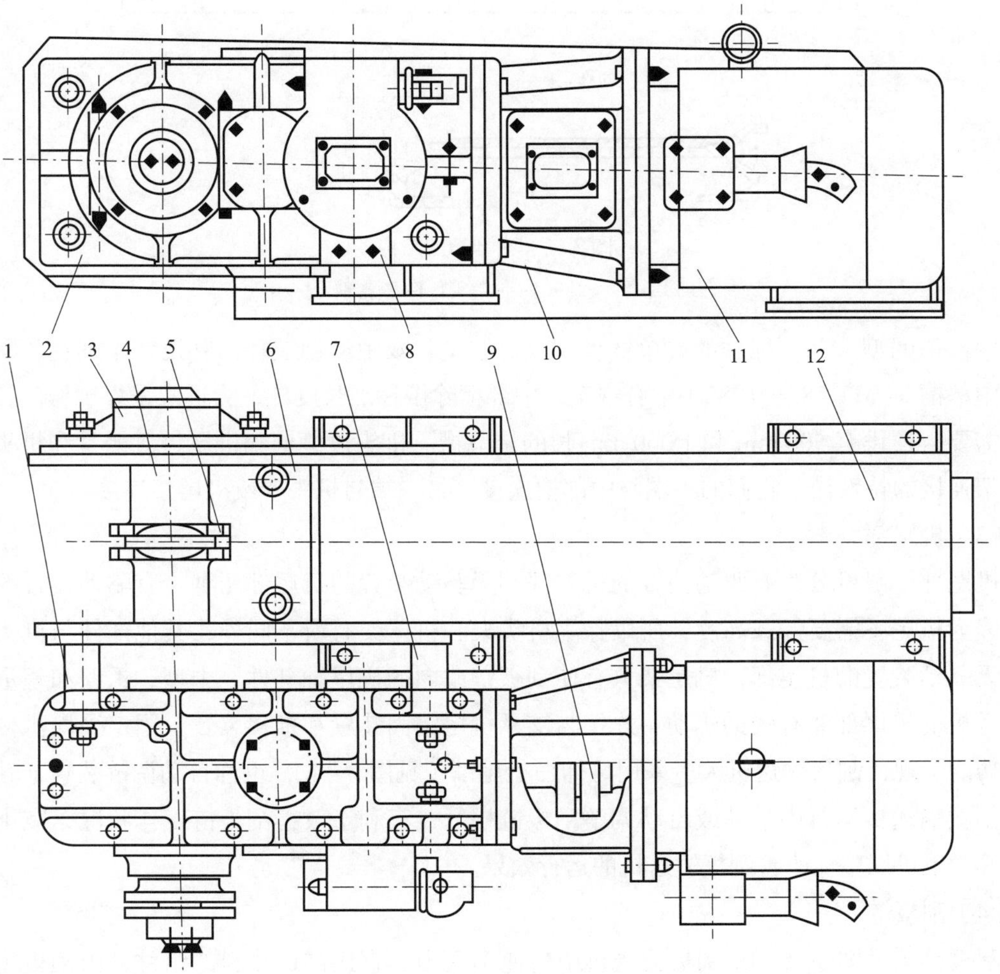

图 3－2　机头部的结构

1、7—垫块；2—减速器；3—盲轴；4—链轮；5—拨链器；6—护轴板；8—紧链阻链装置；9—联轴器；10—连接筒；11—电动机；12—机头架

（2）中间部

中间部主要由过渡槽、中部槽和刮板链等组成，其中过渡槽和中部槽基本结构相同，这里主要介绍中部槽。中部槽（又称中间溜槽）是刮板输送机的机身，由槽帮钢和中板焊接而成，其结构如图 3－3 所示。中部槽的上槽是装运物料承载槽，下槽底部敞开供刮板链返程用。

为了减小刮板链返程的阻力，或在底板松软条件下使用时防止槽体下陷，在槽帮钢下加焊底板构成封底槽。由于使用封底槽，使得安装下股刮板链和处理下股刮板链事故较困难，因此可以间隔几节封底槽采用一节有可拆中板的封底槽的办法，以解决这类问题。

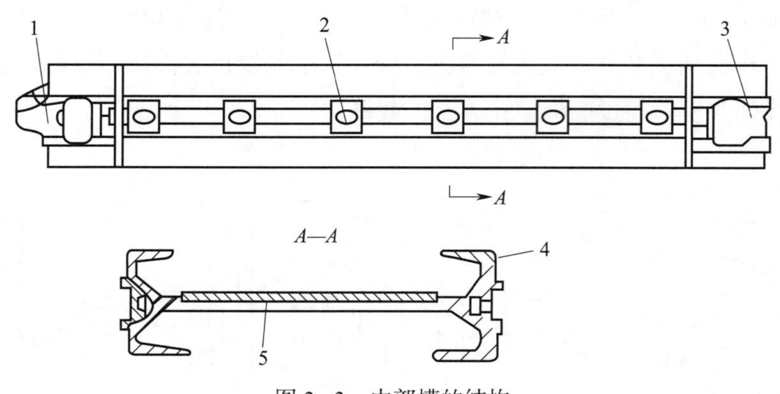

图 3-3　中部槽的结构

1—凸端头；2—支座；3—凹端头；4—槽帮钢；5—中板

中部槽的型式列入标准的有单链型、双边链型、双中链型三种，其尺寸系列在《刮板输送机中部槽》（MT 183—1988）中有规定。中部槽除了标准长度外，为适应采煤工作面长度变化的需要，还设有 500 mm 和 1 000 mm 长的调节槽。机头过渡槽和机尾过渡槽是和机头架与机尾架连接的特殊槽，它们的一端与中部槽连接，另一端与机头架或机尾架连接。

（3）机尾部

机尾部一般可分为有驱动装置的机尾部和无驱动装置的机尾部两种。有驱动装置的机尾部，因为机尾不需要卸载高度，所以除了机头架和机尾架有所不同外，其他部件与机头部相同。无驱动装置的机尾部，机尾架只有使刮板链改向的机尾轴部件。中型、重型和超重型刮板输送机的机尾部兼有辅助驱动、连接与支承机尾锚固装置和推移装置、固定采煤机械牵引链的功能。现代刮板输送机大多采用可伸缩机尾部（见图 3-4），也称自动调链装置，其作用是在刮板输送机运行中手动或自动调整刮板链松紧，有利于改善刮板链工作状况、减小启动功率等，也可以整体改善刮板输送机的运行效果。

（4）刮板链

刮板链（见图 3-5）是刮板输送机中传递牵引力、直接刮运物料的组件，由刮板（链段上用于导向和刮运物料的构件）、矿用圆环链（多个链环组成的挠性牵引构件）和接链环（连接圆环链成为封闭式系统的构件）组成。

圆环链抗拉强度要高、耐磨性要好、耐疲劳性要好、抗腐蚀性要强，有中单链（见图 3-6）、中双链（见图 3-7）、边双链（见图 3-8）和准双边链四种。

（5）紧链阻链装置

紧链阻链装置（见图 3-9）是调整刮板输送机刮板链张紧力的装置，主要由紧链装置和阻链装置组成。

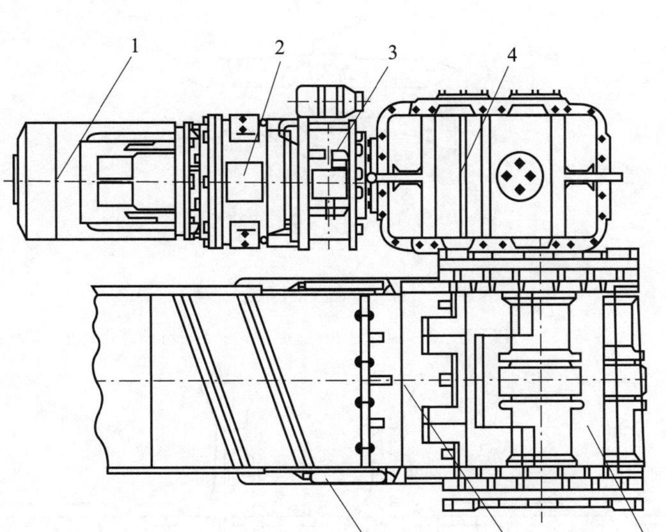

图 3-4　可伸缩机尾部的结构

1—电动机；2—联轴器；3—液压马达；4—减速器；5—张紧行程；6—滑动机架；7—张紧千斤顶

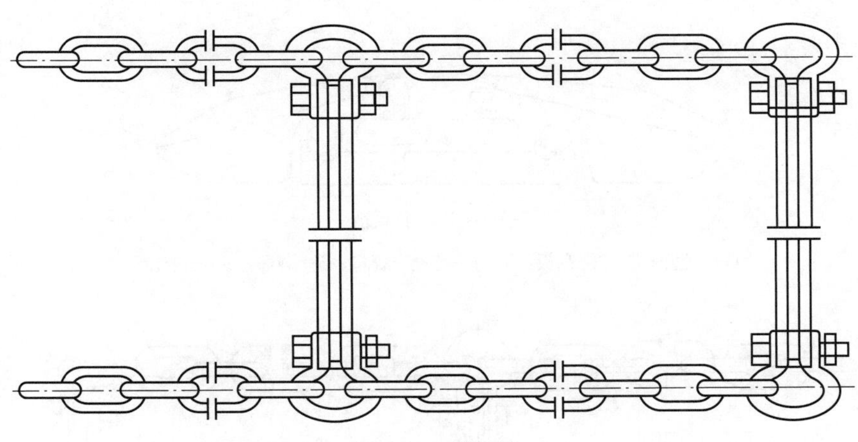
图 3-5　刮板链

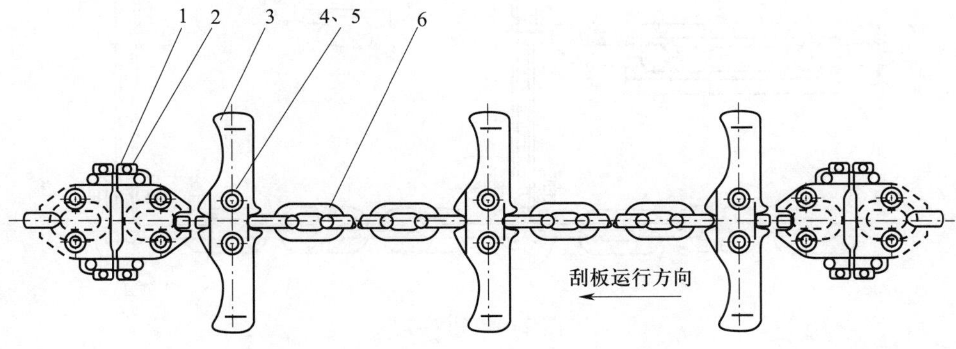

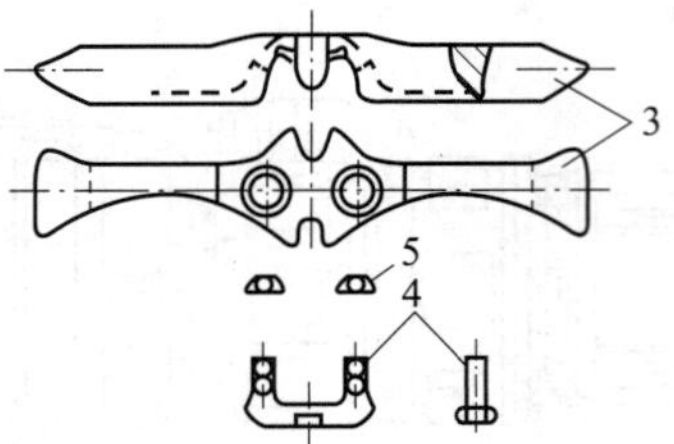

图 3-6　中单链

1—拔链器；2—开口销；3—刮板；4—U 形螺栓；5—自锁螺母；6—圆环链

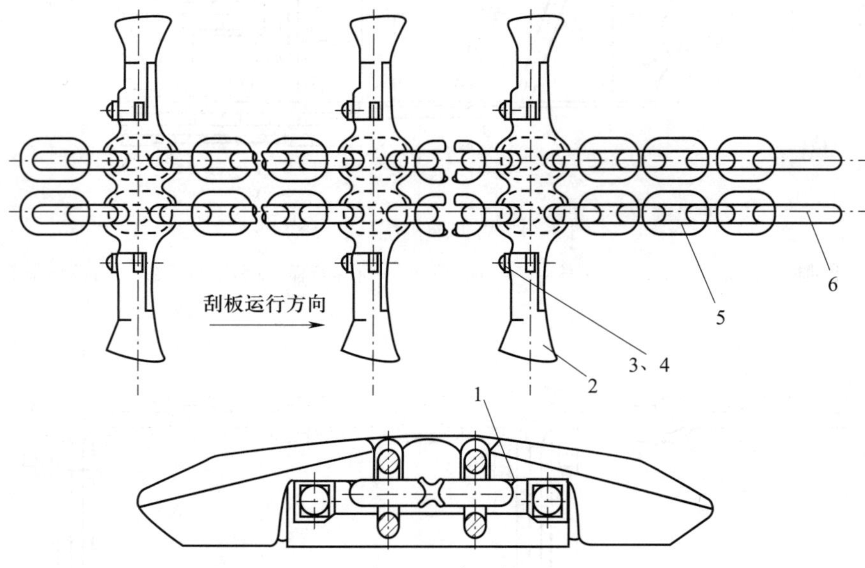

图 3-7　中双链

1—卡链横梁；2—刮板；3、4—螺栓、螺母；5—圆环链；6—连接环

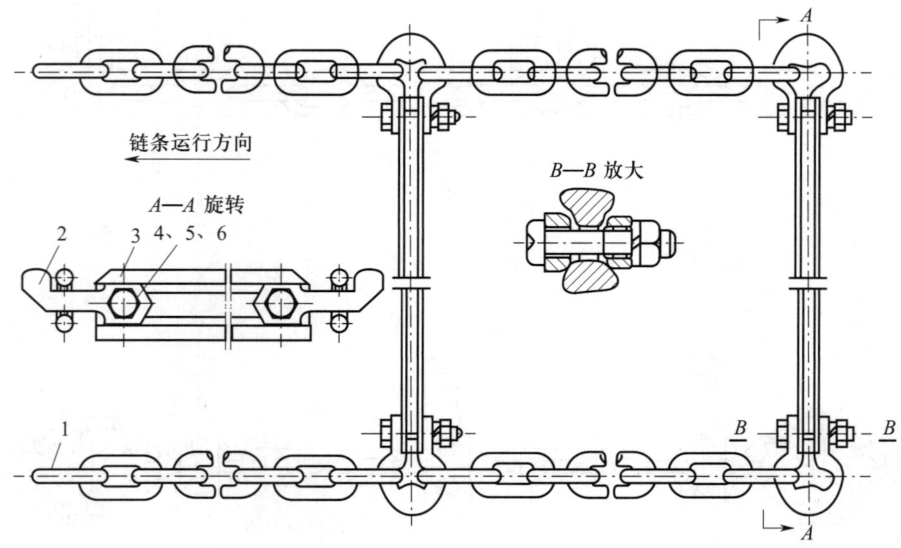

图 3-8　边双链

1—圆环链；2—连接环；3—刮板；4、5、6—螺栓、螺母、弹簧垫圈

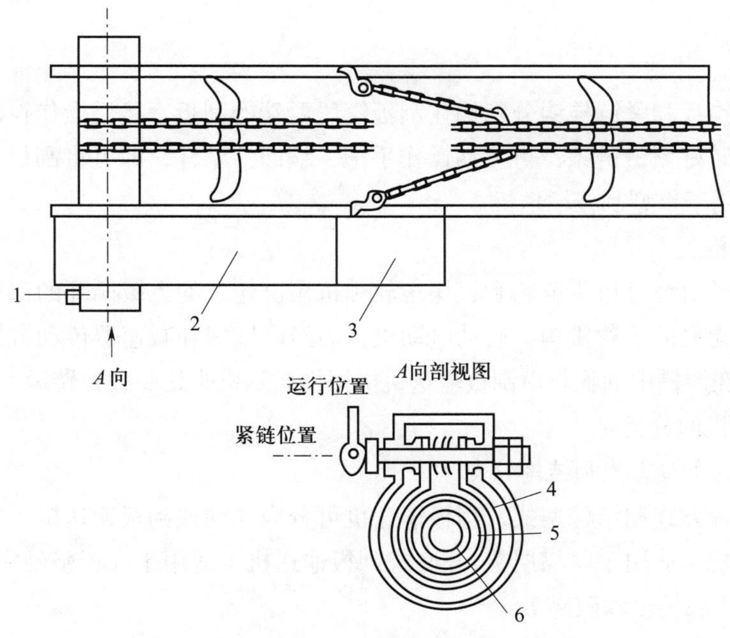

图 3-9 紧链阻链装置

1—紧链手柄；2—减速器；3—电动机；4—闸带；5—制动盘；6—减速器输出轴

1）紧链装置

紧链装置是直接或间接配合减速器对刮板链施加张力的机构，可分为棘轮式紧链装置、抱闸式紧链装置、盘闸式紧链装置、液压马达式紧链装置和液压缸式紧链装置。如图 3-10 所示，液压缸式紧链装置两端有挂钩，可将拆开的刮板链两端固定，不需用阻链装置，目前应用较多。

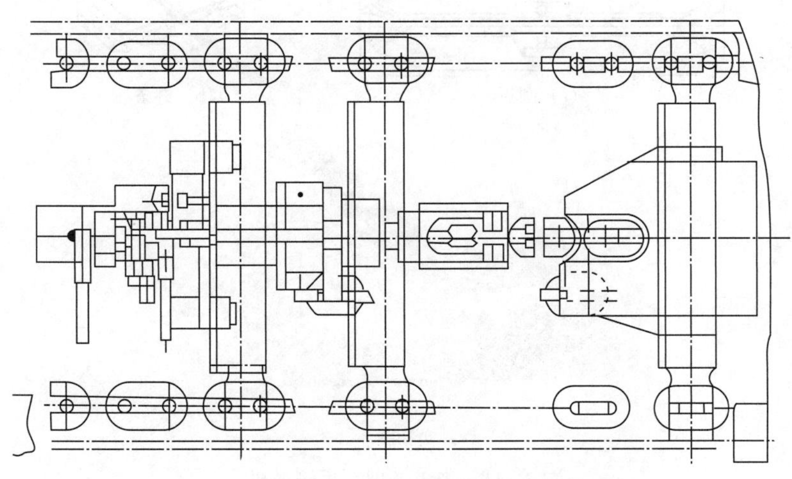

图 3-10 液压缸式紧链装置

2）阻链装置

阻链装置是在紧链时将刮板链的一端固定住的装置，可分为链条挂钩式阻链装置和楔块式阻链装置两种。

3）液压紧链工作过程

紧链时，用钩板和紧链挂钩分别钩住刮板链段两端的刮板，然后操作控制阀，使液压缸的活塞杆伸出，装好紧链链条；再扳动操作手把，缩回活塞杆，即可将刮板链拉紧。液压缸式紧链装置一般用于重型刮板输送机。

2. 刮板输送机工作原理

刮板输送机是由绕过机头链轮和机尾滚轮（机尾链轮）的无级循环的刮板链作为牵引机构，以溜槽作为物料的承载机构。启动电动机，力经联轴器和减速器传动链轮驱动刮板链连续运转，可将装在溜槽中的物料由刮板输送机机尾推运到机头处卸载并转运。

3. 刮板输送机的分类

（1）按溜槽的布置方式和结构分类

按溜槽的布置方式和结构型式，刮板输送机可分为并列式刮板输送机（适用于薄煤层）、重叠式刮板输送机（适用于厚煤层）、开底式刮板输送机（适用于底板坚硬完整）、封底式刮板输送机（适用于底板松软破碎）。

（2）按牵引链的布置方式和结构分类

按牵引链的布置方式和结构型式，刮板输送机可分为片式套筒滚子链刮板输送机、焊接圆环链刮板输送机和可拆模锻链刮板输送机等。

（3）按链条数及布置方式分类

1）中单链埋刮板输送机

这种刮板输送机的刮板上的链条位于刮板中心，刮板在中部槽内起导向作用，如图 3-11 所示。

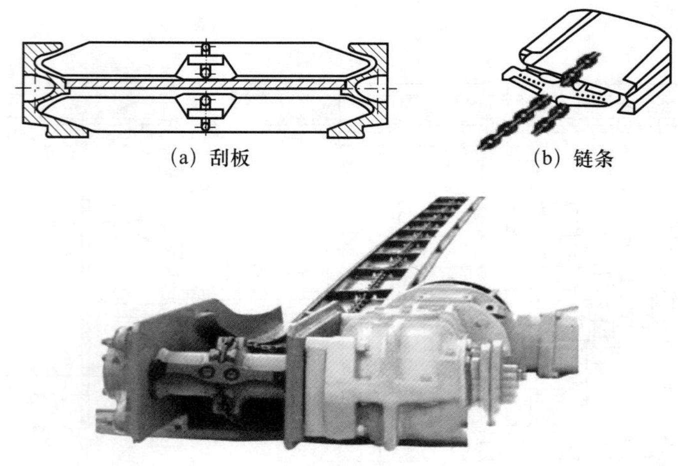

(a) 刮板　(b) 链条

(c) 实物图

图 3-11　中单链埋刮板输送机

2）边双链埋刮板输送机

这种刮板输送机的刮板上的链条位于刮板两端，链条和连接环在中部槽内起导向作用，如图 3-12 所示。

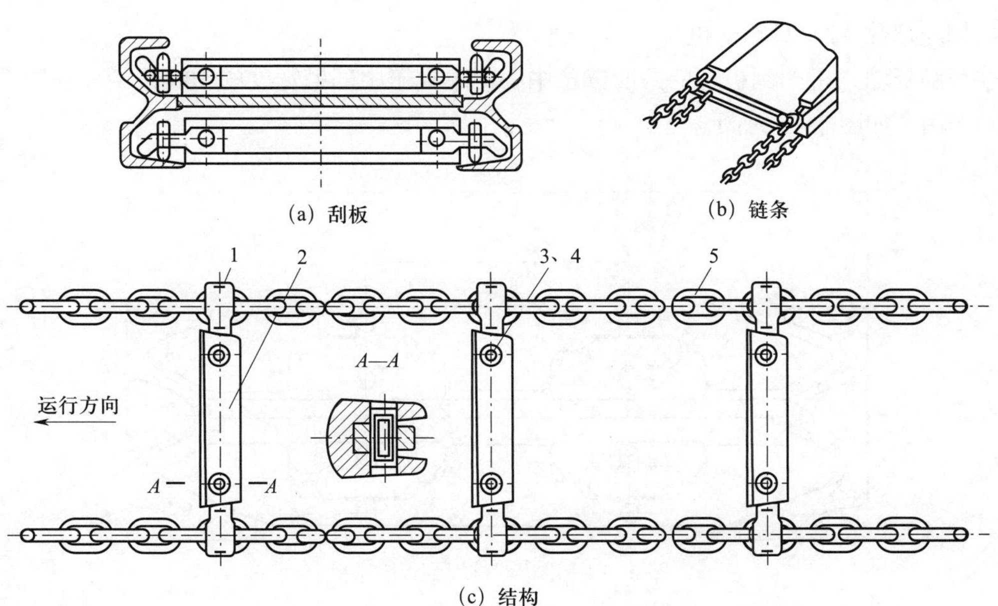

图 3－12　边双链埋刮板输送机

1—接手；2—刮板；3、4—弹性圆柱销（螺栓、螺母）；5—链条

3）中双链埋刮板输送机

这种刮板输送机的刮板上的两股链条中心距不大于中部槽宽度的 20%，刮板在中部槽内起导向作用，如图 3－13 所示。

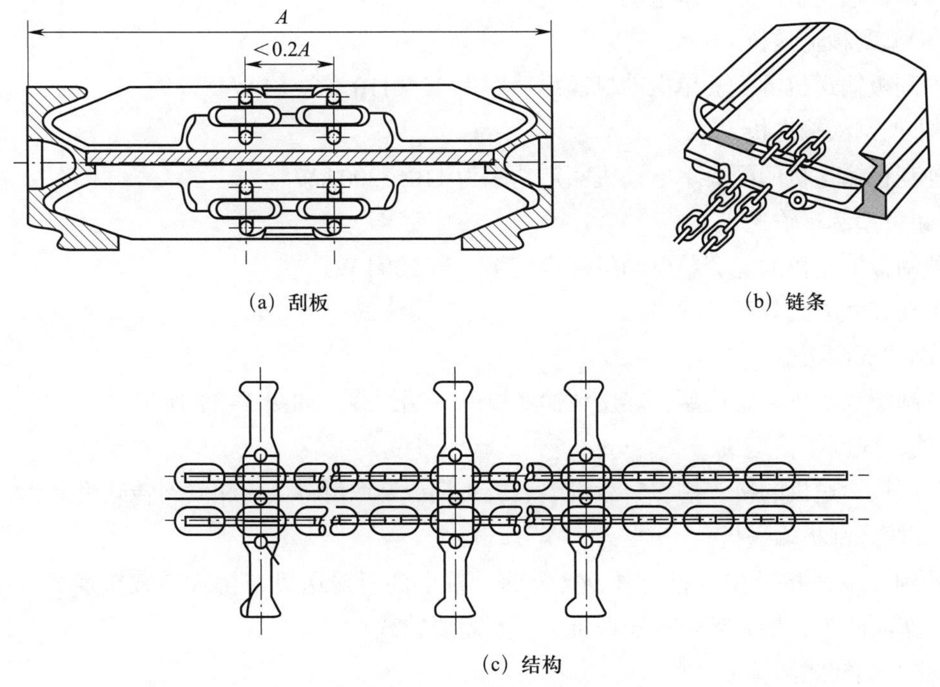

图 3－13　中双链埋刮板输送机

4）准边双链埋刮板输送机

这种刮板输送机的刮板上的两股链条中心距不大于中部槽宽度的 50%，刮板在中部槽内起导向作用，如图 3－14 所示。

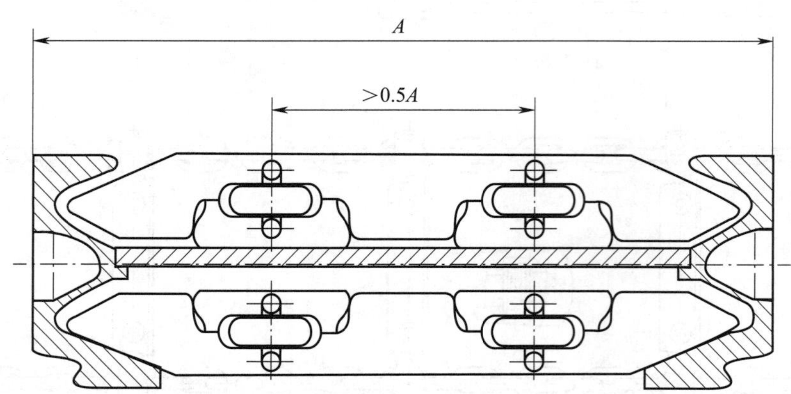

图 3－14　准边双链埋刮板输送机

（4）按传动装置布置方式分类

按传动装置布置方式，刮板输送机可分为并列式刮板输送机、垂直式刮板输送机和复合式刮板输送机。

（5）按电动机功率分类

1）轻型刮板输送机

这种刮板输送机的配套单电动机额定功率小于 75 kW。

2）中型刮板输送机

这种刮板输送机的配套单电动机额定功率为 75～110（含）kW。

3）重型刮板输送机

这种刮板输送机的配套单电动机额定功率为 110～200 kW。

4）超重型刮板输送机

这种刮板输送机的配套单电动机额定功率大于 200 kW。

（6）按卸载方式分类

1）端卸式刮板输送机

这种刮板输送机呈直线型，煤炭从输送机的一端卸载，如图 3－15 所示。

2）侧卸式刮板输送机

这种刮板输送机的机头搭在转载机上，机头架成 90° 角将煤炭卸载到转载机上。

3）直弯式刮板输送机

这种刮板输送机的中部槽可作 90° 弯曲。整个刮板输送机与桥式转载机连成一个整体，从而使工作面的煤直接卸到带式输送机上，不需要转载。

4）交叉侧卸式刮板输送机

这种刮板输送机的机头部与转载机的机尾部做成一个整体，上下链相互交叉穿过，机头部上槽煤转到转载机的上槽，下链带回的煤落在转载机的下槽，如图 3－16 所示。

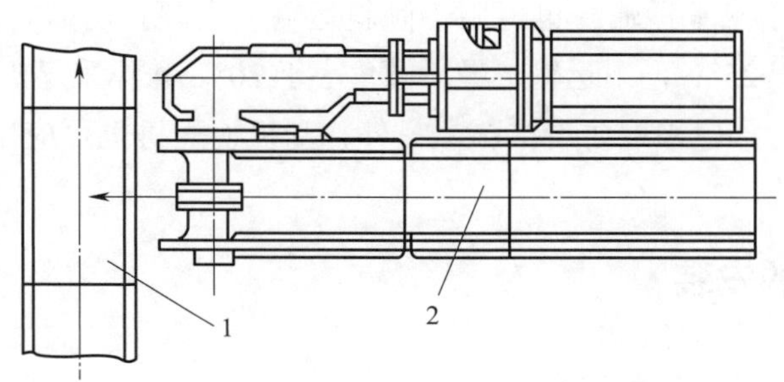

图 3－15　端卸式刮板输送机

1—转载机；2—刮板输送机

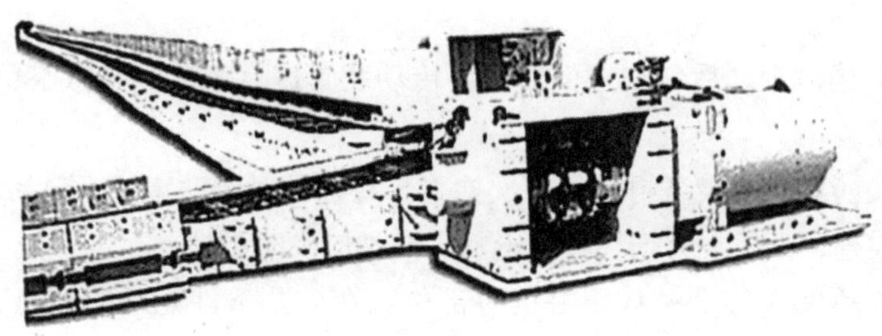

图 3－16　交叉侧卸式刮板输送机

4. 刮板输送机的特点

刮板输送机的结构强度大，机身低矮且可以弯曲，因此能适应较恶劣的工作条件；可作为采煤机的运行轨道，还可作为液压支架移动的支点；推移刮板输送机时，铲煤板可自动清扫机道浮煤；挡煤板后面有安装电缆、水管的槽架，并对电缆、水管起保护作用，推移输送机时，电缆、水管同时移动。总之，刮板输送机的优点和缺点具体如下：

（1）优点

1）结构坚实。能经受住煤炭、矸石或其他物料的冲、撞、砸、压等外力作用。

2）能适应采煤工作面底板不平、弯曲推移的需要，可以承受垂直或水平方向的弯曲。

3）机身矮，便于安装。

4）能兼作采煤机运行的轨道。

5）可反向运行，便于处理掉链事故。

6）能作为液压支架前段的支点。

（2）缺点

1）空载功率消耗较大，为总功率的 30% 左右。

2）不宜长距离输送。

3）易发生掉链、跳链事故。

4）消耗钢材多，生产成本高。

5. 刮板输送机的适用范围

刮板输送机既可用于水平运输，也可用于倾斜运输。当倾斜运输时，其倾角要求如下：向上运输，最大倾角小于 25°；向下运输，最大倾角小于 20°。兼作采煤机轨道的刮板输送机，当工作面倾角超过 10° 时，应采取防滑措施。另外，刮板输送机也可应用于采区下顺槽、联络眼、采区上下山等区域。

二、刮板输送机的安装

1. 安装前的准备工作

（1）刮板输送机在运往井下之前，参加安装、试运转的工作人员应熟悉该机的结构、工作原理、安装程序和注意事项。

（2）按照制造厂的发货明细表，对各零部件、备件以及专用工具等进行核对检查，保证完整无缺。

（3）在完成上述检查之后，在地面对主要传动装置进行组装，并做空负荷试运转，检查无误后方能下井安装。

（4）现场安装前对一切设备再进行一次检查，特别是对传动装置，包括电动机、减速器、联轴器等应重点检查，若发现有损坏或变形的零部件应及时更换。

（5）对于不便拆卸和需要整体下井的零部件，在矿井条件允许的情况下，应整体运送。在运送前，整体零部件的紧固螺栓应连接牢固。各零部件下井之前，应清楚地标明运送地点（如下顺槽或上顺槽等）。

（6）准备好安装工具及润滑油脂。

（7）不管在运输巷或工作面，铺设刮板输送机的机道都要平直。

2. 铺设安装方法

应根据各矿井运输条件和工作面特点，从实际出发，决定工作面刮板输送机的铺设安装方法。

（1）安装顺序

无论采用哪一种安装方法，刮板输送机都应由机头部向机尾部依次进行安装。首先将机头部布置在卸煤地点的合适位置，摆好放正，然后装中部槽及刮板链的下链，再装接机尾部，最后装接好上刮板链。以上工序经检查无误后，即可紧链试车，试车无问题后可装上挡煤板、

电缆槽和铲煤板等附件，投入整机试运行。

上述安装工序决定了刮板输送机各零部件应放置的地点。当安装地点在回采工作面时，应首先把机尾部、机尾传动装置和挡煤板、铲煤板等附件运到上顺槽，把机头架、机头传动装置、机头过渡槽以及全部溜槽和刮板链等组件都运到下顺槽。然后按安装次序将所有溜槽及刮板链依次运进工作面，并在安装位置排开。铲煤板、挡煤板及其他附件，待输送机主体安装并调整好后，由输送机从上顺槽运到安装位置。为安全起见，当从输送机上卸下这些附件并进行机体安装时，必须停机。在将全部零部件运往安装位置时，要注意零部件的安装次序和方向。

（2）安装工艺

1）机头部的安装

机头部的安装质量高低与刮板输送机是否能平稳运行关系甚大，安装时必须要求其稳固、牢靠。机头部安装的主要技术要求如下：

①机头架上的主轴链轮未挂链之前，应保证其转动灵活。

②装链轮组件时，要保证边双链的两个链轮的轮齿在相同的相位角上，否则将会影响刮板链的传动，并可能造成事故。

③起吊传动装置的吊钩要挂在电动机和减速器的起重吊环上，切不可挂在连接罩上。

④传动装置被吊起后，用撬杠等工具将其摆正，再用木垛、木楔等物垫平。

⑤减速器与机头架连接处应安装垫座，垫座的作用一般是使传动装置与机身保持一定距离，便于采煤机能骑上机头部，实现自动开切口。

⑥在减速器外壳侧帮耳板上的 4 个螺孔处穿入地脚螺栓，把它们固定在机头架的侧帮上。电动机通过连接罩与减速器固定并悬吊起来。

⑦按安装中线再一次用撬杠将机头摆正。按安装中线校正机头的方法是：一个人站在机头架的中间处，同时另一个人站在机尾部用矿灯对照，借助光线使机头架的中线与机道的安装中线重合即可。

2）中间部及机尾部的安装

过渡槽安装好之后，将刮板链穿过机头架并绕过主动轮，然后装接第一节中部槽。其方法是：

①将链子引入第一节溜槽下边的导向槽内，再将链子拉直，使溜槽沿链子滑下去，并与前节溜槽相接。

②按上述方法继续接长底链，使之穿过溜槽的底槽，并逐节把溜槽放到安装位置上，直到铺设到机尾部。

③将机尾部与过渡槽对接妥当后，可将刮板链穿过过渡槽，从机尾滚筒（带有传动装置的机尾传动链轮）的下面绕上来放到中板上，继续将刮板链接长。

④将接长部分的刮板倾斜放置，使链条能较顺利地进入溜槽的链道，然后将其拉直。

⑤依此方法将上刮板链一直接到机头架上。

3）紧链

根据需要调整刮板链的长度，最后将上链接好。为减少紧链时间，在铺设刮板链时要尽量将链子拉紧。在安装过程中，应注意如下事项：

①安装刮板链时，要注意按已做好的标志进行“配对”安装，否则会影响双边链链条的受力均匀和链条与链轮之间的啮合情况。

②在上溜槽装配时，连接环的凸起部位应朝上，竖链环的焊接对口应朝上，水平链环的焊接对口应朝向溜槽的中线，且不许有“拧麻花”的现象。

③在安装中，应避免用锯断链环的办法取得合适的链段长度，而应用备用的调节链进行调整。

④安装后应确认检查，包括：紧固件是否有松动现象；减速器、联轴器等润滑部位的油量是否充足；刮板链是否有扭绕不正的情况，以及各零部件的安装是否正确；控制系统和信号系统是否符合要求等。

3. 安装基本要求

（1）机头部铺设的位置必须有设计图纸。特别是综采工作面，应考虑机头部与液压支架的关系，保证与相关设备的连接尺寸符合要求。

（2）回采工作面的刮板输送机必须沿机身全长装设能发出停止或开动的信号装置，发出信号点的间距不得超过 15 m。

（3）溜槽铺设要做到平、直、稳，圆环链不得“拧麻花”。

（4）连接件、紧固件应齐全，连接应牢固可靠。机头架、机尾架要加装打压柱，防止机头部上翘发生挤人伤害事故和损坏设备。

（5）安装后要进行认真检查并进行试运转。

（6）安装刮板输送机可遵循如下原则。

“三平”：溜槽接口要平；电动机与减速器底座要平；对轮中线接触要平。

“三直”：机头部、溜槽、机尾部要直；电动机与减速器中线要直；链轮要直。

“一稳”：整台刮板输送机安装要稳，开动时不摆动。

“二齐全”：刮板要齐全，链环和螺栓要齐全。

“一不漏”：溜槽接口要严密不漏煤。

“两不”：运转时刮板链不跑偏、不飘链。

4. 工作面刮板输送机搭接要求

（1）与顺槽搭接时，垂直高度应保持 300～500 mm，搭接距离不应小于 250 mm。

（2）直线搭接时，后一台的机头部要高于前一台机尾部 300 mm，前后交错不小于 500 mm。

5. 综采工作面刮板输送机的特殊安装要求

（1）在地面先将两组中部槽组装起来，装车下井进行工作面安装。

（2）注意链条不能出现“拧麻花”现象。

（3）综采工作面刮板输送机的机尾部一般在采煤机骑上溜槽后再进行安装。

（4）安装完中部槽后再安装挡煤板。

（5）中部槽的安装一般与液压支架的安装配合进行。

6. 搬运、安装时的安全注意事项

（1）刮板输送机在装车时，要按井下安装顺序编号装车。对大件一定要固定牢靠，对怕砸、怕碰、怕尘、怕水的部件要管理好，并采取相应的保护措施。

（2）起吊时要检查起吊工具的完好情况和强度，在安全可靠的情况下装卸车。

（3）运输中沿途各交叉点、上下山等地点，要设专人指挥，防止在运输中发生事故。

（4）刮板输送机未进入工作面之前，要先检查铺设地点的煤壁和支护状况，要清理好底板，确认可靠后再进行铺设。

（5）为了减小搬运工作量，刮板输送机一般是从回风巷开始进行安装的，安装时要有专人指挥调运，防止在安装中出现挤、砸、压事故。

（6）刮板输送机的铺设必须平整。如底板有凸起时要及时处理，相邻溜槽的端头应靠紧、搭接平整且无台阶。这是保证安全运转的前提。

（7）安装及投入运转时要保持刮板输送机的平、直、稳、牢，并注意刮板链的松紧程度。要根据链条的松紧情况及时张紧，防止卡链、断链及底链脱落等事故发生。

（8）用液压支架或支柱悬吊溜槽时，应随时注意顶板情况，避免冒顶。

（9）工作面安装使用的绳扣、链环、吊钩等必须进行详细检查，确认可靠后才可使用。

三、刮板输送机的操作使用

1. 刮板输送机的试运转

（1）试运转前的检查

刮板输送机在试运转之前，应重点进行以下各项检查：

1）在初次安装时，机体要直，沿机身均匀取 10 个点进行检查，其水平偏差应不超过 150 mm；垂直方向接头应平整、严密；接头错口应不超过 4 mm，角度不超过 4°。

2）各部件的螺栓、垫圈、压板、顶丝、油堵和护罩等须完整齐全、紧固。

3）液力耦合器、减速器、传动链、机头、机尾和溜槽等主要部件要齐全完整。

4）电气系统开关应接触情况良好、工作状态可靠，电气设备要有良好接地。

5）减速器、联轴器、轴承等应润滑良好、符合要求。

（2）试运转过程中的注意事项

若以上检查没有发现问题，即可进行试运转。试运转分空载试运转及负载试运转两步进行。先进行空载试运转，开始时断续启动电动机进行开停试运行，当刮板链转过一个循环后再正式转动，时间应不少于 1 h。各部件检查正常后做一次紧链工作，然后负载试运转一个生产班。试运转过程中应重点注意以下事项：

1）机器各部件运行的平稳性，如机身是否振动、链条运行是否平稳、有无刮卡及跳链现象，刮板链的松紧程度及各部件声音是否正常等。

2）各部件温度是否正常，如减速器、机头部和机尾部的轴承、电动机及其轴承等温度一般应不超过 70 ℃，联轴器的温度应不超过 60 ℃，大功率减速器的温度应不超过 85 ℃。

3）负荷是否正常，重点是电动机启动电流及负荷电流是否超限。

4）观察减速器、联轴器及各轴承等部位是否有漏油情况。

5）令采煤机在刮板输送机上试运行，观察是否能顺利通过。

注意：在一般情况下，除检修及处理故障外，不做刮板链倒转的试运转。

2. 刮板输送机的操作方法

（1）运转前的检查

为了保证刮板输送机的安全运转，在运转前必须做详细的检查。运转前的检查分为一般检查和重点检查。

1）一般检查

首先检查工作环境，如工作面的支护情况、刮板输送机上有无人员作业、有无障碍物、锚固装置是否牢固等。然后检查电缆吊挂是否合格，电动机、开关按钮等接线是否良好。如果检查没有发现问题，可点动电动机，观察刮板输送机是否运转正常，接着再进行重点检查。

2）重点检查

①机头部检查：

A. 有传动小链的刮板输送机，应检查传动小链的链板、销子的磨损变形程度，以及链轮上的保险销是否正常。必须使用规定的保险销，不得用其他物品代替。

B. 检查弹性联轴器的间隙是否正确（一般为 3～5 m）、联轴器是否完好。

C. 检查减速箱油量是否适当（油面高度为大齿轮高度的 1/3）。

D. 检查机头架连接螺栓、地脚压板螺栓、机头轴承座螺栓等是否齐全、坚固。

E. 检查链轮、托叉、护板是否齐全、坚固。

F. 检查弹性联轴器和紧链装置的防护罩是否齐全。

②中间部检查。对中间部刮板链从头到尾进行一次详细检查，方法是：从机头链轮开始，往后逐级检查刮板链、刮板、连接环以及连接环上的螺栓。检查 4～5 m 后，在刮板链上用绑铁丝的方式做记号，然后开动电动机把带记号的刮板链运行到机头部链轮处，再从此记号向后检查，一直到机尾部。在机尾部的刮板链上再用铁丝绑一个记号，然后从机尾部往回检查中部槽对口有无戗茬或搭接不平、磨环、压环、上槽陷入等情况。回到机头部，开动输送机把机头部记号运转到机头部链轮处，再往后重复以上检查，至此检查一个循环。若在检查过程中发现问题应及时处理。

③机尾部检查。机尾部有动力驱动时，检查方法与机头部检查方法相同；无动力驱动时，要做以下检查：

A. 检查机尾部滚筒的磨损与轴承转动情况（转动应灵活）。

B. 检查调节机尾部的轴装置是否灵活。

C. 检查机尾部环境是否良好，如有积水，要挖沟疏通。

经以上检查，确定一切良好，便可开动电动机正式运转刮板输送机。

（2）刮板输送机操作一般步骤

1）经上述检查无误后，方可发出开机信号。

2）启动时应断续启动，隔几秒钟后再正式启动。

3）如出现刮板输送机连续 3 次不能启动，则不能强行启动，必须找出原因并处理后才可再次启动。

4）在无集中控制系统时，多台刮板输送机的启动都应从外向里沿逆煤流方向依次启动。

5）在正常运转时应注意巡回检查。

6）停车时应从里向外顺煤流方向依次进行，并清除刮板输送机上的煤。

（3）紧链装置的操作方法

1）紧链装置的作用

紧链装置的作用是调节刮板链的松紧程度，使其具有一定的预紧力，防止刮板链运行时发生松链或堆链现象。紧链方式有三种，即电动机反转紧链（棘轮式紧链装置）、专设液压马达紧链和专设液压缸式紧链。

2）紧链装置的操作方法

①棘轮式紧链装置的操作方法。棘轮式紧链装置（见图 3－17）属于电动机反转紧链的方式，紧链时先把刮板链一端固定在机头架上，另一端绕经机头链轮，反向点动电动机，待链条拉紧时立即用棘轮紧链器闸住链轮，防止链条回缩，然后拆除多余的链条，再接好刮板链。刮板链的张紧程度，以运转时机头部下方下垂两个链环为宜。

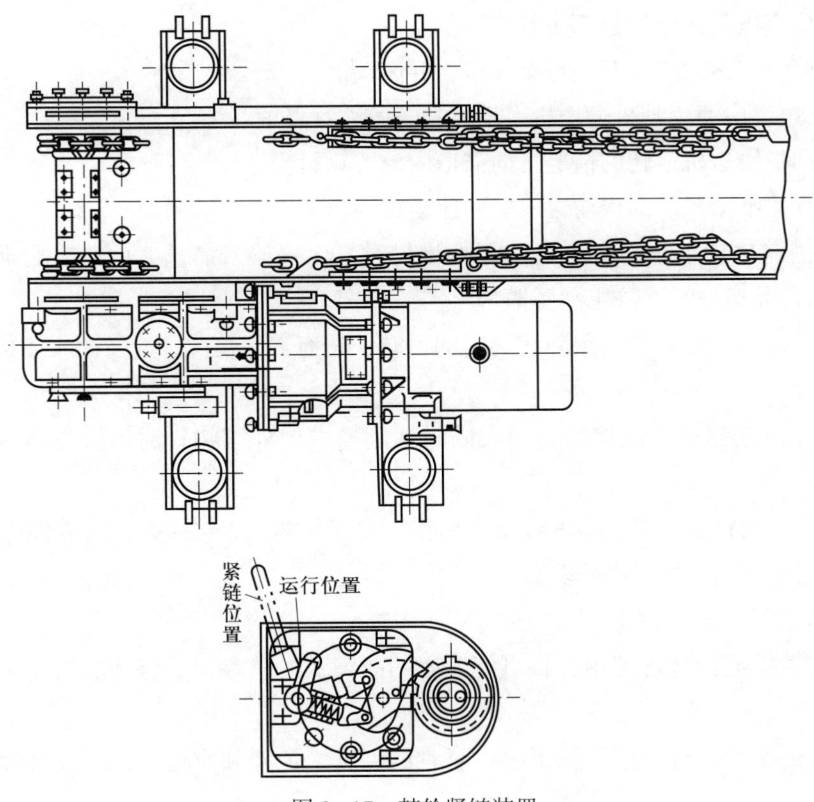

图 3－17　棘轮紧链装置

棘轮式紧链器一般用于轻型刮板输送机，装在减速器二轴的伸出端。手把在运行位置时，弹簧顶杆使插爪脱离棘轮，棘轮任意转动；紧链时将紧链器把手扳到“紧链位置”，插爪被弹簧顶杆顶入棘轮的齿根，然后反向点动电动机，使机头链轮反转，因棘轮插爪的限制，电动机停转时棘轮被制动，链条被拉紧到有足够拉力时，停止电动机，从链条自由端拆除多余的链段，将刮板链接在一起后，点动电动机使链轮反转的同时，将手把复位到“运行位置”使插爪脱开棘轮。之后，拆除紧链挂钩，即可正常运行。

②专设液压马达紧链装置和液压缸式紧链装置的操作方法。这两种紧链方式的具体操作方法参见本节第一部分的叙述。

（4）操作安全注意事项

1）联络信号应齐全可掌握，操作信号应正确。

2）要精力集中，不打瞌睡。

3）应随时观察顶板支护情况，以及电缆及周围环境情况。

4）操作按钮要放在安全可靠的位置，防止撞、砸。

5）遇有大块煤或矸石要及时处理，以免引起系统堵塞。

6）听到停机信号时要及时停机，只有重新听到开机信号后方可开机。

7）无煤时，不使刮板输送机长时间空运转。

8）经常检查电动机温度是否正常。

9）停机后，将磁力启动开关打至零位，并闭锁。

（5）生产过程中使用刮板输送机运送物料时的注意事项

1）应在刮板输送机运转的情况下向溜槽内放置物料。

2）配有双速电动机的刮板输送机应慢速运送物料。

3）向溜槽内放置坑木、金属支柱等长物料时，应先放入前端、后放入后端，以防止碰人。物料应放在溜槽中间，防止刮碰槽帮。

4）物料运送中，要有专人跟随在物料的后端；遇有卡阻情况，应及时发出停机信号，处理后再启动。

5）要有专人在输送地点接物。两人同时从溜槽中向外搬物料时，应先搬后端、后搬前端，以免伤人。

6）司机应在物料碰不着的地方观察和操作，发现物料无人接应时，应立即停机。

7）严禁用刮板输送机运送炸药。

3. 刮板输送机的合理使用

对刮板输送机进行合理使用，将可能发生的故障及时消除，是保证其安全可靠运转的重要手段。

刮板输送机在运转过程中，除了要注意它的温度、声音和平稳性外，还要保证其安全运转和有效运行。

（1）安全运转

安全运转包括人身安全和设备安全两个方面。

1）人身安全

为保证人身安全，应做到：

①开机之前应发出信号；机器运行中不允许在机身上行走或横跨机身，更不允许用脚踩圆环链的方法处理飘链故障。

②联轴器和电动机风扇等快速旋转机件的裸露部分的防护罩应稳妥可靠。

2）设备安全

为保证设备安全，应做到：

①注意安全防护。对有打眼爆破作业工序的工作面，在爆破时应注意对溜槽的防护，以免打翻、打坏；对淋水大的顶板要注意对电动机和减速器的防护，以免电动机受潮和减速器内的润滑油被乳化，影响润滑效果。

②避免运输大块物料。大块煤或矸石经过采煤机时，因不通过底托架，有可能将采煤机顶起或损坏溜槽。

③及时紧链。新投入运行的刮板输送机因链环间和溜槽间的接合间隙在运行中趋于缩小，致使链子松弛，易引起卡链、跳链、落道等事故。因此，除应注意随时紧链外，对投入运行一周时间内的新刮板输送机，应特别注意刮板链的松紧情况，及时紧链。

④保持传动部件的清洁，以便于检查和散热；不允许在减速器或电动机上打支柱或将其当作起重工具的支承座用。

（2）有效运行

为使刮板输送机能获得更高的运行效益，可采取如下措施：

1）保持刮板输送机在平直的条件下运行

①弯曲的角度不超过规定值。

②推溜工作要在离采煤机 3 节溜槽之外进行，不可推出“急弯”，弯曲部分不要少于 6 节溜槽；停机时不可推溜；推溜时的速度要慢，以便将浮煤铲净，避免浮煤将溜槽的一侧垫高，造成倾斜。

③除弯曲段外，全部溜槽的铲煤板都要推到与工作面煤壁贴紧的位置，以求推直。

④应先用采煤机将底板割平，对底板的局部凸起及凹下部分应及时进行处理。

2）提高有效运行时间

刮板输送机的生产率是由其工作效率和运行工作时间决定的。在负荷一定的情况下，设备运行的工时利用率越高，输煤量就越大。刮板输送机效能的充分发挥，是提高产量和经济效益的有效途径。因此，在生产中要想尽一切办法减少停运时间。一般不允许刮板输送机空载运行，因为这样不但缩短其有效运行时间，也会造成电力的浪费和机器零部件的无效磨损。如果输送机在运行时发生故障，只要故障范围不再扩大，则应尽量采取临时维修手段，维持设备继续运转，将故障的处理推迟到检修班或交接班的空余时间进行。

3）负载合理

刮板输送机的负载应尽可能达到额定值，以充分发挥其生产能力。输送机上装煤过多，会使煤溢出溜槽之外，白白地耗费了劳动力和动力，且引起设备过载和机件损伤；装煤过少，即所谓“大马拉小车”，会使刮板输送机的能力不能充分发挥，无效功和损耗增大，不经济。另外，负载的均匀性也很重要，它不但对设备的经济运行有影响，且对刮板输送机零部件的工作寿命也有影响。

4）采用新型设备

对一些效率低、耗能大、维修费用高的老旧刮板输送机应进行淘汰，采用新型设备以达到提高运行效率的目的。

5）推行自动化和集中控制技术

当前刮板输送机的自动控制多采用电子技术，其中动力载波控制系统在煤矿已有很多成功的经验，它可利用设备原有动力线作为载波信号传递的公用通道，无须另设控制线路。因此，应着力推行自动化和集中控制技术，这不但节省人力，而且更安全、合理、经济。

6）实行高速运行

在刮板输送机的功率尚有潜力的情况下，适当提高刮板链的速度，也是提高其生产率的一个有效途径。

7）加强供电管理

电源的电压降不能超限，因为电动机转矩是同电压的二次方成正比的，电压低会造成电动机启动困难、发热。因此，要尽可能地缩短供电距离，使供电变压器尽量靠近设备。

8）设备衔接合理

在刮板输送机的连续输送线上，各部件能力必须彼此配合适当，以免因个别环节的配合不当而影响整个系统的能力发挥。

第二节　顺槽桥式转载机

一、顺槽桥式转载机概述

在机械化开采系统中，采区内的煤炭运输系统普遍采用中间转载输送设备，即顺槽桥式转载机，其组成如图 3－18 所示。顺槽桥式转载机实际上是一种可以纵向弯曲和整体移动的短距离重型刮板输送机。

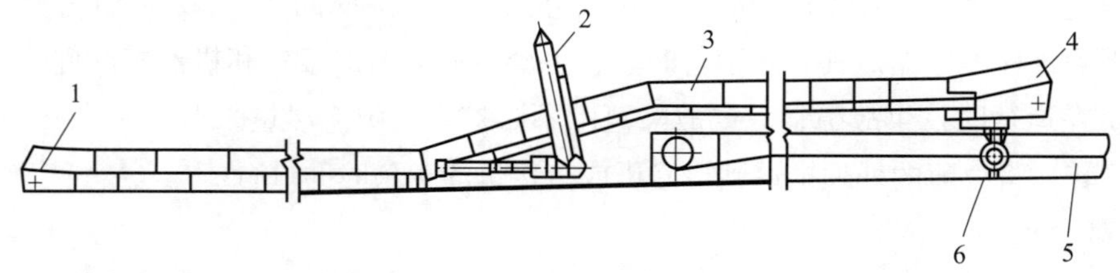

图 3－18　顺槽桥式转载机的组成

1—机尾部；2—施移装置；3—机身部；4—机头部；5—带式输送机机尾部；6—行走部

1. 顺槽桥式转载机的工作原理

顺槽桥式转载机的机头部通过横梁和小车搭接在可伸缩带式输送机机尾部两侧的轨道上，并沿此轨道整体移动，机尾部和水平装载段则沿巷道底板滑行。顺槽桥式转载机与可伸缩带式输送机配套使用时，最大移动距离等于转载机机头部和中间悬拱部分长度减去与带式输送机机尾部的搭接长度。当转载机移动到极限位置（悬拱部分全部与带式输送机重叠）时，必须将带式输送机进行伸长或缩短，使搭接达到另一极限位置后，转载机才能继续移动，与带式输送机配合运输。

当采煤工作面的进度等于顺槽桥式转载机水平装载段可装载长度时，转载机必须整体移动一次；而转载机移动到极限位置时，可伸缩带式输送机必须伸缩一次。由于可伸缩带式输送机的不可伸缩部分长度（全部拆除可伸缩部分后的最小长度）为 50 m 左右，因此当顺槽运输距离小于 60 m 时，则不能继续使用可伸缩带式输送机。这时，可将转载机水平装载段接长，若功率不够，可在机头部再增加一套传动装置，单独完成顺槽中的煤炭运输任务。有时，也将可伸缩带式输送机传动装置逐段拆除，不必接长转载机，最后全部拆除可伸缩带式输送机，用转载机单独完成顺槽中的煤炭运输任务。

2. 顺槽桥式转载机的分类

顺槽桥式转载机的种类较多，我国现行生产和使用的这类转载机在结构上大致相同，只是型号、尺寸和功率有区别，具体分类如下：

（1）按溜槽型号可分为轻型、中型、重型和超重型。

（2）按刮板链型式可分为中单链型、边双链型、中双链型、准双边链型和三链型。

（3）按整机布置形式可分为直线型、弯曲型。

二、顺槽桥式转载机的结构与作用

1. 顺槽桥式转载机的结构

顺槽桥式装载机的结构如图 3-19 所示。

（1）机头部

顺槽桥式转载机的机头部主要包括导料槽、传动装置、机头架、链轮组件、机头小车等，以下介绍导料槽、传动装置和机头小车。

1）导料槽

导料槽是由左右挡板和横梁组成的框架式构件，用以承载顺槽桥式转载机卸下的物料，并将其导装至带式输送机的输送带中线附近，以减轻物料对输送带的冲击，并防止输送带因偏载而跑偏，从而保护输送带，保证带式输送机的正常运行。

2）传动装置

传动装置的组成如图 3-20 所示。

3）机头小车

机头小车的组成如图 3-21 所示。顺槽桥式转载机的机头部和悬拱部分可绕机头小车横梁和车架在水平和垂直方向做适当转动，以适应顺槽巷道底板起伏及可伸缩带式输送机机尾

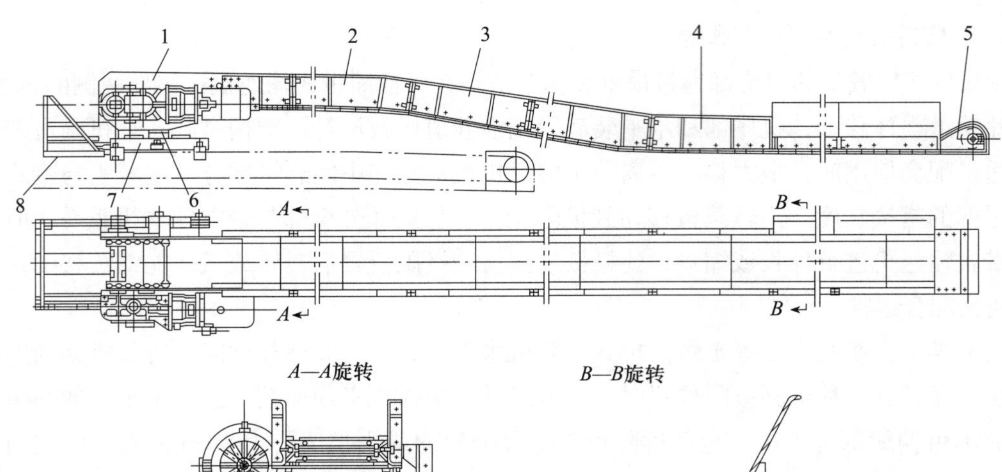

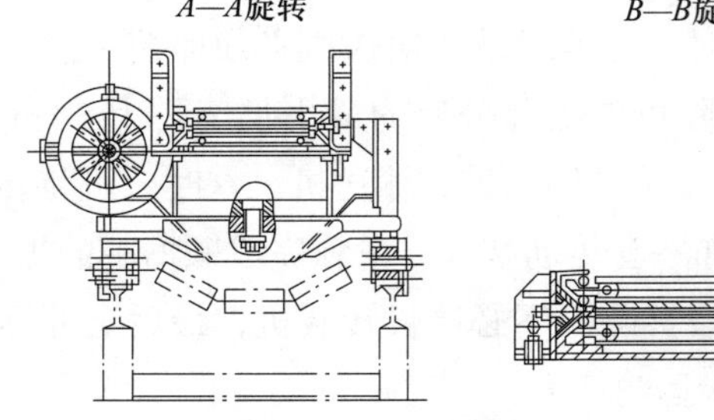

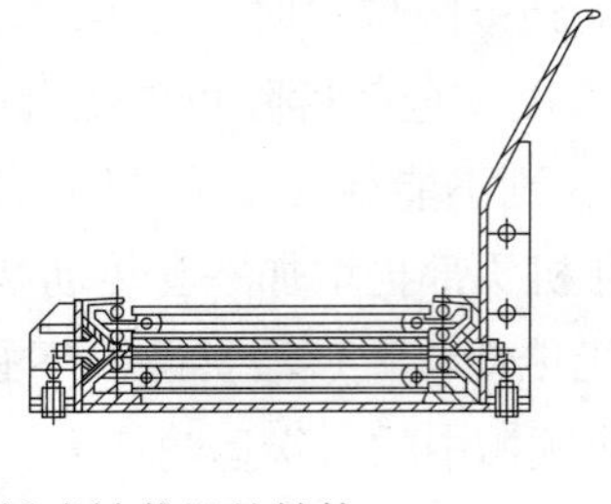

图 3-19　顺槽桥式转载机的结构

1—机头部；2—中间悬拱部；3—爬坡段；4—水平装载段；
5—机尾部；6—横梁；7—车架；8—导料槽

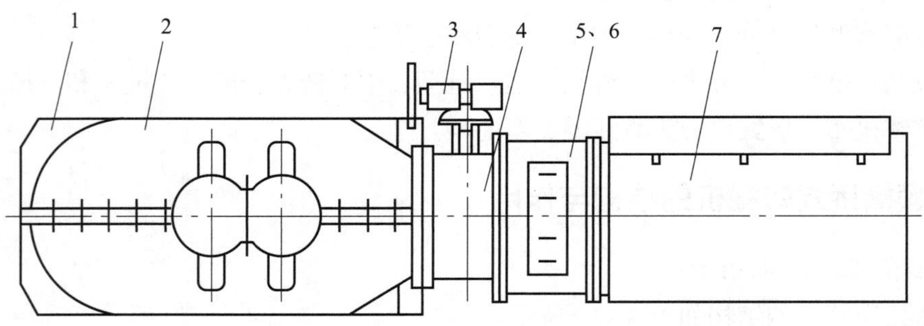

图 3-20　传动装置的组成

1—机头架连接板；2—减速器；3—紧链装置；4—闸罩；
5—连接罩筒；6—联轴器；7—电动机

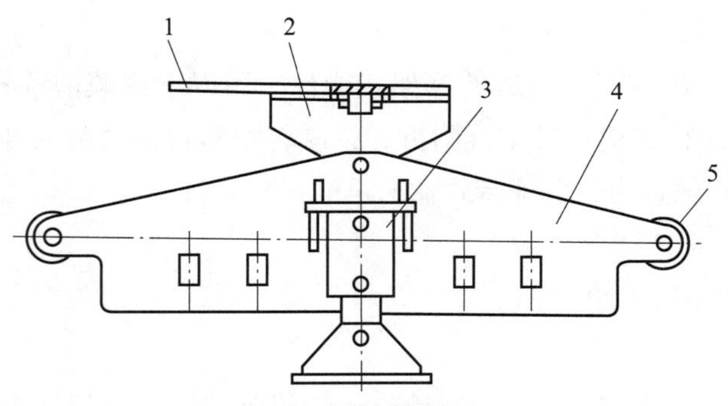

图 3-21　机头小车的组成

1—底板；2—横梁；3—支撑液压缸；4—车架；5—轮轴

部的偏摆，并适应转载机机尾部不正及工作面刮板输送机下滑引起的转载机机尾偏移的情况。机头小车车架上通过销轴安装4个有轮缘的车轮，为了防止机头小车偏移掉道，在车轮外侧的车架挡板上用螺栓固定有定位板，这样在机头小车运行时能起到导向和定位的作用。

（2）机身部

顺槽桥式转载机的机身部的组成如图3-22所示。以下重点介绍其中的刮板链、溜槽和挡板的结构。

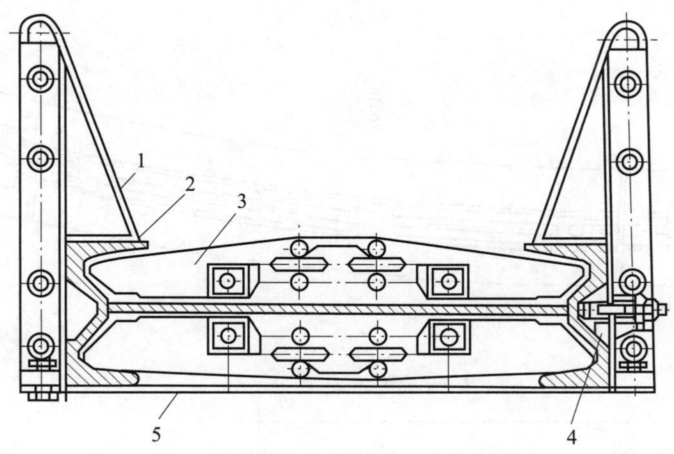

图3-22　机身部的组成

1—挡板；2—中部槽；3—刮板链；4—接头螺栓；5—封底板

1）刮板链

顺槽桥式转载机刮板链的结构如图3-23所示，与相配套刮板输送机刮板链的结构完全相同。为了提高转载机的输送能力，转载机刮板链刮板的间距比同类刮板输送机要小。

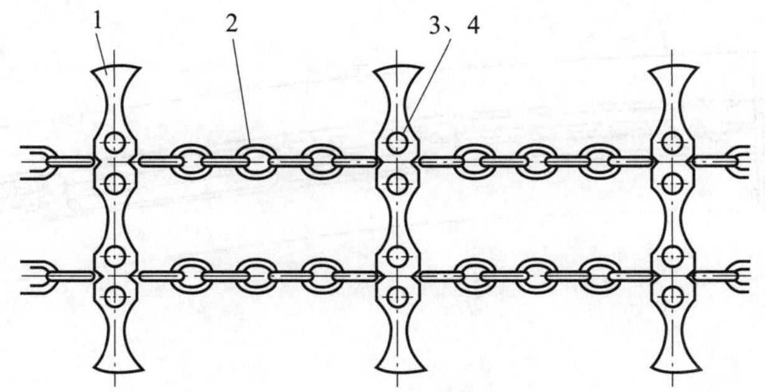

图3-23　刮板链的结构

1—刮板；2—链条；3—U形螺栓；4—防松螺母

2）溜槽

顺槽桥式转载机溜槽水平段的结构与刮板输送机溜槽的结构大致相同，其中板的一端焊有搭接板，以便与相邻溜槽安装时搭接吻合，并增加结构刚度。转载机从水平段引向爬坡段的弯溜槽为凹形溜槽，其结构如图3-24所示；从爬坡段引向水平段的弯溜槽为凸形溜槽，其结构如图 3－25 所示。它们的作用是将转载机机身从底板过渡升高到一定高度，形成一个坚固的悬桥结构，以便搭伸到带式输送机机尾上方，将煤运送到带式输送机上。通过一节凹形溜槽，转载机以 10° 角向上倾斜弯折，要接上中部标准溜槽，将刮板链从底板上引导到所需的高度，然后用一节凸形溜槽，把机身弯折 10° 角到水平方向，将刮板链引导到水平机身部分的溜槽中。装载段溜槽和凹形溜槽的封底板位于顺槽巷道底板上，作为滑橇，转载机移动时沿巷道底板滑动，以减小移动阻力。

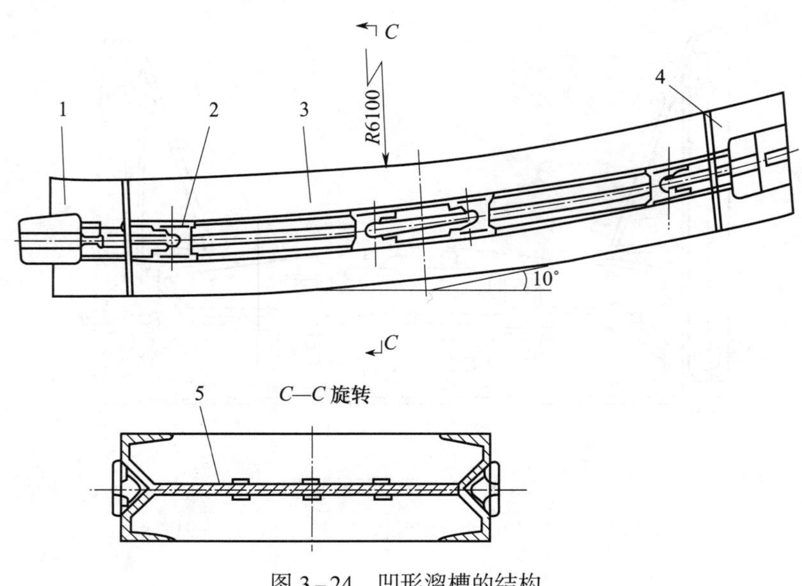

图 3－24　凹形溜槽的结构

1、4—凹端头；2—支座；3—凹槽帮；5—凹槽中板

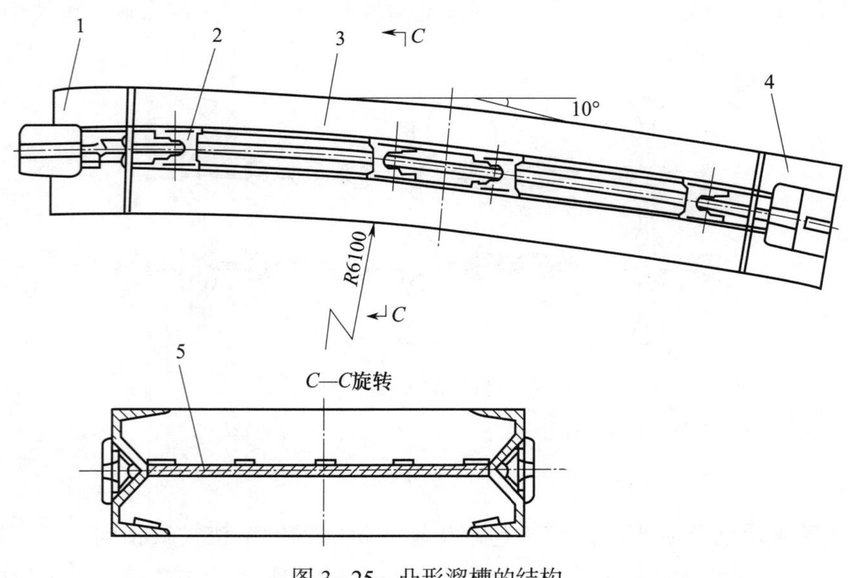

图 3－25　凸形溜槽的结构

1、4—凸端头；2—支座；3—凸槽帮；5—凸槽中板

3）挡板

挡板是沿着转载机全长进行安装的，它除有增大装载断面、提高运输能力、防止煤流外溢的作用外，还能和溜槽、底板一起，将机身连接成一个刚性整体，使爬坡段的水平段拱架具有足够的刚性和强度。

（3）机尾部

顺槽桥式转载机的机尾部均为无驱动装置的低、短结构，以便尽量降低配合使用的可伸缩带式输送机的高度，并有利于与侧卸式机头架匹配和减小工作面运输巷采空区长度，主要由机尾架、压链板、回煤罩、滚筒组件、链轮组件、固定架等部件组成。其中，链轮组件由链轮轴、链轮、拨链器、轴承和轴承盖等零部件组成；机尾轴的两端架设在架体上，并用销轴卡在机尾架体的缺口内；回煤罩安装在机尾架的端部，以便将底刮板链带来的回煤利用刮板翻到机尾架中板上，利用刮板链将煤运走。顺槽桥式转载机的机尾部无驱动装置，机尾轮为从动轮。为了简化机尾轮结构，有些转载机机尾采用滚筒组件为刮板链导向。如图 3－26 所示为 SZZ764/132 型顺槽桥式转载机机尾部的结构。

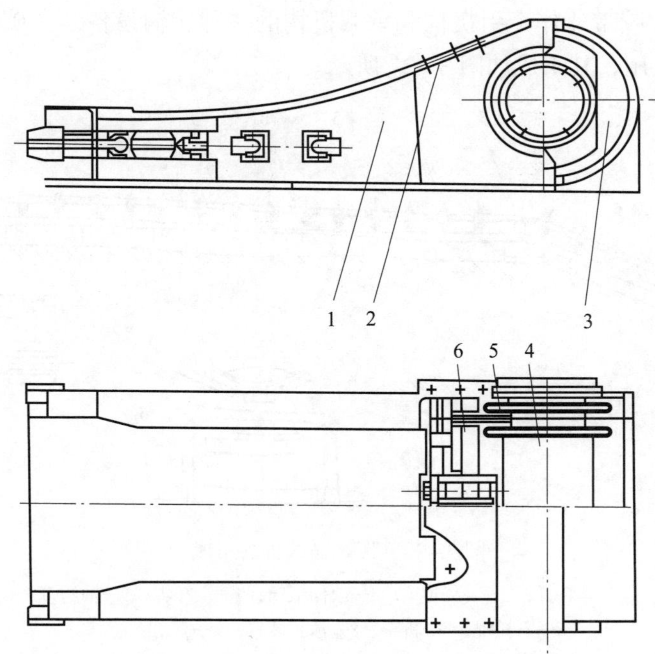

图 3－26　SZZ764/132 型顺槽桥式转载机机尾部的结构

1—机尾架；2—压链板；3—回煤罩；4—滚筒组件；5—拨链器；6—固定架

（4）拉移装置

顺槽桥式转载机的拉移装置主要有千斤顶拉移装置、锚固站拉移装置、端头支架千斤顶拉移装置和绞车拉移装置 4 种，各种拉移装置结构不同，工作原理和使用地点也不相同。

2. 顺槽桥式转载机的作用

顺槽桥式转载机安装在采煤工作面的下顺槽中，将采煤工作面刮板输送机运出的煤炭转载输送到顺槽可伸缩带式输送机上，它的长度较短，便于随着采煤工作面的推进和带式输送机的伸缩而整体移动。在机械化采煤工作面的下顺槽中使用转载机，可以减少顺槽中可伸缩带式输送机的伸缩、拆装次数，并将煤抬高，便于向带式输送机装载，从而加快采煤工作面的推进速度，提高采煤生产效率，增加煤炭产量。

在掘进巷道使用时，顺槽桥式转载机既可作为掘进工作面输送机，也可与可伸缩带式输送机配套使用，运输掘进过程中的煤或矸石。如果转载机用于采区巷道掘进运输，则在巷道掘进完成后，可直接转作采煤工作面的顺槽运输设备。

第三节　带式输送机

一、带式输送机概述

带式输送机是以胶带兼作牵引机构和承载机构的一种运输设备，在矿井地面和井下运输中得到极其广泛的应用，其组成如图 3-27 所示。

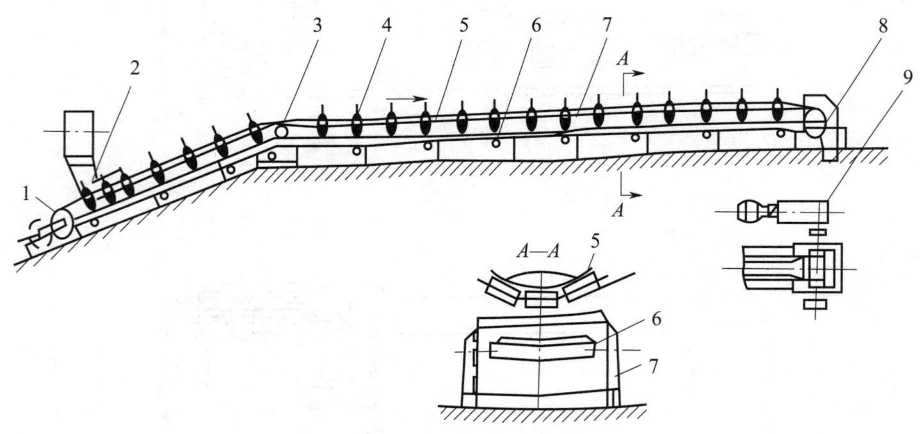

图 3-27　带式输送机的组成

1—拉紧装置；2—装载装置；3—改向滚筒；4—上托辊；5—输送带；6—下托辊；7—机架；8—清扫装置；9—驱动装置

输送带是带式输送机的承载构件，物料随输送带一起运行，根据需要物料可在输送机端部或中间部位卸下。输送带用旋转的托辊支撑，运行阻力较小。带式输送机可沿水平或倾斜线路布置，使用光面输送带沿倾斜线路布置时，不同物料的最大运输倾角是不同的，可参阅表 3-1。即使同类物料，当其湿度和块度组成不同时，其相应的最大输送倾角也将有所不同。在输送原煤时，设计向上最大输送倾角一般为 17°～18°，向下最大输送倾角一般为 15°～16°。当采用花纹输送带加之其他相应措施后，上运倾角可明显增大为 28°～30°，下运倾角可明显增大为 25°～28°。当采取某些特殊措施时，可实现更大的输送倾角，乃至垂直提升。

表 3-1　光面输送带不同物料的最大运输倾角

物料种类	角度 / (°)	物料种类	角度 / (°)
块煤	18	筛分后的石灰石	12
原煤	20	干砂	15
筛分后的焦炭	17	未筛分的石块	18
直径为 0～350 mm 矿石	16	水 泥	20
直径为 0～200 mm 油田页岩	22	干松泥土	20

带式输送机的结构特点决定其具有优良的性能，主要表现在：运输能力大，工作阻力小；耗电量小，为刮板输送机耗电量的 1/5～1/3；由于物料同输送带一起移动，同刮板输送机相比其磨损量较小，物料的破碎率小；带式输送机的单机运距可以很长，与刮板输送机比较，在同样运输能力及运距条件下，其所需设备台数少，转载环节少，节省设备和人力，并且维护比较简单。由于输送带成本较高且易损坏，故带式输送机与其他运输设备相比，初期投资高且不适用于输送有尖棱角的物料。

二、带式输送机的主要组成部件及其作用

1. 输送带

因为输送带在带式输送机中既充当承载构件又充当牵引构件（钢丝绳牵引带式输送机除外），所以不仅要有承载能力，还要有足够的抗拉强度。

输送带由带芯（骨架）和覆盖胶组成，其结构如图 3-28 所示。

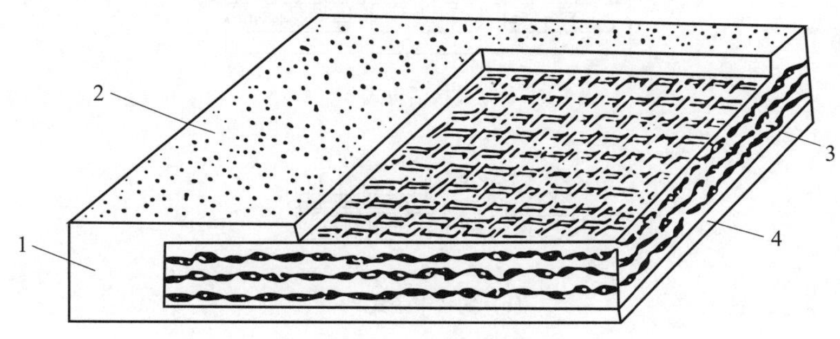

图 3-28　输送带的结构

1—侧边覆盖胶；2—上覆盖胶；3—带芯；4—下覆盖胶

带芯主要由各种织物（棉织物、各种化纤织物以及混纺材料等）或钢丝绳构成，是输送带的骨架层，几乎承受输送带工作时的全部负荷。因此，带芯的材料必须具有一定的强度和刚度。覆盖胶用以保护中间的带芯不受机械损伤以及周围介质的有害影响。上覆盖胶一般较厚，这是输送带的承载面，直接与物料接触并承受物料的冲击和磨损。下覆盖胶是输送带与支承托辊接触的一面，主要承受压力，为了减小输送带沿托辊运行时的压陷阻力，其厚度一般较薄。侧边覆盖胶的作用是当输送带发生跑偏导致侧面和机架相碰时，保护其不受机械损伤。

（1）输送带的分类

按输送带带芯的结构和材料不同，输送带可分为织物芯层输送带和钢丝绳芯输送带两大类。

织物芯层输送带又可分为分层织物芯层输送带和整体编织织物芯层输送带两类，且织物层芯的材质有棉、尼龙和维纶等。整体编织织物芯层输送带与分层织物芯层输送带相比，在强度相同的前提下，整体编织织物芯层输送带的厚度小、柔性好、耐冲击性好，使用中不会发生层间剥裂。但因其伸长率较大，故在使用过程中，需较大的拉紧行程。

钢丝绳芯输送带是由许多柔软的细钢丝绳相隔一定间距排列，用与钢丝绳有良好黏合性的胶料黏合而成。钢丝绳芯输送带的纵向拉伸强度高，抗弯曲疲劳性能好，伸长率小，需要的拉紧行程小。与其他种类输送带相比，在强度相同的前提下，钢丝绳芯输送带的厚度小。

（2）输送带的连接

为了便于制造和搬运，输送带的长度一般制成每段 100～200 m，因此使用时必须根据需要进行连接。输送带的连接方法有机械接法与硫化胶接法两种，硫化胶接法又可分为热硫化胶接法和冷硫化胶接法。因此，输送带的连接接头有机械接头与硫化接头两种。

1）机械接头

机械接头是一种可拆卸的接头，它对带芯有损伤，接头强度低，使用寿命短，并且接头通过滚筒时对滚筒表面会有损害，常用于短运距或移动式带式输送机上。

织物芯层输送带常采用的机械接头有铰接活页式、钩状卡子式和铆钉固定夹板式 3 种方式，如图 3-29 所示。

钢丝绳芯输送带一般不采用机械接头。

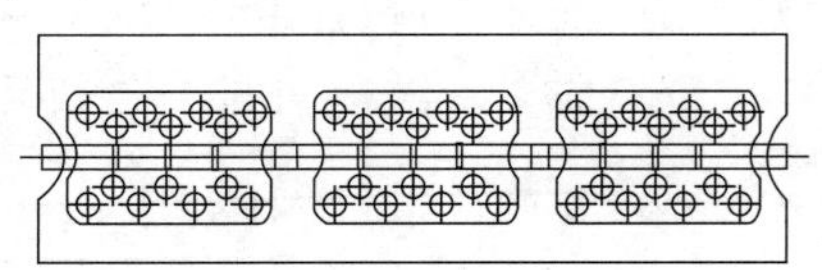

(a) 铰接活页式

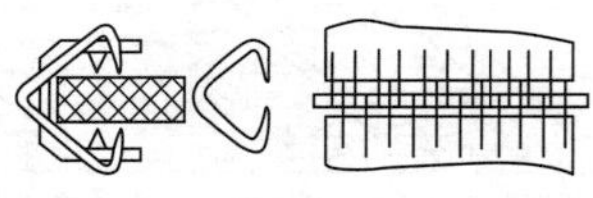

(b) 钩状卡子式

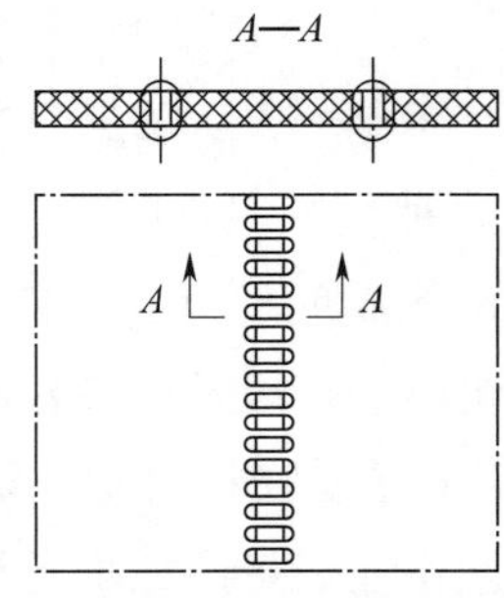

(c) 铆钉固定夹板式

图 3-29 织物芯层输送带常采用的机械接头方式

2）硫化接头

硫化接头是一种不可拆卸的接头，具有承受拉力大、使用寿命长、对滚筒表面不产生损害、接头强度高的优点，但存在接头工艺复杂的缺点。对于分层织物芯层输送带，硫化前应将其端部按织物层数切成阶梯状，如图 3-30 所示，然后将两个端头很好地贴合在一起，用专用硫化设备加压加热并保持一定时间即可完成，其接头静强度为原来强度的（$i-1$）/$i\times$100%，其中，i 为织物层数。对于钢丝绳芯输送带，应进行二级错位搭接，如图 3-31 所示。在硫化前应将接头处的钢丝绳剥出，然后将钢丝绳按某种排列形式搭接好，涂上硫化胶料，最后在专用硫化设备上进行硫化连接。

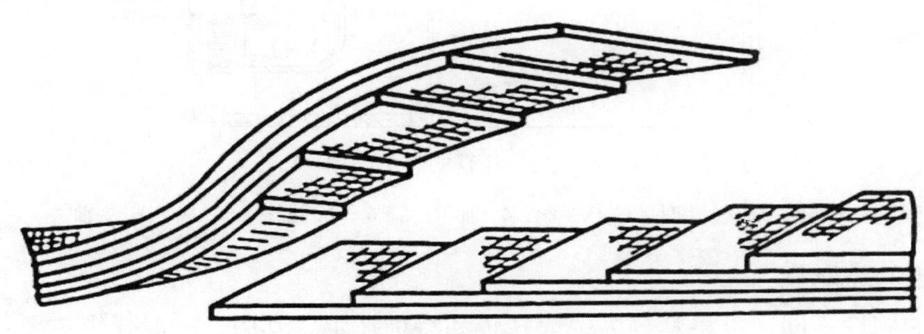

图 3-30　分层织物芯层输送带的硫化接头

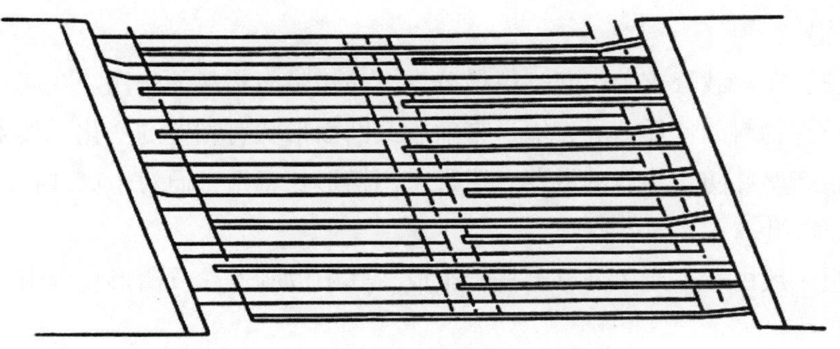

图 3-31　钢丝绳芯输送带的二级错位搭接

3）冷粘连接法（冷硫化法）

冷粘连接法与硫化连接法的主要不同点是冷粘连接法使用的胶料涂在接口后不需要加热，只需要施加适当的压力并保持一定时间即可。冷粘连接法只适用于分层织物芯层输送带的连接。

2. 托辊

（1）托辊的作用与基本结构

托辊用来支承输送带和输送带上的物料，减小输送带的运行阻力，保证输送带的垂度不超过规定值，使输送带沿预定的方向平稳运行。

带式输送机上有大量的托辊，其成本占输送机总成本的 25%～30%，总重量占整机重量的 30%～40%。因此，对运行中的输送机来说，维护和更换的主要对象是托辊，它们的可靠性与寿命决定了输送机的效能及维护费用。转动不灵活的托辊将增加输送机的功率消耗；堵转的托辊不仅会磨损价格昂贵的输送带，严重时，还可能导致输送带着火等严重事故。

尽管托辊具体型式众多，但基本结构是大体相同的，主要由心轴、筒体、轴承座、轴承和密封装置等组成，并且大多做成定轴式。图 3－32 所示的是托辊的典型结构。

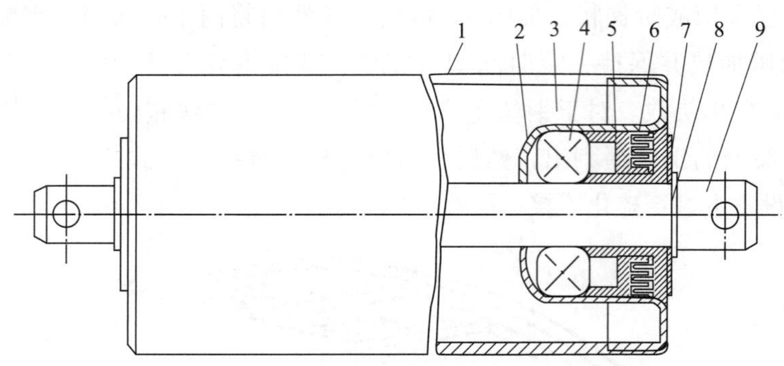

图 3－32　托辊的典型结构

1—筒体；2、7—垫圈；3—轴承座；4—轴承；5、6—密封圈；8—挡圈；9—心轴

（2）托辊的类型

按托辊的用途不同，可将其分为一般托辊和特种托辊。其中，一般托辊主要包括承载托辊（又称上托辊）与回程托辊（又称下托辊），特种托辊则主要包括缓冲托辊和调心托辊等。

1）承载托辊

承载托辊安装在承载分支上，起支撑该分支上输送带与物料的作用。在实际应用中，要求它能根据所输送物料的性质差异，输送带的承载断面形状有相应的变化。如果运送散状物料，为了提高生产率并防止物料的散落，通常采用槽形托辊组；而对于成件物品的运输，则采用平行承载托辊组。

槽形托辊组一般由 3 个或 3 个以上托辊组成，其中以刚性 3 节槽形托辊组与串挂 3 节槽形托辊组尤为常见。

对于刚性 3 节槽形托辊组，由于 3 个托辊被相互独立地安装在刚性托辊架上，并且一般布置在同一平面内，因此这种托辊组具有更换方便、固定性强、运行阻力小等特点，但存在防冲击与防振动性能差、调整困难等缺点。这种托辊组常使用在载荷比较稳定、冲击振动小、工作条件较好的带式输送机上。

对于串挂3节槽形托辊组，托辊相互之间用铰链连接，悬挂在刚性机架或者弹性机架（钢丝绳）上。这种托辊组的优点是重量较轻、安装更换容易，可以在不停机的情况下更换整套托辊组，也可以根据载荷情况自动做垂直方向的弹性调整，且可由挠性连接装置吸收系统的振动与冲击，从而使噪声大大降低。为适应不同宽度的输送带，可方便地增减托辊数量，如 6 节 450 mm 长的托辊可用于 2 400～2 600 mm 宽的输送带。

2）回程托辊

回程托辊是一种安装在空载分支上，用以支承该分支上输送带的托辊。常见布置形式如图 3－33 所示。

3）缓冲托辊

缓冲托辊大多安装在输送机的装载点，以减轻物料对输送带的冲击。在运输密度较大物料的情况下，有时需要沿输送机全线设置缓冲托辊。缓冲托辊的一般结构如图 3-34 所示，它与一般托辊的结构相似，不同之处是在筒体外部加装了橡胶圈。

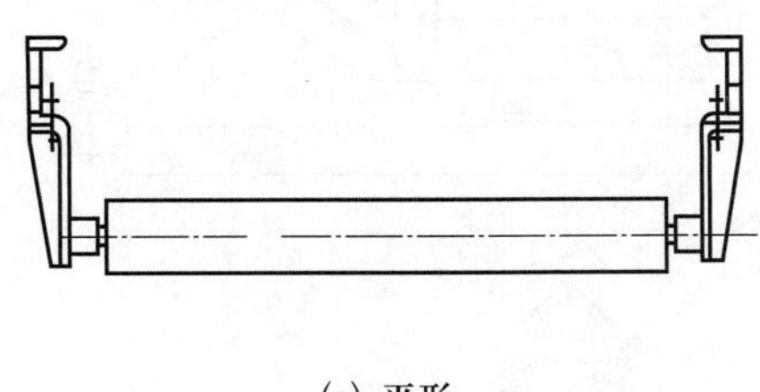

(a) 平形

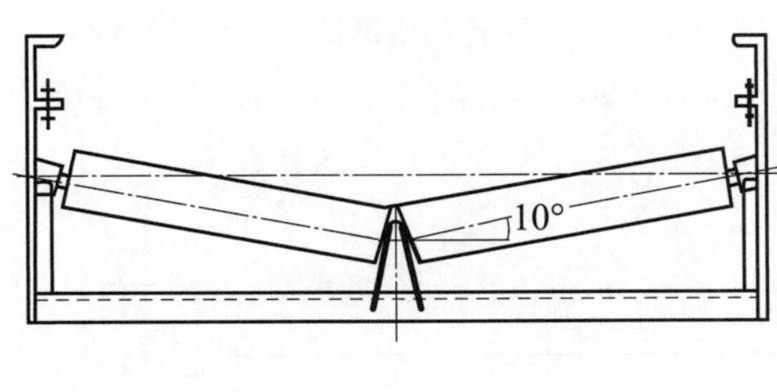

(b) V形

图 3-33　回程托辊组的布置形式

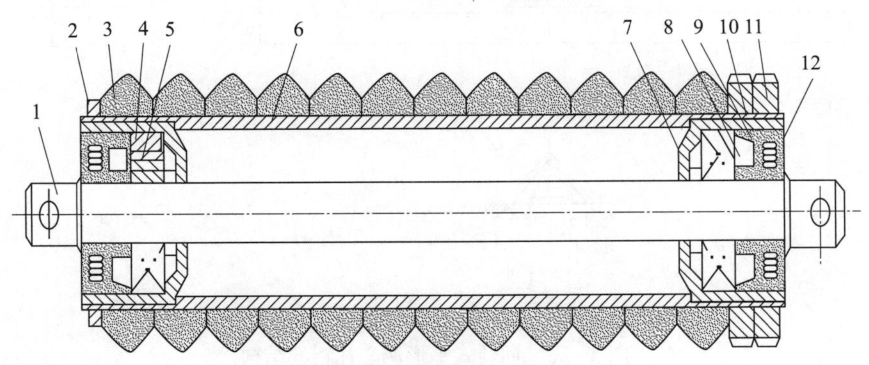

图 3-34　缓冲托辊的一般结构

1—轴；2—挡圈；3—橡胶圈；4—轴承座；5—轴承；6—筒体；
7、8、9—内密封圈；10、12—外密封圈；11—螺母

4）调心托辊

输送带运行时，如果出现张力不平衡、物料偏心堆积、机架变形、托辊损坏等情况，会产生跑偏现象。为了纠正输送带的跑偏，通常使用调心托辊。调心托辊被间隔地安装在承载分支与空载分支上。承载分支通常采用回转式槽形调心托辊，其结构如图 3-35 所示。空载分支常采用回转式平形调心托辊，其结构如图 3-36 所示。调心托辊与一般托辊相比，在结构上增加了两个安装在托辊架上的立辊和转动轴，它们除起着支承作用外，还可根据输送带跑偏情况绕轴自动回转，以实现调偏的功能。

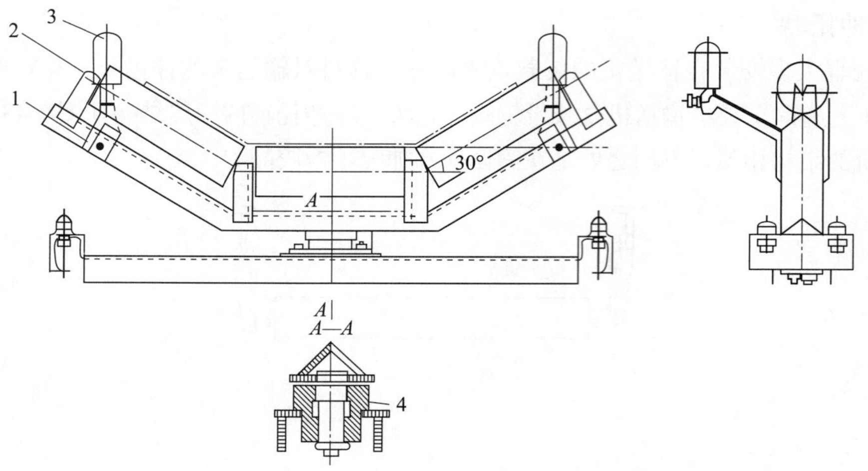

图 3－35　回转式槽形调心托辊的结构

1—回转架；2—槽形托辊；3—立辊；4—轴承座

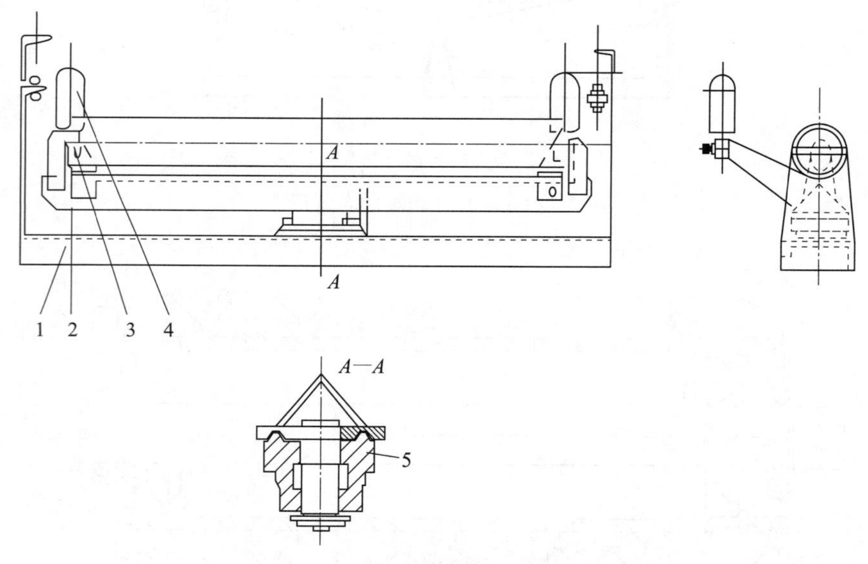

图 3－36　回转式平形调心托辊的结构

1—下横梁；2—回转架；3—下平形托辊；4—立辊；5—轴承座

3. 滚筒

（1）常用滚筒类型及特点分析

滚筒是带式输送机的重要部件之一，按其作用不同可分为传动（驱动）滚筒与改向滚筒两种。传动滚筒用来传递力，它既可传递牵引力，也可传递制动力；改向滚筒则不起传递力的作用，主要用作改变输送带的运行方向，以完成如拉紧、返回等各种功能。

1）传动滚筒

按传动滚筒的内部传力不同特点，可将其分为常规传动滚筒（简称传动滚筒）、电动滚筒和齿轮滚筒。

在传动滚筒内部装入减速机构和电动机的叫作电动滚筒。在小功率输送机上使用电动滚筒是十分有利的，可以简化安装、减少占地，使整个驱动装置重量轻、成本低，有显著的经济效益。

为改善电动滚筒功能的不足，人们又设计制造了齿轮滚筒，即传动滚筒内部只装入减速机构的齿轮。齿轮滚筒与电动滚筒相比，不仅改善了电动机的工作条件和维修条件，而且可使其传递的功率大幅增加。

传动滚筒根据表面特征可分为带衬滚筒和钢制光面滚筒两种。带衬滚筒的衬垫的主要作用是增大滚筒表面与输送带之间的摩擦系数，减少滚筒表面的磨损，并使表面有自我清理作用。常用滚筒的衬垫材料有橡胶、陶瓷、合成材料等，其中最常见的是橡胶，而橡胶衬垫与滚筒表面的接合方式有铸胶与包胶之分。铸胶滚筒表面厚而耐磨，质量好，有条件应尽量采用；包胶滚筒表面的胶皮容易脱落，而且固定胶皮的螺钉易露出胶面而刮伤输送带。钢制光面滚筒加工工艺比较简单，主要缺点是表面摩擦系数小，而且有时不稳定，因此仅适用于中小功率的场合。橡胶衬垫滚筒按衬面形状不同，可分为光面包（铸）胶面滚筒、直形沟槽胶面滚筒、人字沟槽胶面滚筒和菱形（网纹）胶面滚筒等。

2）改向滚筒

改向滚筒既可用于改变输送带的运行方向，也可用于压紧输送带。改向滚筒仅承受压力，不传递转矩。改向滚筒分为钢制光面滚筒和光面包（铸）胶滚筒两种。其中，包（铸）胶的目的是减少物料在其表面黏结，以防输送带的跑偏与磨损。

（2）滚筒直径

在带式输送机的设计中，正确合理地选择滚筒直径具有重要的意义。直径增大可改善输送带的使用条件，也将使其重量、驱动装置、减速器的传动比相应提高。在选择传动滚筒直径时，需考虑以下 4 个方面的因素：

1）输送带绕过滚筒时产生的弯曲能力。

2）输送带的表面比压。

3）覆盖胶或花纹的变形量。

4）输送带承受弯曲载荷的频次。

4. 驱动装置

驱动装置是驱动带式输送机运行的动力源，其作用是把电动机输出的转矩，通过联轴器和减速器传递到输送机的传动滚筒上，使之达到驱动输送带运行所需的牵引力矩和转数。

（1）驱动装置的组成

驱动装置主要由传动滚筒、联轴器、减速器和电动机等组成，如图 3－37 所示。传动滚筒前面已做叙述，这里只对电动机、联轴器和减速器加以介绍。

1）电动机

带式输送机驱动装置最常用的电动机是三相鼠笼型电动机，其次是三相绕线型电动机，只有在个别情况下才采用直流电动机。三相鼠笼型电动机与其他种类的电动机相比，具有结构简单、制造方便、易防爆、运行可靠、价格低廉等优点，因此在煤矿井下得到广泛应

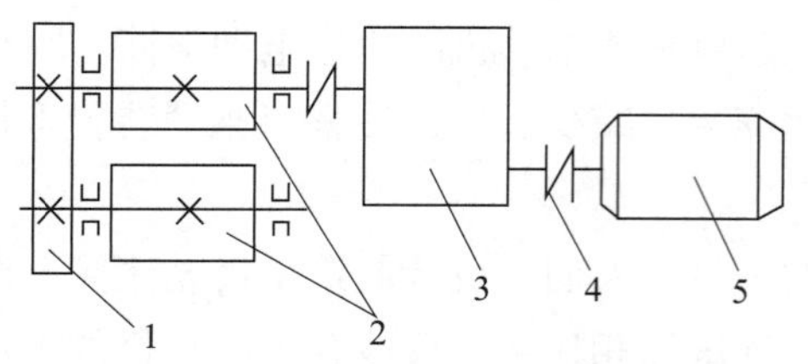

图 3-37　驱动装置的组成

1—传动齿轮；2—传动滚筒；3—减速器；4—联轴器；5—电动机

用。但其最大缺点是不能经济地实现范围较大的平滑调速，且启动力矩不能控制，启动电流较大。

三相绕线型电动机具有较好的调速特性，在其转子回路中串接电阻可较方便地解决带式输送机各传动滚筒间的功率平衡问题，不会造成因个别电动机长时间过载而被烧坏。此外，通过串接电阻启动可以减小对电网的负荷冲击，且可实现软启动控制。三相绕线型电动机在结构和控制上均比较复杂，如电阻带电长时间运转会导致电动机发热，效率降低，尤其在防爆方面很难达到要求，因此在煤矿井下很少采用。

直流电动机最突出的优点是调速性能好、启动力矩大，但结构复杂、维护量大，与同容量的异步电动机相比，重量是异步电动机的 2 倍，价格是异步电动机的 3 倍，且需要直流电源，因此只有在特殊情况下才采用。

2）联轴器

带式输送机驱动装置中的联轴器分为高速轴联轴器与低速轴联轴器，它们分别安装在电动机与减速器之间和减速器与传动滚筒之间。常见的高速轴联轴器有尼龙柱销联轴器、液力联轴器等，常见的低速轴联轴器有十字滑块联轴器、齿轮联轴器和棒销联轴器等。

3）减速器

一般根据驱动输送带所需的牵引力矩、运行速度和工作条件选用减速器，大多是由多级硬齿渐开线齿轮传动的，也有的是由圆弧齿轮传动的，近年来有选用体积小、重量轻、传动比大的行星齿轮传动的趋势。为便于驱动装置的总体布局，减速器的输入轴和输出轴的位置有相互平行和垂直两种类型，煤矿井下主要使用的是后者。

（2）驱动装置的布置

驱动装置按传动滚筒的数目分为单滚筒驱动、双滚筒驱动及多滚筒驱动，按电动机的数目分为单电机驱动和多电机驱动。每个传动滚筒既可配一个驱动单元，又可配两个驱动单元，且一个驱动单元也可以同时驱动两个传动滚筒。

5. 制动装置

对于倾斜输送物料的带式输送机，为了防止承载停车时发生倒转或顺滑现象，或者对停车特性与时间有严格要求的带式输送机，应设置制动装置。制动装置按其工作方式不同可分为逆止器和制动器两种。

（1）逆止器

常用的逆止器有滚柱逆止器、塞带逆止器和非接触楔块逆止器等。

滚柱逆止器靠挤紧滚柱来制止输送机倒转，广泛应用于中小功率的带式输送机。

塞带逆止器依靠制动带与输送带之间的摩擦力来制止输送带倒转，只适用于小功率的带式输送机。

非接触楔块逆止器依靠楔块实现回转轴的单向制动，正常运行时楔块与内外圈脱离接触，可避免磨损。若干楔块排列在内圈和外圈形成的滚道中，在弹簧作用下模块的两个偏心圆柱面与内外圈接触，外圈固定，内圈可连着楔块一起沿逆时针方向转动。当速度超过一定值时，楔块在离心力作用下产生偏转，与内圈和外圈脱离接触，从而避免了它们之间的磨损，以延长其使用寿命。当停机后向相反方向逆转时，楔块将内外圈楔紧，将其制动。这种逆止器磨损小、寿命长、许用力矩大、结构紧凑，已广泛应用于带式输送机中。

（2）制动器

带式输送机常用的制动器分为闸瓦制动器和盘式制动器两大类。闸瓦制动器通常采用电动液压推杆制动器，其结构如图 3-38 所示。该类型制动器装在减速器输入轴的制动轮联轴器上，闸瓦制动器通电后，由电液驱动器推动松闸，失电时弹簧抱闸。

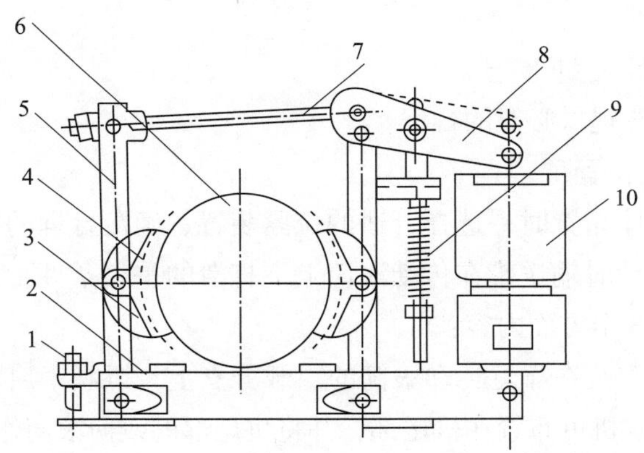

图 3-38 电动液压推杆制动器的结构

1—调整螺钉；2—底座；3—制动瓦块；4—制动闸瓦垫；5—制动臂；6—制动轮；7—推杆；8—制动杠杆；9—制动弹簧；10—电液驱动器

盘式制动器是安装在减速器的第二轴、第三轴或输出轴上的一套制动装置，其结构如图 3-39 所示。盘式制动器由制动盘和液压系统组成。可以通过调节液压控制系统的电液比例阀的控制电流来调节系统压力，从而调节制动装置的制动力。

闸瓦制动器的结构紧凑，但制动副的散热性能不好，不能单独用于下运带式输送机；盘式制动器的制动力矩可调，制动副的散热条件比闸瓦制动器好，可用于功率不大的下运带式输送机。当制动盘采用具有自冷却的空心盘时，可用于发电运行的下运带式输送机制动，但在煤矿井下应采用防爆元器件。

6. 拉紧装置

（1）拉紧装置的作用与安装位置

1）拉紧装置及其作用

拉紧装置又称张紧装置，它是调节输送带张紧程度，以及产生摩擦驱动所需张力的装置，

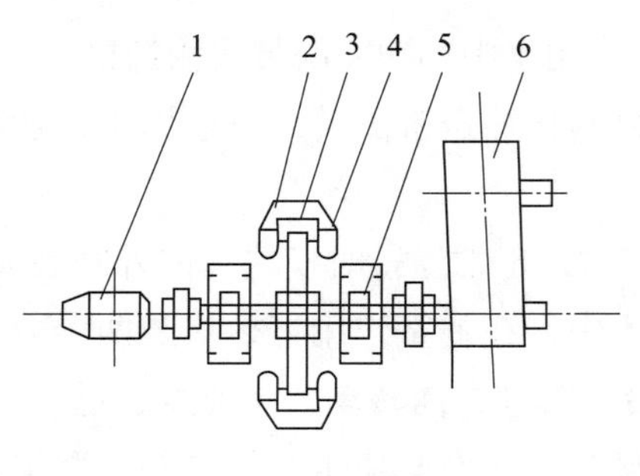

(a) 横向视角结构

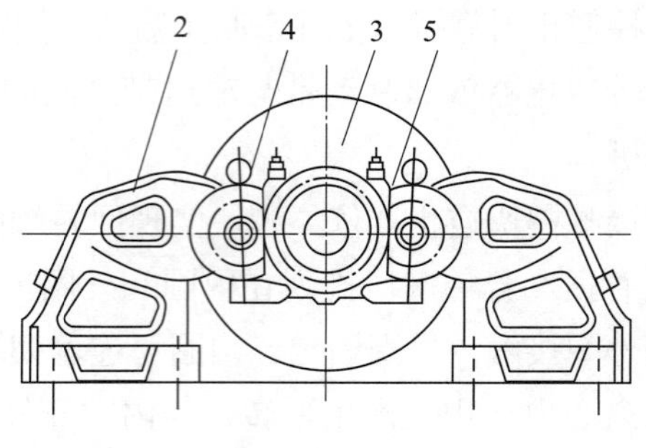

(b) 纵向视角结构

图 3－39 盘式制动器的结构

1—电动机；2—制动缸支座；3—制动盘；4—制动缸；5—制动盘轴承座；6—减速器

是带式输送机必不可少的部件。其主要作用如下：

①使输送带有足够的张力，保证输送带与传动滚筒间能产生足够的驱动力以防止打滑。

②保证输送带各点的张力不低于某一给定值，以防止输送带在托辊之间过分松弛而引起撒料和增加运行阻力。

③补偿输送带的弹性及塑性变形。

④为输送带重新接头提供必要的行程。

2）拉紧装置的安装位置

在带式输送机的总体布置时，选择合适的拉紧装置、确定合理的安装位置，是保证输送机正常运转、启动和制动时输送带在传动滚筒上不打滑的重要条件。通常在确定拉紧装置的位置时，需要注意以下 3 个方面内容：

①拉紧装置应尽量安装在靠近传动滚筒的空载分支上，以利于启动和制动时不产生打滑现象；对运距较短的输送机可布置在机尾部，并将机尾部的改向滚筒作为拉紧滚筒。

②拉紧装置应尽可能安装在输送带张力最小处，这样可减小拉紧力。

③应尽可能使输送带在拉紧滚筒的绕入和绕出分支方向与滚筒位移线平行，且施加的拉紧力要通过滚筒中心。

（2）常用的拉紧装置

带式输送机拉紧装置的型式很多，按其工作原理不同主要分为重锤式拉紧装置、固定式拉紧装置和自动式拉紧装置 3 种。

1）重锤式拉紧装置

重锤式拉紧装置利用重锤的重量产生拉紧力并保证输送带在各种工况下均有恒定的拉紧力，可以自动补偿由于温度改变和磨损而引起的输送带伸长变化。重锤式拉紧装置结构简单、工作可靠、维护量小，是一种应用广泛的、较理想的拉紧装置，其结构如图 3－40 所示。它的缺点是占用空间较大，工作中拉紧力不能自动调整。

2）固定式拉紧装置

固定式拉紧装置的拉紧滚筒在带式输送机运转过程中的位置是固定的，其拉紧行程的调整有手动和电动两种方式。固定式拉紧装置的优点是结构简单紧凑、工作可靠；缺点是在带式输送机运转过程中，由于输送带弹性变形和塑性伸长无法及时补偿将导致拉紧力下降，可能引起输送带在传动滚筒上打滑。常用的固定式拉紧装置有螺旋拉紧装置（拉紧行程短、拉紧力小，故仅适用于短距离的带式输送机）、钢丝绳－绞车拉紧装置（适用于较长距离的带式输送机）等。

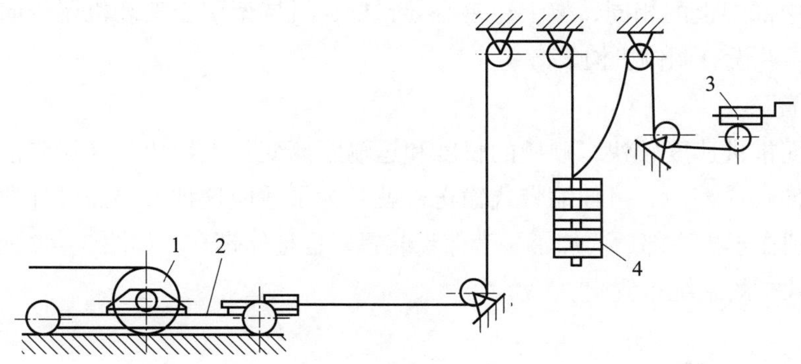

图 3－40　重锤式拉紧装置的结构

1—拉紧滚筒；2—滚筒小车；3—手摇绞车；4—重锤

3）自动式拉紧装置

自动式拉紧装置是一种在带式输送机工作过程中，能按一定的要求自动调节拉紧力的拉紧装置，在现代长距离带式输送机中使用较多。自动式拉紧装置的优点是能使输送带具有合理的张力值，以自动补偿输送带的弹性变形和塑性变形；缺点是结构复杂，外形尺寸大等。自动式拉紧装置的类型很多，按其作用原理可分为连续作用式和周期作用式两种；按其驱动力可分为电力驱动式和液压力驱动式两种。如图 3－41 所示为自动式拉紧装置的系统布置图。

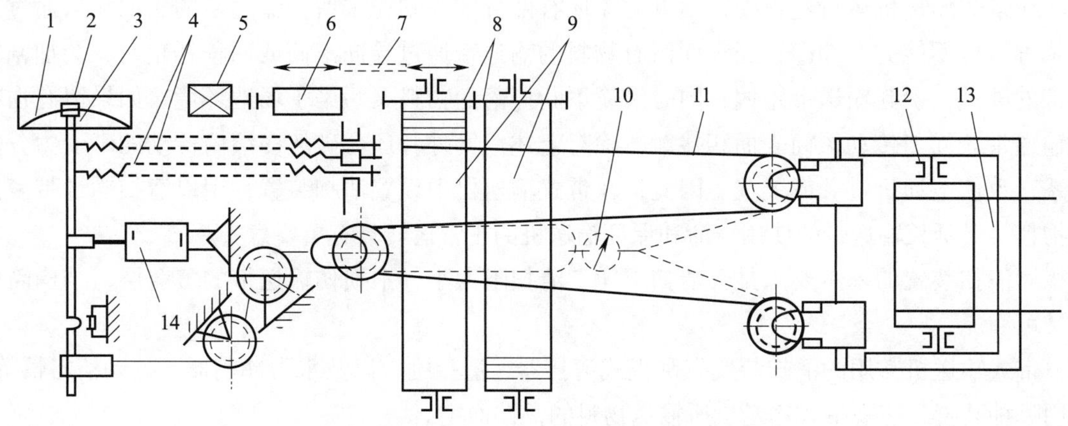

图 3－41　自动式拉紧装置的系统布置图

1—控制箱；2—永久磁铁；3—控制杆；4—弹簧；5—电动机；6—减速器；7—传动链；8—传动齿轮；9—滚筒；10—测力计；11—钢丝绳；12—拉紧滚筒及活动绞车；13—输送带；14—缓冲器

7. 机架

机架主要由机头传动架、中部架、中间驱动架、受料架和机尾架等组合而成。机头传动架用于安装机头部驱动装置和传动滚筒等部件；中部架主要用于安装支承上下两股输送带的托辊组，由多节架逐节连接而成；中间驱动架用于安装整套中间助力驱动装置，其结构因直线带式摩擦或卸载滚筒摩擦的不同拖动方式而异；受料架设在输送机受料装载处，具有较强的抗冲击能力，架上装有上下两层可与相邻机架衔接的托辊组，上层为较密集的缓冲托辊组，下层托辊组与中部架上的相同，架上还装有导料槽；机尾架用于安装机尾改向滚筒，输送带在此转向回程，并设有调偏机构。

8. 储带装置

综采工作面推进速度较快，顺槽的长度和运输距离变化也较快，这就要求顺槽运输设备能够快速进行伸长或缩短。可伸缩带式输送机就是为了适应这种需要而设计的，它与普通带式输送机的区别在于机头部后面加了一套储带装置，也称储带仓。如图 3-42 所示为可伸缩带式输送机与转载机的系统布置图。

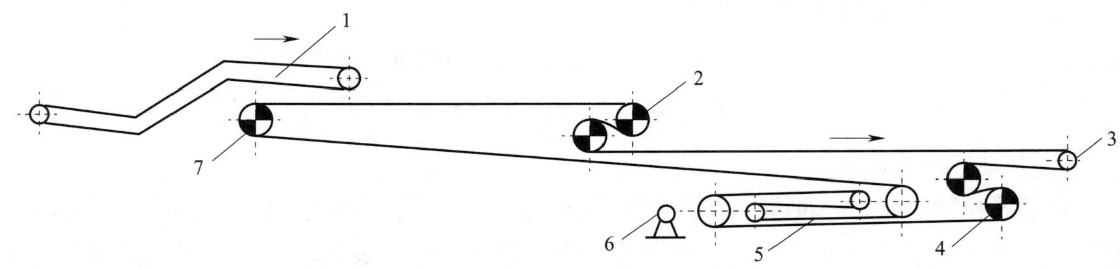

图 3-42　可伸缩带式输送机与转载机的系统布置图

1—转载机；2—中间储带滚筒；3—卸载滚筒；4—机头传动滚筒；
5—储带装置；6—张紧装置；7—机尾改向滚筒

9. 清扫装置

在带式输送机运行过程中，不可避免地有部分细块和粉末留在输送带的表面，虽通过卸料装置后也不能完全卸净，当表面留有物料的输送带通过导向滚筒或回程托辊时，会加剧输送带的磨损，引起输送带跑偏，同时沿途不断掉落的物料又污染了场地环境。如果留有物料的输送带表面与传动滚筒表面相接触，除有上述危害外，还会破坏多滚筒传动的牵引力分配关系，致使电动机过载或欠载。因此，在带式输送机中设置清扫装置，用以清扫输送带表面的物料，对延长输送带的使用寿命和保证输送机的正常运转具有重要意义。

对清扫装置的基本要求是：清扫干净，清扫阻力小，不损伤输送带的覆盖层，结构简单而又可靠。

带式输送机常用的清扫装置有刮板式清扫器、清扫刷，以及水力冲刷器、振动清打器等。采用哪种装置，应视带式输送机所输送物料的黏性而定。

清扫装置一般安装在卸载滚筒的下方，使输送带在进入空载分支前将黏附在输送带上的物料清扫掉。有时为了清扫输送带非承载面上的黏附物，防止物料堆积在尾部滚筒或拉紧滚筒处，还需在机尾空载分支安装刮板式清扫器。

10. 保护装置及其监控技术

为使带式输送机高效、安全运行，必须安装有关的保护装置，如打滑保护装置、跑偏保

护装置、纵向撕裂保护装置、超速保护装置等。

（1）打滑保护装置

驱动滚筒转动而输送带不动或不同步运行，这种现象称为输送带打滑。打滑事故轻则将输送带磨损、高温烧断造成停车，重则烧毁输送带，引起矿井重大火灾事故。打滑保护装置的工作原理是采用传感器分别测量带速和驱动滚筒速度，然后进行比较，正常运行时两者无差值，因而打滑保护装置无输出。如发生打滑，打滑保护装置则有差值输出，经延时后进行保护。

（2）跑偏保护装置

在运行中输送带中线脱离输送机的中线而偏向一边，这种现象称为输送带的跑偏。输送带跑偏后，其边缘与机架相互摩擦，使输送带边胶损坏，同时还会增加运行阻力导致输送带打滑。跑偏严重时会撒煤，甚至引起输送带脱离机架或滚筒。目前，KPTI 型防跑偏装置较为常用，它成对安装在带式输送机托辊两侧支架上（每 50 m 安装一对），有两级工作行程，当输送带跑偏至一定程度时，输送带迫使立辊旋转 20° 并发出报警信号；若输送带继续跑偏，迫使立辊旋转至 35° 时则整机自动停车。

（3）纵向撕裂保护装置

在带式输送机运行中，当有铁渣、尖角矿石等异物落到输送带上卡住时，会造成输送带纵向撕裂，其撕裂部分主要在装载点。因此，纵向撕裂保护装置应安装在装载处的上输送带下方。常用的纵向撕裂保护装置有超声波检测器、测振式检测装置等。

（4）超速保护装置

超速保护装置用于下运带式输送机。当电动机处于发电状态时，有时存在超速运转的可能性，严重时会造成“飞车”现象。超速保护装置的保护原理类似于打滑保护。

第四节　矿用电机车

一、矿用电机车概述

1. 矿用电机车运输设备的组成

目前，我国矿用电机车都采用直流电机车，其牵引电动机和牵引电网均使用直流电。

矿用电机车有两种，即架空接触线随遇供电式电机车（简称架线式电机车）和自携电源蓄电池式电机车（简称蓄电池式电机车）。

架线式电机车由列车和供电设备两部分组成，其中，列车由电机车与所牵引的矿车组成；供电设备由牵引电网与牵引变流室组成。架线式电机车的供电系统如图 3－43 所示。

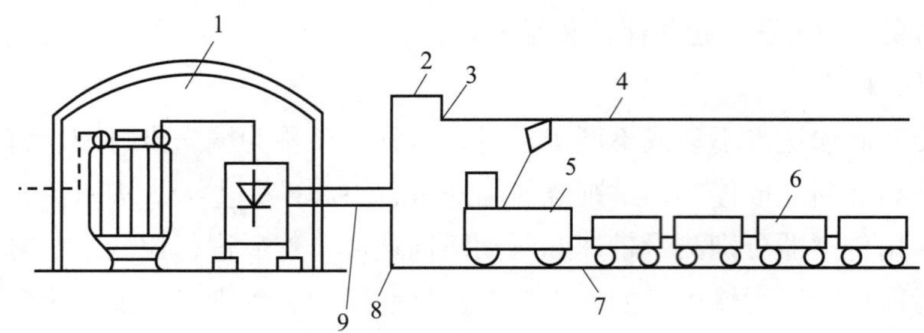

图 3-43　架线式电机车的供电系统

1—牵引变流室；2—馈电电缆；3—馈电点；4—架空接触线；5—电机车；6—矿车；7—轨道；8—回电点；9—回电电缆

牵引电网是由架空接触线和轨道随遇向架线式电机车供应电能的网络，由馈电电缆、回电电缆、架空接触线和轨道四部分组成。

牵引变流室中有交流变流设备、专用变压器、变流设备和直流配电设备等，一般与井底车场变电所在一起或在其附近硐室内。

蓄电池式电机车由列车、供电设备、轨道组成。此类设备中，轨道不在供电系统中。蓄电池式电机车的供电设备由充电室与变流室组成。

2. 矿用电机车的型式及分类

（1）按电能来源，矿用电机车分为矿用直流架线式电机车（ZK 型）和矿用蓄电池式电机车（XK 型）。

（2）按电机车的黏着重量（能够产生牵引力的重量，即作用于主动轮对上的重量）分类，架线式电机车有 1.5 t、3 t、7 t、10 t、14 t 和 20 t 几种，蓄电池式电机车有 2 t、2.5 t、8 t、12 t 几种。小于 7 t 的电机车一般用于短距离调车或用于输送量不大的采区平巷。

（3）按电机车的轨距，可将其分为 600 mm、762 mm 和 900 mm 三种。其中，762 mm 轨距电机车主要用于密度较大的金属矿井中，中小型煤矿多采用 600 mm 轨距，大型煤矿多采用 900 mm 轨距。

（4）按电压等级，架线式电机车有 100（97）V、250 V、550 V 三种，其中 100（97）V 用于 3 t 及以下吨位的电机车。蓄电池式电机车有 40（48）V 与 110（132）V 两个等级。同一台电机车，使用铁镍蓄电池时电压为括号内的值，其中 40（48）V 电压等级用于 2.5 t 以下吨位电机车。

3. 矿用电机车的适用范围

矿用电机车运输仅适用于水平或近水平巷道（巷道坡度一般为 3%，局部坡度不能超过 30%）。

《煤矿安全规程》中的有关条目对电机车的应用范围作出明确的规定，例如：

（1）在低瓦斯矿井进风主要运输巷道内，可以使用架线式电机车，但巷道支护必须使用不燃性材料。

（2）在高瓦斯矿井的主要运输巷道内，应使用矿用增安型蓄电池式电机车；如果使用架

线式电机车，必须采取一系列特殊措施以满足《煤矿安全规程》的一系列规定。

（3）在有瓦斯突出的矿井和瓦斯喷出区域中，进风主要巷道内或主要回风巷道内，都应使用矿用防爆型特殊电机车，并必须在电机车内装设瓦斯自动检测报警断电装置。

二、矿用电机车机械结构

矿用电机车的外形如图 3-44 所示，其构造包括机械和电气设备两大部分。其机械部分包括车架、轮对、轴承和轴承箱、弹簧托架、制动装置、撒砂装置、齿轮传动装置等；其电气设备部分包括牵引电动机、控制器、自动开关、启动电阻、受电弓（仅对架线式电机车）、照明系统及电流表等。

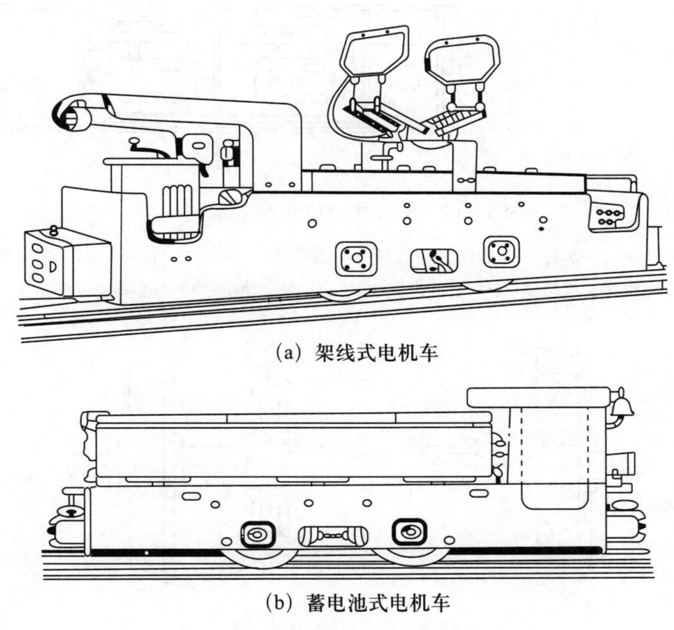

(a) 架线式电机车

(b) 蓄电池式电机车

图 3-44　矿用电机车的外形

如图 3-45 所示为架线式电机车的基本结构。

以下介绍矿用电机车的机械部分。

1. 车架

车架是矿用电机车的主体，是由厚钢板焊接的框架结构，除了轮对和轴承箱外，电机车上的机械和电气装置都安装在车架上，车架用弹簧托架支承在轴承箱上。

2. 轮对

轮对是两个车轮压装在一根车轴上而成的，其结构如图 3-46 所示。车轮有两种，一种是轮箍和轮心热压装在一起的，另一种是整体车轮。前者的优点是轮箍磨损到极限时，只更换轮箍而不用整个车轮全报废。驱动轮对有传动齿轮，电动机经齿轮减速后带动轮对旋转。

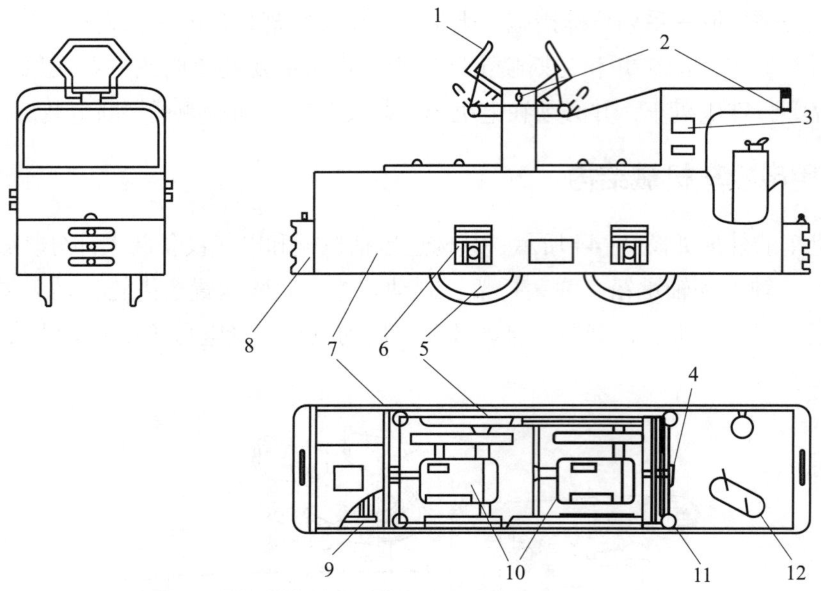

图 3-45　架线式电机车的基本结构

1—受电弓；2—车灯；3—自动开关；4—制动手轮；5—轮对；6—轴承箱；7—车架；8—缓冲器及连接器；9—启动电阻；10—牵引电动机；11—砂箱；12—控制器

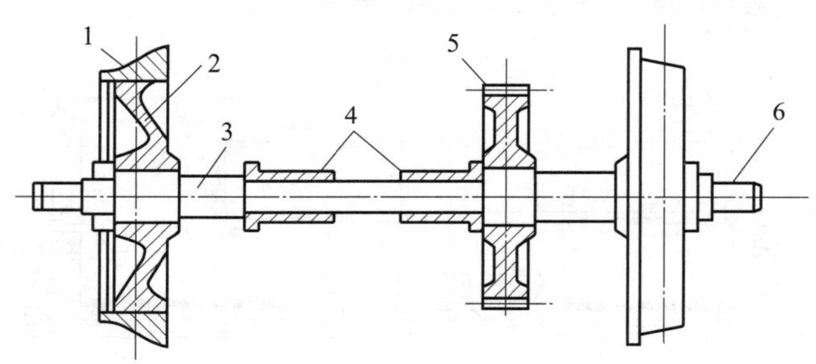

图 3-46　轮对的结构

1—轮箍；2—轮心；3—车轴；4—轴瓦；5—齿轮；6—轴颈

3. 轴承箱

轴承箱简称轴箱，与轮对两端的轴颈配合安装，其结构如图 3-47 所示。轴箱两侧的滑槽与车架上的导轨相配，上面有安放弹簧托架的座孔。车架靠弹簧托架支承在轴箱上，轴箱是车架与轮对的连接点，轨道不平时，轮对与车架的相对运动发生在轴箱的滑槽与车架的导轨之间，并依靠弹簧托架起缓冲作用。

4. 弹簧托架

弹簧托架是一个组件，由弹簧、连杆、均衡梁组成。如图 3-48 所示的是一种使用板簧的弹簧托架。每个轴箱上座装一副板簧，板簧用连杆与车架相连。均衡梁在轨道不平或局部有凹陷时，起均衡各车轮上负荷的作用。

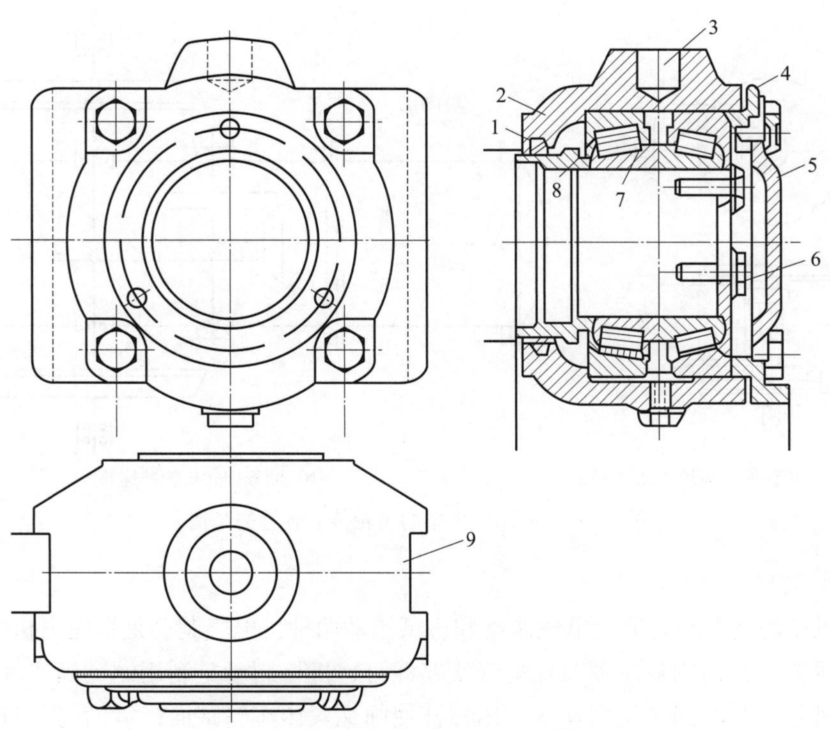

图 3-47　轴箱的结构

1—毡圈；2—轴箱体；3—座孔；4— 止推盖；5— 轴箱端盖；6—轴承压盖；7—滚柱轴承；8—止推环；9—滑槽

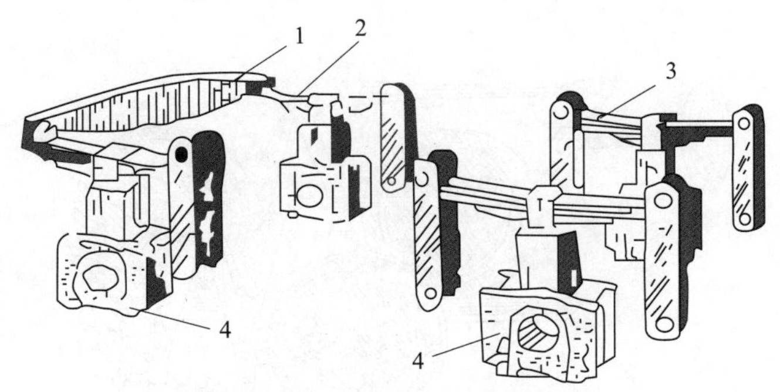

图 3-48　使用板簧的弹簧托架

1—均衡梁；2—连杆；3—板簧；4—轴箱

5. 齿轮传动装置

矿用电机车的齿轮传动装置的结构如图 3-49 所示，共有两种型式：一种是单级开式齿轮传动，其结构如图 3-49（a）所示；另一种是两级闭式齿轮减速箱，其结构如图 3-49（b）所示。单级开式齿轮传动效率低，传动齿轮比较小；两级闭式齿轮减速箱传动效率较高，齿轮使用寿命长。

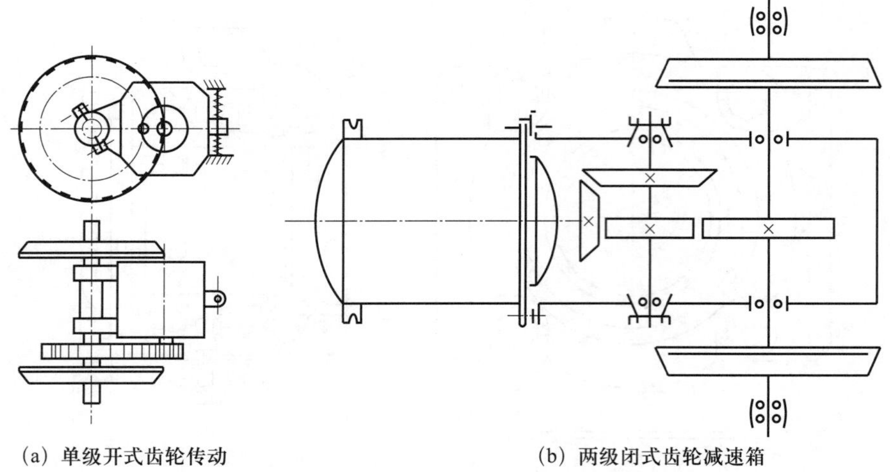
(a) 单级开式齿轮传动　　(b) 两级闭式齿轮减速箱

图 3-49　矿用电机车的齿轮传动装置的结构

6. 制动装置

矿用电机车的制动装置分为电气制动和机械制动两种：电气制动是牵引电机的能耗制动，不需要专门设置，只是用控制器改变电气线路即可；机械制动是利用制动闸或制动器进行制动。矿用电机车的制动闸多是闸瓦式，用杠杆使闸瓦紧压车轮踏面，借助闸瓦与车轮的摩擦力形成制动力矩，操作方式有手动、气动和液动三种。矿用电机车的手动制动装置如图 3-50 所示。

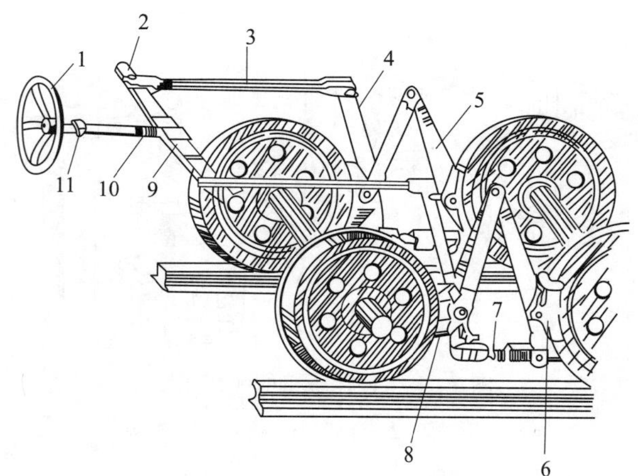

图 3-50　矿用电机车的手动制动装置

1—手轮；2—均衡杆；3—拉杆；4、5—制动杆；6、8—闸瓦；
7—正反扣调节螺丝；9—螺母；10—螺杆；11—衬套

7. 撒砂装置

矿用电机车上的撒砂装置用来向车轮前沿轨面上撒砂，以加大车轮与轨面间的摩擦系数。砂箱内装的砂应是粒度不大于 1 mm 的干砂。矿用电机车撒砂装置的结构如图 3-51 所示。

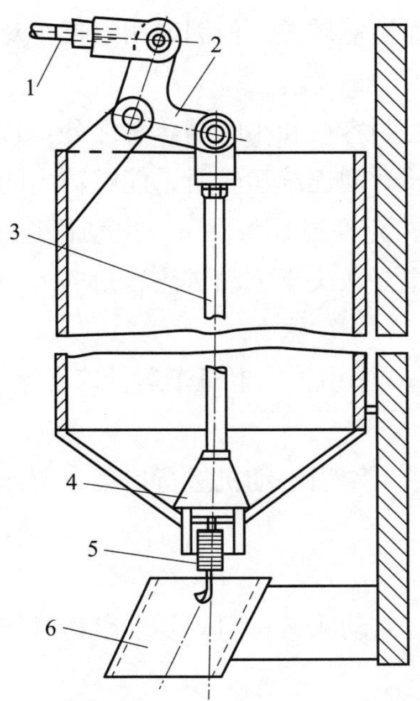

图 3-51 矿用电机车撒砂装置的结构

1、3—拉杆；2—摇臂；4—椎体；5—弹簧；6—出砂导管

三、矿用电机车的电气设备及电气控制

目前，国产矿用电机车均采用直流串励电动机牵引，这是由于其能适应井下较差的工作条件，且与其他激磁方式的直流电动机比较具有许多技术上和经济上的优越性。

1. 直流串励电动机的特性

直流串励电动机主要具有以下特点：

（1）直流串励电动机启动时，能以不大的启动电流获得较大的启动牵引力，因而在相同的牵引条件下，所要求的牵引电动机容量较小。

（2）直流串励电动机的牵引力和转速能根据列车行驶条件及运行阻力自动地进行调节，这是由于它具有“软”的牵引特性。当列车上坡运行或负荷较大时，电动机的转速将随着牵引力的增大而自动降低。这样既可保证安全运行，又不致向电网摄取过多的电能。

（3）两台直流串励电动机并联工作时，负荷分配比较均衡。当由于两台电动机特性有差异或前后轴上的车轮轮缘直径不相等，而使两台电动机运转不完全同步时，因其牵引特性较“软”，故两台电动机之间的负荷差异较小（不超过 10%）。这样，就可以避免在运行中因负荷不均而使电动机产生严重过载现象。

（4）当牵引电网的电压波动时，只影响直流串励电动机的转速，而不影响其牵引力。这就使得电机车在牵引电网电压降幅较大的情况下，仍可启动运行。

（5）直流串励电动机结构简单，与同功率的其他型式电动机相比，其体积和质量都较小。

（6）直流串励电动机的调速性能较差，但因矿用电机车对调速性能要求不高，所以影响不大。

牵引电动机的容量，有长时制容量和小时制容量之分：长时制容量是指在电动机绝缘材料的允许温升条件下，电动机长时间连续运转时，能够输出的最大容量，主要取决于电动机的散热能力。小时制容量是指在允许温升条件下，电动机连续运转 1 小时的最大输出容量，也是牵引电动机的额定容量，主要取决于电动机热容量的大小，即与电动机绝缘材料的性质及电动机冷却性能好坏有关。

与此相对应，电枢电流、轮周牵引力、电机车运行速度等均有长时制和小时制之分。

2. 矿用电机车的电气控制

矿用电机车的电气控制是指对牵引电动机进行启动、调速、电气制动等控制，这些控制都是通过操作控制器来实现的。

（1）启动

矿用电机车工作条件较差，启动频繁，因而要求启动时能量消耗要小，启动要平稳，以避免机械冲击。

为了限制电动机的启动电流，目前在矿用电机车上普遍采用将两台牵引电动机串联并附加电阻的方法进行启动，启动时的接线原理如图 3-52 所示。

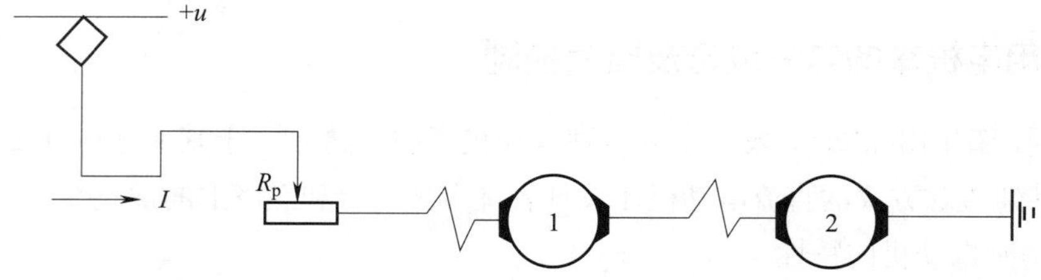

图 3-52　启动时的接线原理

若附加电阻 R_p 值固定不变，则随着牵引电动机转速和电机车运行速度的提高，反电势也增大，电枢电流 I 将趋于减小，则电机车的牵引力也随之减小。当电机车牵引力等于列车运行阻力时，列车将以较低的速度匀速运行。

为了使电机车能平稳地启动，并能达到最大的牵引速度，必须保持较大的牵引力不变。为此，需要在启动过程中，随着电动机的转速和反电势的升高，相应地减小附加电阻 R_p 的值。

为了减少牵引电动机启动过程中的电能损耗，电机车在启动阶段除采用逐级减小附加电阻 R_p 值的办法外，还采用了两台牵引电动机先串联后并联的办法，即所谓串并联启动。如图 3-53 所示为 ZK10 型电机车的启动过程。

（2）调速

目前，矿用电机车调速采用的方法是将两台牵引电动机改为串联运行以降低车速，或使两台电动机交替串并联，以获得不同的低速度运行，但不采用串电阻的方式调速。另外，断电惯性运行及加闸制动运行，也是矿用电机车调速的一种方式。

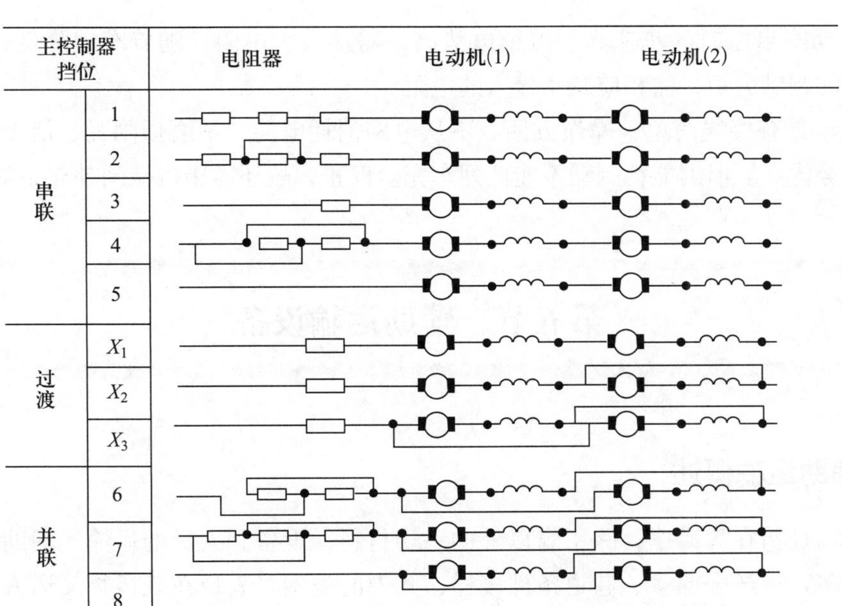

图 3-53　ZK10 型电机车的启动过程

（3）电气制动

矿用电机车的电气制动是能耗制动，是将运行中的电机车的电路与架空接触线断开，电机车在惯性力的作用下运行，将牵引电动机连接成发电运行模式，电能消耗在电路中的电阻上，以使电机车逐渐减速。矿用电机车电气制动的电路系统如图 3-54 所示。

从图 3-54（b）中可以看出，能耗制动电路的特点是两台电动机的激磁绕组交叉连接，即每台电动机的激磁绕组都与另一台电动机的电枢串接。这种交叉连接的作用是：既可保持激磁绕组中电流方向不变，免得磁场去磁；又能使两台电动机在动力制动时出力均衡。这是由于两台电动机的特性可能有差异，两个轮对的直径也很难做到完全相等，这两个因素会造成两个电枢的电势不等。采用交叉连接时，高电势的电枢给低电势提供电枢的磁场激磁，从而调节其间的不平衡。

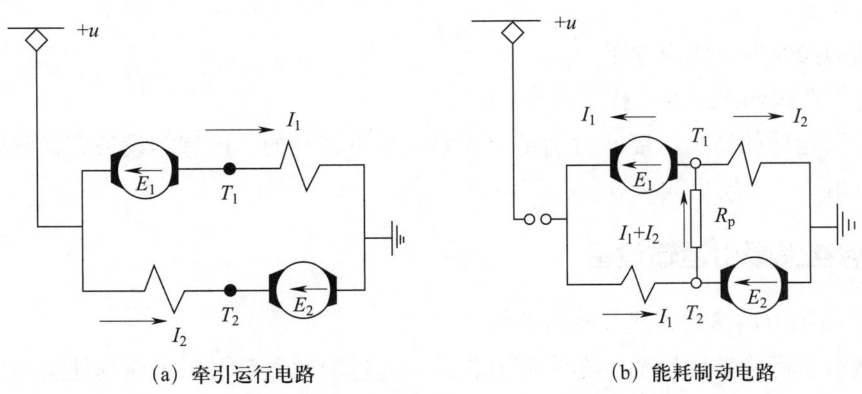

(a) 牵引运行电路　　(b) 能耗制动电路

图 3-54　矿用电机车电气制动的电路系统

能耗制动刚启用时的车速高、电枢电势高，需接入大电阻；随着车速降低，电势渐减，为保持一定的制动力矩，需相应减小接入的电阻。

能耗制动具有接线简单、操作方便、不从电网消耗电能、不磨损闸瓦、能充分利用轮轨间的黏着力等优点。但因能耗制动不能使列车完全停止，故还需用机械闸补充制动效果。

第五节　辅助运输设备

一、辅助运输概述

辅助运输是指在煤矿中，除了煤以外的一切材料、设备和人员的运输。辅助运输的特点是运输类型多、运送去向多、巷道条件多样，其中的类型多表现在既运物又运人，所运物中有整件、散件，大小、长短、轻重差别很大，运送去向多表现在各工作面和井下一切场所。

现代化矿井的辅助运输工作量很大，例如，一个综采工作面的设备有 100 t 以上，每采完一个工作面就需要转移一次；巷道支护材料和井下使用的机电设备，随着机械化程度的提高而增加；对于大型矿井来说，矸石的运量也相当可观。因此，辅助运输的机械化和采、掘、运的机械化同样重要，否则全员效率无法提高。辅助运输的机械化还影响综采设备能力的发挥，若综采工作面的设备转移所需时间长，就大大降低了一套设备的年生产能力。

一般来说，对辅助运输设备有以下要求：

（1）安全可靠。

（2）能在水平、倾斜和转弯的巷道中连续运行而不需要转载。

（3）运输距离可按实际情况而变化。

（4）成件设备不解体整运。

（5）能运输多种材料和设备。

（6）易于装卸。

（7）辅助操作少，使用方便。

（8）与主要运输无相互干扰。

根据辅助运输的特点，能同时满足上述要求是不容易的，已有的设备有钢丝绳牵引运输设备、单轨吊车、无轨运输车等。

二、钢丝绳牵引运输设备

1. 钢丝绳牵引运输的方式及使用条件

钢丝绳牵引运输是以运输绞车为动力装置，通过钢丝绳牵引矿车或其他运输机械进行作业的一种运输方式，其工作原理如图 3－55 所示。

按钢丝绳牵引运输的牵引方式，可将其分为单绳运输、双绳运输、首尾绳运输和无极绳运输等。

单绳运输如图 3-55（a）所示，是用一台单滚筒绞车，通过钢丝绳牵引矿车组，沿倾斜巷道向上运行，向下靠矿车的自重溜放。这种方式的使用条件是能依靠矿车组的重力向下溜放，因此只能用于有一定坡度的斜巷。

双绳运输如图 3-55（b）所示，是用一台双滚筒绞车，每个滚筒各牵一组矿车。钢丝绳在两个滚筒上的缠绕方向相反，绞车旋转时，一组矿车被牵引向上运行，另一组矿车靠自重向下溜放。这种方式的使用条件与单绳运输相同，其运输能力几乎比单绳运输大 1 倍。由于两组矿车的自重得到平衡，故双绳运输所需牵引功率较小。

首尾绳运输是用两台单滚筒绞车，各在线路一端，分别向两个方向牵引矿车，基本原理如图 3-55（c）所示。它使用在坡度不长或有起伏的巷道，且矿车组不能靠自重拖带钢丝绳向下溜放的巷道内。也可以用一台双滚筒绞车安装在线路一端，另一端使用一个导向绳轮，如图 3-55（d）所示。

无极绳运输如图 3-55（e）所示，是用一台摩擦式绞车装在线路一端，另一端用一个导向绳轮、钢丝绳接成封闭环并被张紧，依靠摩擦轮与钢丝绳之间的摩擦力驱动钢丝绳连续运转。两股绳各在一条轨道上，从线路两端间隔一定距离分别向绳上挂一辆空车、重车进行连续运输，到位后摘下矿车。

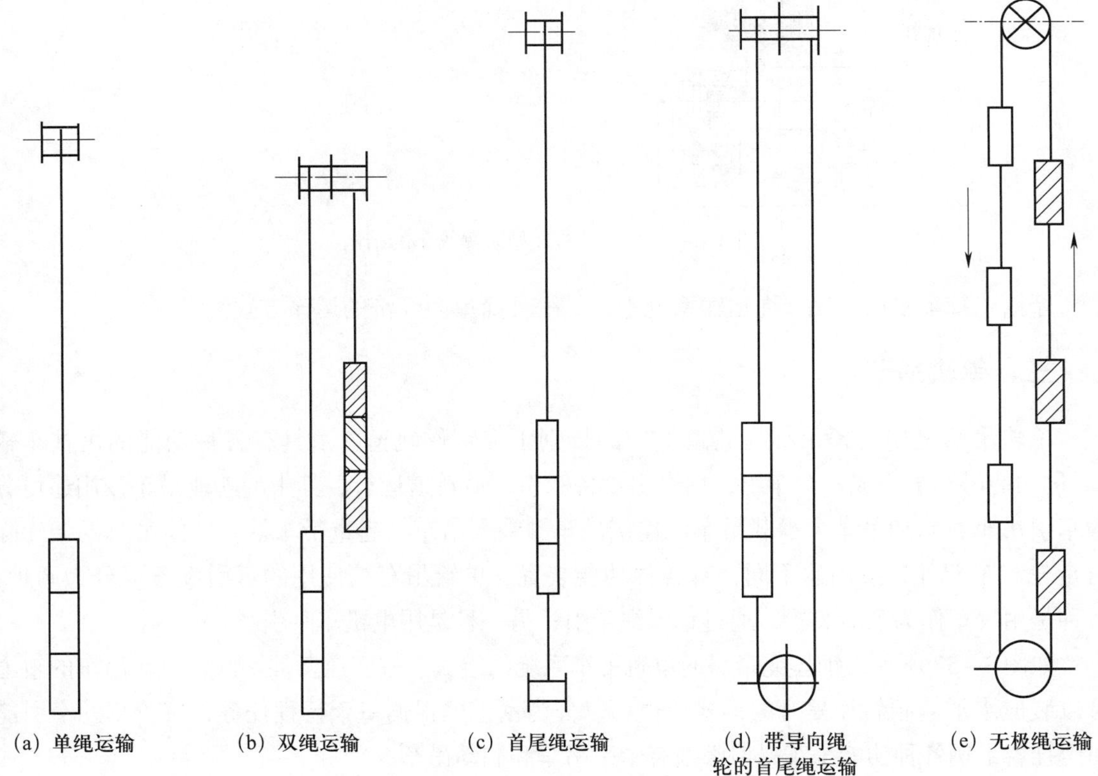

图 3-55　钢丝绳牵引运输的工作原理

2. 运输绞车

运输绞车是钢丝绳牵引运输的动力装置。按牵引钢丝绳的方式可分为缠绕式绞车和摩擦式绞车两种。缠绕式绞车是指钢丝绳的一端固定在绞车的缠绳滚筒内，另一端与被牵引的矿车组连接。滚筒转动时，绳向滚筒上缠绕，牵引矿车组运行。

如图 3－56 所示为井下用 JTB 型防爆绞车的结构，它采用液压盘式制动装置，比老式的闸瓦制动装置性能更加优越。

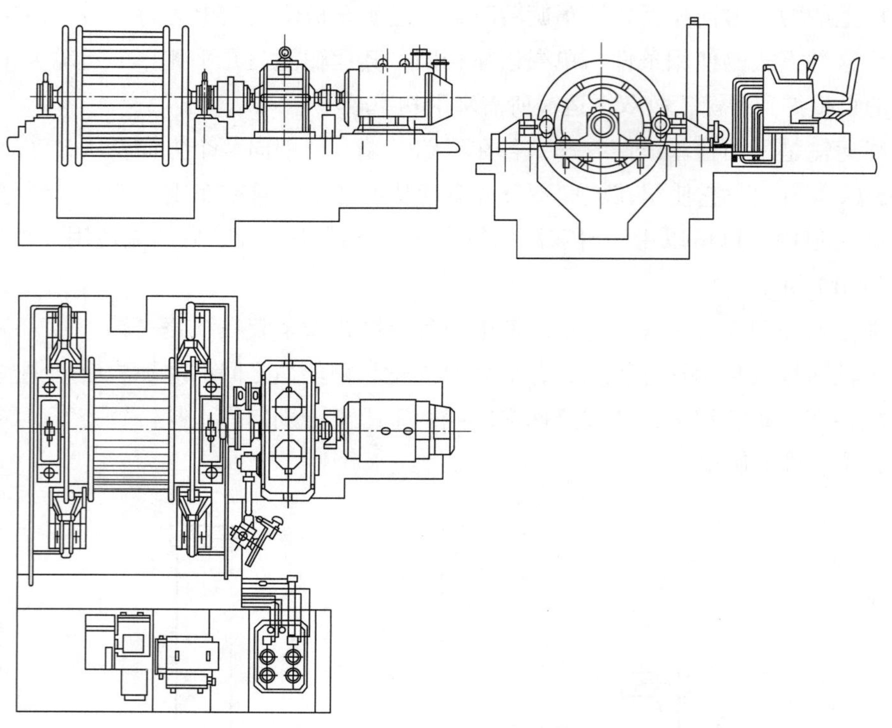

图 3－56　井下用 JTB 型防爆绞车的结构

摩擦式绞车多用于无极绳运输系统中，是一种简单而经济的运输方式。

三、单轨吊车

单轨吊车是用一条吊挂在巷道上空的特别工字钢作轨道，由具有各种功能的吊挂车辆（简称功能吊车）连成一个车组，用牵引设备牵引，沿轨道运行，其中的功能吊车按用途可分为牵引吊车、制动吊车、承载吊车、连接吊车、乘人吊车、起重吊车等。功能吊车的结构除行走轮和车架外，按用途不同，有各种功能装置。单轨吊车按使用的牵引设备可分为两种：一种是用绞车作为动能装置，通过钢丝绳牵引；另一种是用电机车牵引。

如图 3－57 所示为钢丝绳牵引的单轨吊车系统的组成。按巷道条件不同，单轨吊车的轨道可以装成水平、倾斜和拐弯的形式，也可以分为岔道。根据每个行程任务，按绞车的牵引能力组挂若干辆各种功能吊车，但必须有牵引吊车和制动吊车。

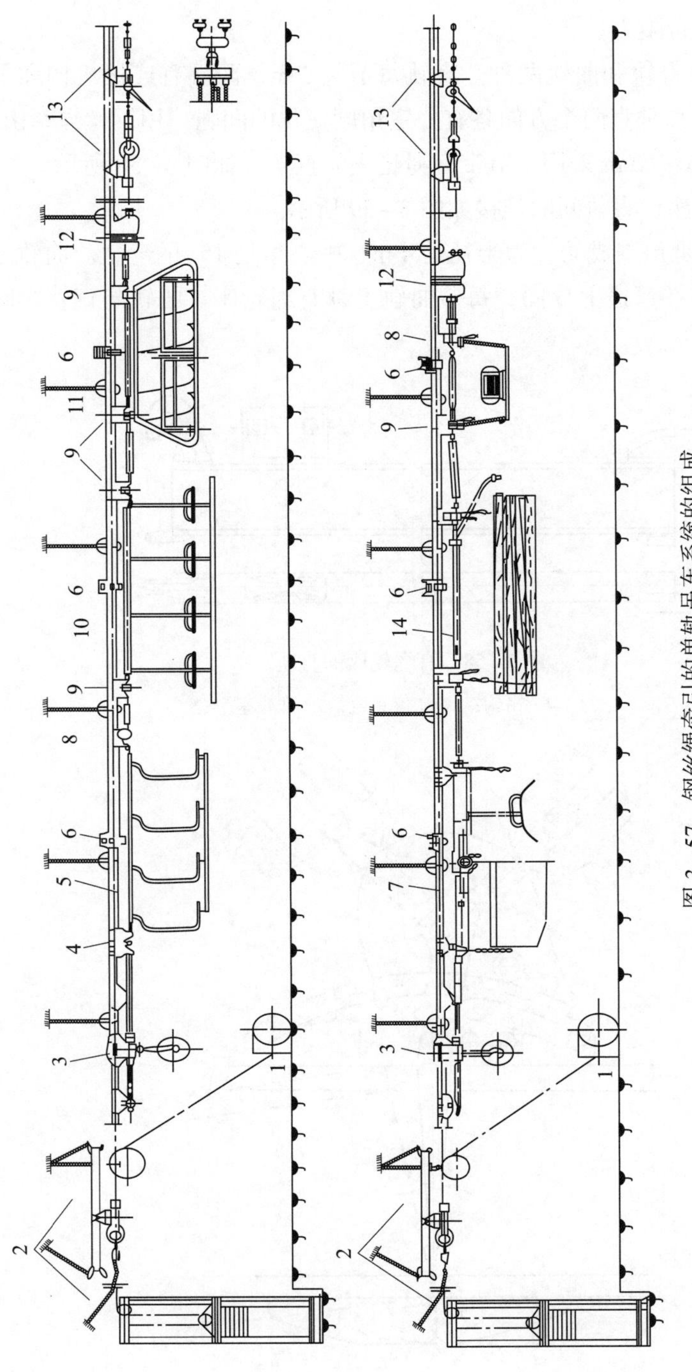

图 3-57 钢丝绳牵引的单轨吊车系统的组成

1—摩擦轮吊车；2—牵引绳张紧装置；3—牵引吊车；4—连接吊车；5、10、11—乘人车；
6—导向绳轮组；7—起重梁；8、9—承载吊车；12—制动吊车；
13—回绳轮及张紧锚固装置；14—起重吊车

1. 轨道

单轨吊车用的轨道是工字形断面，但与普通的工字钢不同，它的翼板厚而窄，对长度方向的平直性、截面形状误差、机械强度和化学成分都有严格的要求，以提高其承载能力和耐磨损能力，从而减小运行阻力。

单轨吊车的轨道有直轨和曲轨两种。直轨每节长 3 m，两端有连接机构和吊钩，节间连接在结构上，且在水平和垂直两个方向各有一定角度变化的间隙。用钢丝绳牵引的单轨吊车，为安装导绳轮，每隔 15～20 m 采用一节带有绳轮座的直轨，如图 3－58 所示。

普通直轨没有绳轮座，直轨间的连接如图 3－59 所示。

曲轨每节长 1 m，是预制成的，为半径是 4 m、中心角是 15° 的弯轨。曲轨之间用法兰盘刚性连接，为给牵引绳在弯道上导向，每节曲轨上都有绳轮座。曲轨与直轨之间，用特殊的连接直轨相连。

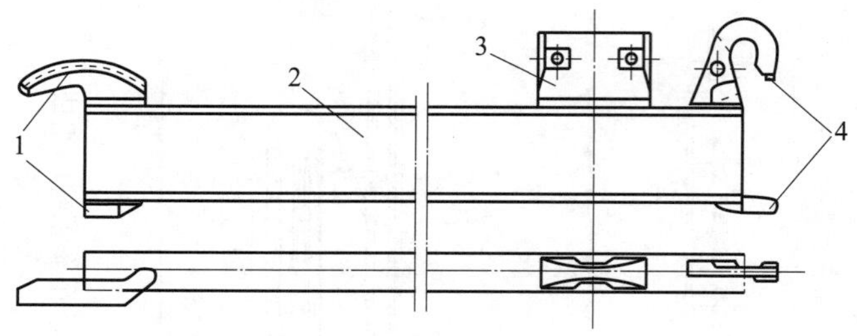

图 3－58　有绳轮座的直轨

1、4—吊钩；2—工字钢轨；3—绳轮座

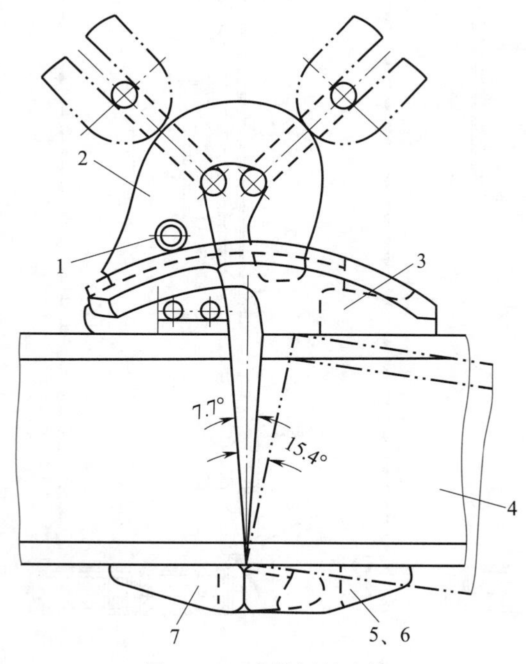

图 3－59　直轨间的连接

1—定位销（限位部件）；2—活动摆臂；3—夹板（压块）；4—直轨；5、6—紧固零件；7—轨道垫板

2. 各种功能吊车

（1）牵引吊车

用钢丝绳牵引时，需要使用专用的牵引吊车，其结构如图 3-60 所示。这种牵引吊车是一个组件，在中间的主车上，有与牵引绳连挂的外伸式牵引臂。为使吊车在牵引绳的偏心力作用下不至于偏斜，牵引吊车的车架上除了行走轮外，还有成对安装的导向轮。牵引吊车的一端与车组中的吊车连挂。

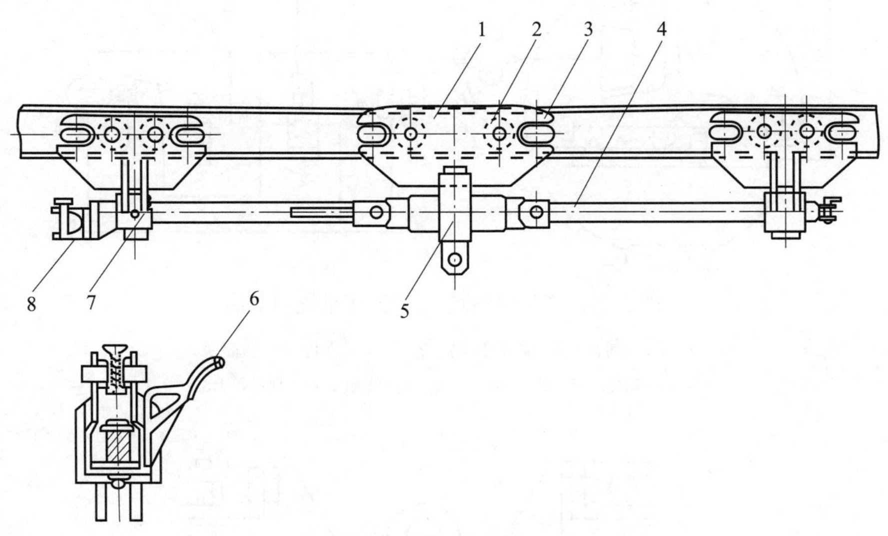

图 3-60　牵引吊车

1—主车；2—行走轮；3—导向轮；4—连接装置；5—吊挂杆；6—牵引臂；7—车架座；8—连接器

为满足运输距离改变时调节牵引绳长，在牵引车的主车下吊挂一个储绳筒，将足够长的牵引钢丝绳组绕在储绳筒上。运距变更时，从储绳筒上放出或绕入钢丝绳，然后用绳卡将牵引绳固定在吊车上。

（2）制动吊车

制动吊车是一种安全装置，在运行中出现断绳、车速超过规定值时，能立即自行制动，将制动吊车及与它连接的车组停在轨道上，制止跑车。制动吊车的闸瓦上有硬质合金爪，无论轨道干燥或潮湿，都能有相同的制动力。

制动吊车上的安全制动装置，由制动闸瓦、制动液压缸及离心控制器等组成，其中的液压系统的结构如图 3-61 所示，运行时，用手摇泵给制动液压缸充油，制动闸瓦则松闸。当车速超过规定值时，离心控制器使制动阀动作，制动液压缸放油，在制动弹簧的作用下，闸瓦将车刹在轨道上。制动液压吊车也可用手动方式使其制动停车。

（3）承载吊车

承载吊车是直接吊装设备、材料、悬吊人车或其他吊具的基本吊车，最简单的是由两对行走轮和车架构成，在车架下吊挂运载物，或在两端与其他吊具连接。为改善运行性能，减小通过曲轨的阻力，可将承载吊车设计成除行走轮之外，在前后各加一对导向轮，如图 3-62 所示。

（4）起重吊车

起重吊车上装有起重设备和行走轮，可用于运送大件设备或长材料，特殊情况下可将两辆起重吊车组合使用。

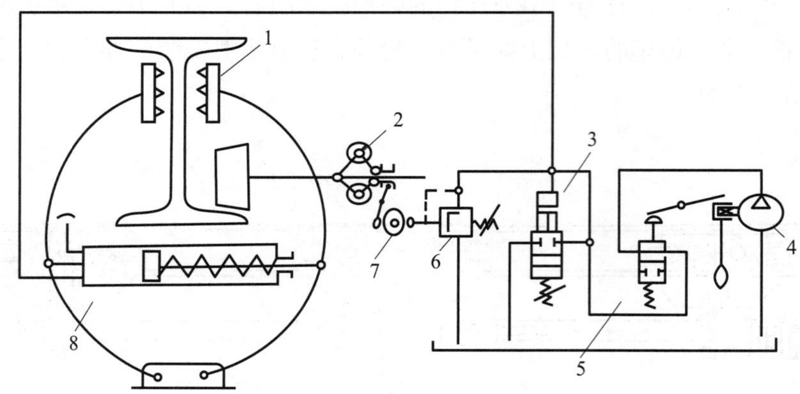

图 3-61　安全制动装置的液压系统的结构

1—制动闸瓦；2—离心控制器；3—限压阀；4—手摇泵；
5—隔离阀；6—制动阀；7—制动操纵杆；8—制动液压缸

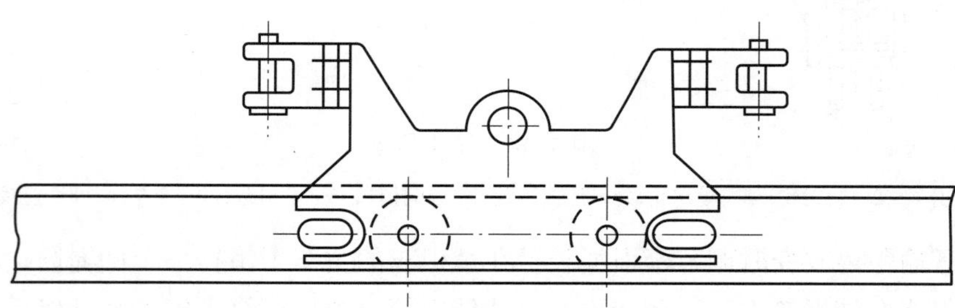

图 3-62　有导向轮的承载吊车

3. 牵引设备

（1）摩擦式绞车

用钢丝绳牵引的单轨吊车，常使用摩擦式绞车作为牵引设备。为增加钢丝绳在摩擦轮上的包角，需要牵引绳在摩擦轮上做多圆螺旋围绕。摩擦轮连续运转时，为使围绕的钢丝绳不绕出轮外，应采取技术措施，常用方法有两种：一种是采用多槽轮与另一个偏置的导向轮配合，如图 3-63 所示；另一种是使用有抛物线曲面的宽绳轮，如图 3-64 所示。后者在运行中，钢丝绳在曲面的周向和轴向都有滑动，增大了绳与轮面间的磨损，但结构简单。前者虽无滑动磨损，但同样的围绕圈数、钢丝绳在轮上的包角，只有后者的 1/2，且构造复杂。两种形状的摩擦轮目前都有使用。

摩擦式绞车采用液压马达驱动，可实现无级调速，启动平稳，容易达到防爆要求和遥控。摩擦式绞车也有采用鼠笼式感应电动机与机械变速配合驱动的。

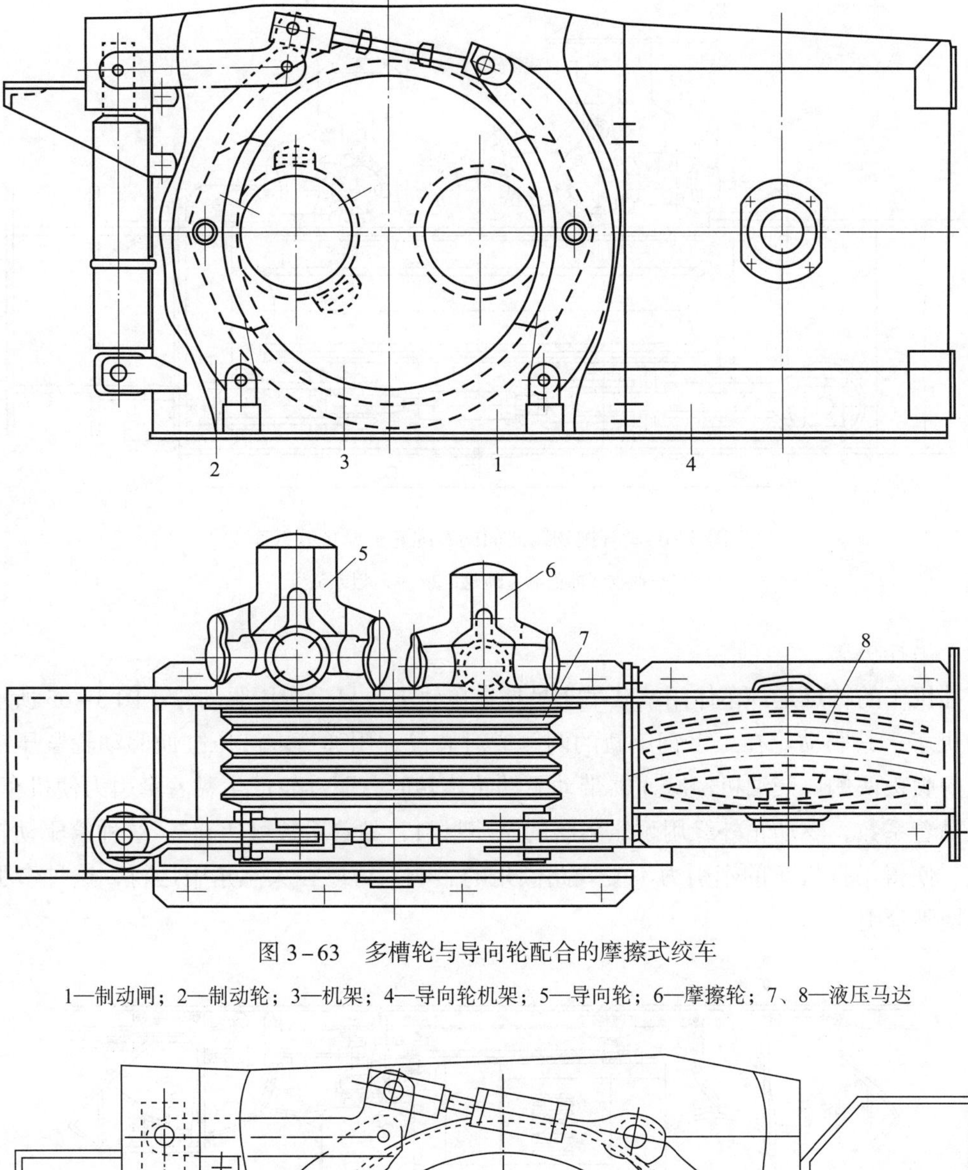

图 3-63　多槽轮与导向轮配合的摩擦式绞车

1—制动闸；2—制动轮；3—机架；4—导向轮机架；5—导向轮；6—摩擦轮；7、8—液压马达

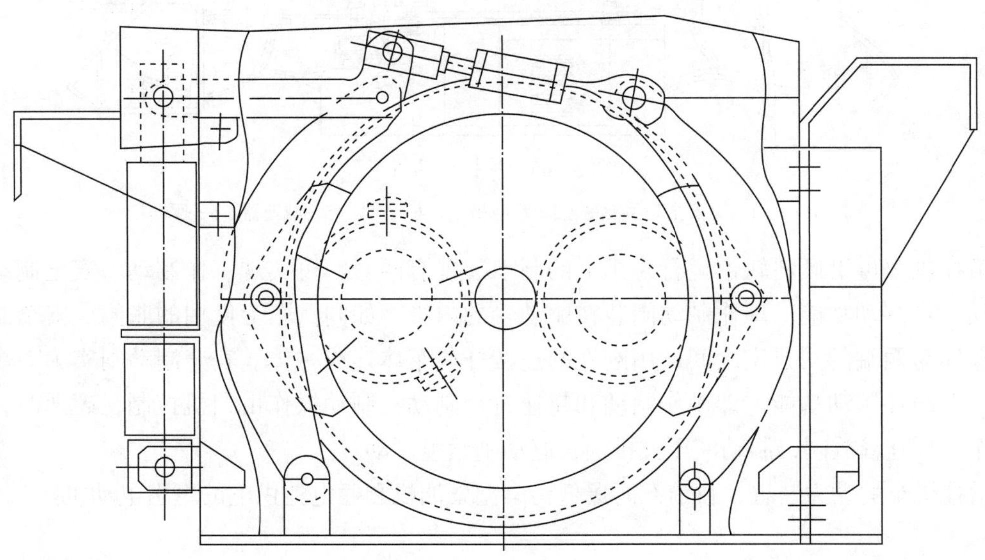

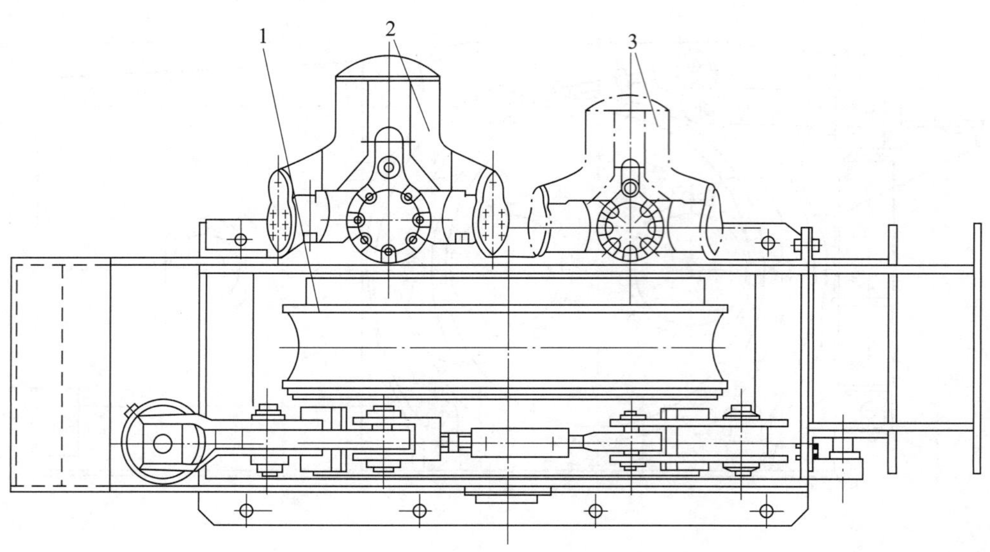

图 3-64　有抛物线曲面的宽绳轮的摩擦式绞车

1—抛物线曲面的宽绳轮；2、3—液压马达

（2）吊挂机车

吊挂机车的特点是：车体用承载吊车吊挂在单轨上，另设专用驱动轮。图 3-65 所示为吊挂柴油机车，其驱动轮在工字钢单轨的两侧成对装设，用弹簧或液压缸使驱动轮紧压在工字钢单轨的腹板两侧。柴油机经减速器带动驱动轮旋转时，驱动轮产生黏着牵引力使机车运行。为增大黏着系数，驱动轮外缘用耐压耐磨的摩擦材料，黏着系数可达 0.5。这种给驱动轮加压的方式，使得吊挂机车的牵引力不受线路倾角的影响，可以在大倾角中运行，这种牵引方式又称为增黏牵引。

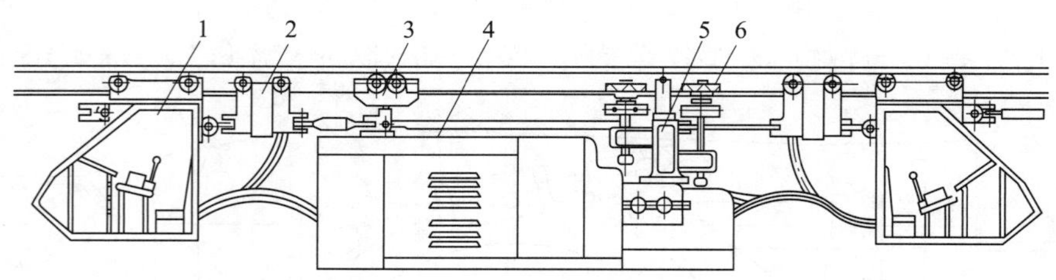

图 3-65　吊挂柴油机车

1—司机室；2—安全制动装置；3—承载吊车；4—车体；5—减速器；6—驱动轮

吊挂机车可沿倾斜轨道运行，车上的制动装置有两套，可实现工作制动、安全制动和操作制动三种制动功能。工作制动闸装在驱动轮的内缘，如同汽车上使用的胀闸。安全制动闸设在车体与两端的司机室之间，用刚性的连接杆与车体连成一体。安全制动闸实为一个制动吊车，有两种制动功能，即操作制动和超速自行制动。制动操作由司机控制，超速时，限速器动作，打开释放阀，制动液压缸排油，制动闸紧急制动。

吊挂机车的动力装置，目前有防爆低污染型柴油机和蓄电池供电的牵引电动机。

4. 单轨吊车的使用条件

单轨吊车可用于水平和倾斜巷道，不仅能在平面上拐 90° 弯，也可用于平巷和斜巷的连续不转载运输。因此，它可以进行从采区车场直到工作面不转载的辅助运输，甚至能用于把主要运输大巷和采区巷道连在一起的辅助运输作业。底板起伏变化大的巷道中，采用单轨吊车尤为合适。

使用单轨吊车的巷道断面面积一般需有 7 m^2，宽度应大于《煤矿安全规程》规定的人行道和另侧的最小宽度再加一个吊车摇摆的幅度，运送个别超宽设备时，应有专门的措施。使用单轨吊车巷道的高度按使用地点的要求而不同，在不要求跨越任何物品或设备的巷道，承载吊具的底面距巷道底板应有 100～200 mm 的间距，如需跨越地轨车辆或在输送机上方运行，须按实际情况确定其高度，但乘人吊车的高度要方便人员上下车。

单轨的悬吊，可用不同类型的支架，有可缩式拱形支架、金属支架、钢筋混凝土支架及锚杆。如一副支架的负荷能力不足，可在相邻两个支架顶梁上加一个中间梁，将单轨悬吊在中间梁上，以分散支架承担的负荷。由于启动和制动时有惯性力，特别是在用机车牵引时的紧急制动时支架受到的纵向负荷很大，因此，悬吊单轨各支架之间需要有牢固的支撑。通常一个支架承担的吊挂负荷为 3 t，使用起重梁时，6 t 的设备可整体运送。如运送更重的设备（如大型液压支架），可以用组合起重梁承运，将重力分到几个吊车上分散承担。

钢丝绳牵引的单轨吊车，是采区辅助运输的有效设备，但这种牵引方式限制了它的使用范围。当运距长、弯曲较多时，列车运行及牵引绳本身的运行阻力较大、所需牵引力大。轨道的吊挂和钢丝绳的支承、导向都很复杂，安装和维修工作量都较大。

机车增黏牵引的单轨吊车，不受线路长度和分岔的限制。由于机车是本机牵引，在倾角较大的线路上，因机车自重会显著影响载运量。

四、无轨运输车

目前，我国煤矿辅助运输机械化的发展较快，以单轨吊车为龙头，带动了其他各种类型的产品研制和开发，主要有钢丝绳卡轨车、柴油机车卡轨车、蓄电池胶套轮车和柴油机无轨胶轮运输车等。它们在煤矿井下发挥了很大的作用，显示了较好的经济效益。

国外研制柴油机无轨胶轮运输车已有 20 多年的历史，其机型、品种也较全，主要有柴油机铲运车、柴油机支架运输车及其他无轨运输车。其中，柴油机铲运车的主要用途是：在掘进巷道作业中运输煤炭、矸石或零散物料，运送大型设备如液压支架等。柴油机支架运输车的主要用途是：一方面可用于综采设备的搬家，如运送大型液压支架；另一方面在配备专用车辆的情况下可运送人员、零散物料或煤炭、矸石等。

柴油机无轨胶轮运输车是一种高效、低耗、快速、安全性能好的辅助运输设备，可实现一机多用，起到投资少、效率高的作用，具有转载环节少、使用灵活、牵引力大、机动性强、运送货物或人可一次到位、装卸时间短等优点。

思考练习题

1. 刮板输送机按刮板链的布置方式分为哪几种？
2. 刮板输送机一般由哪几部分组成？
3. 简述刮板输送机的操作步骤。
4. 操作桥式转载机时应注意哪些事项？
5. 简述带式输送机的工作原理。
6. 带式输送机一般由哪几部分组成？按牵引方式分为哪几大类？
7. 带式输送机采用的保护装置有哪些？
8. 简述带式输送机的操作程序。
9. 矿用电机车由哪几部分组成？

技能实训三　刮板输送机的安全操作

一、实训目标

1. 熟悉刮板输送机运转前的安全检查内容。
2. 掌握刮板输送机安全操作内容与步骤。

二、任务描述

熟悉刮板输送机运转前的一般检查、重点检查（如机头部、中间部、机尾部检查）等内容；学会刮板输送机安全操作的一般步骤。

三、任务准备

1. 换好工作服，佩戴安全帽、矿灯、便携式甲烷检测报警仪，并有序进入刮板输送机实训现场排队等候。

2. 打扫好刮板输送机实训现场周边卫生、清扫刮板输送机机身浮尘。

3. 清点刮板输送机操作使用的有关工具和仪器。

4. 打开刮板输送机试运转 10 min。

四、知识要点

1. 运转前的检查

为了保证刮板输送机的安全运转，在运转前必须做详细的检查。运转前的检查分为一般

检查和重点检查。

（1）一般检查

首先检查工作环境，如工作面的支护情况、输送机上有无作业人员、有无障碍物、锚固装置是否牢固等。然后检查电缆吊挂是否合格，电动机、开关按钮等接线是否良好。如果检查没有发现问题，可点动电动机，观察输送机是否运转正常，接着再进行重点检查。

（2）重点检查

1）机头部检查

①有传动小链的刮板输送机，应检查传动小链的链板、销子的磨损变形程度，链轮上的保险销是否正常。必须使用规定的保险销，不得用其他物品代替。

②检查弹性联轴器的间隙是否正确（一般为 3～5 m）完好。

③检查减速箱油量是否适当（油面高度应为大齿轮高度的 1/3）。

④检查机头架连接螺栓、地脚压板螺栓、机头轴承座螺栓等是否齐全坚固。

⑤检查链轮、托叉、护板是否完整坚固。

⑥检查弹性联轴器和紧链器的防护罩是否齐全。

2）中间部检查

对中间部刮板链从头到尾进行一次详细检查，方法是：从机头链轮开始，往后逐级检查刮板链、刮板、连接环以及连接环上的螺栓。检查 4～5 m 后在刮板链上用铁丝绑一个记号，然后开动电动机把带记号的刮板链运行到机头链轮处，再从此记号向后检查，一直到机尾部。在机尾部的刮板链上再用铁丝绑一个记号，然后从机尾部往回检查中部槽对口有无戗茬或搭接不平、磨环、压环、上槽陷入下槽等情况。回到机头部处，开动输送机把机头部记号运转到机头链轮处，再往后重复以上检查，至此检查一个循环。若发现问题应及时处理。

3）机尾部检查

机尾部有动力驱动时，检查方法与机头部检查方法相同；无动力驱动时，要做以下检查：

①检查机尾滚筒的磨损与轴承转动情况（转动应灵活）。

②检查调节机尾轴的装置是否灵活。

③检查机尾环境是否良好，如有积水，要挖沟疏通。

经以上检查，确定一切良好，便可开动电动机正式运转。

2. 刮板输送机安全操作的一般步骤

（1）经上述检查无误后，方可发出开机信号。

（2）启动时应断续启动，隔几秒后再正式启动。

（3）不能强行启动，如出现刮板输送机连续 3 次不能启动，必须找出原因并处理后才可再次启动。

（4）在无集中控制系统时，多台刮板输送机的启动都应从外向里沿逆煤流方向依次启动。

（5）在正常运转时应注意巡回检查。

（6）停车时应从里向外顺煤流方向依次进行，并清除刮板输送机上的煤炭。

五、实训过程

1. 介绍实训内容

在开始实训前，指导教师介绍本次实训内容和目标以及必须掌握知识点的内容；做好作业前的安全操作培训有关事宜。

2. 分配任务

根据教学计划和课程要求分配任务给每个学生，学生两人一组，一人操作，另一人监护，指导教师进行必要的指导。

3. 开展实训操作

根据分配的任务进行具体操作，练习刮板输送机开机前的安全检查工作，以及刮板输送机安全操作的一般步骤。

4. 巡回指导并及时反馈

在实训过程中，指导教师要及时跟踪并进行巡回指导；共性的问题集中解决，个性问题现场及时解决。下课前，指导教师要对学生在操作过程中出现的问题进行必要的记录和总结，并及时反馈。

六、注意事项

1. 操作安全注意事项

（1）联络信号齐全可靠，操作信号正确。

（2）精力集中，不打瞌睡。

（3）随时观察顶板支护情况，以及电缆及周围环境情况。

（4）操作按钮要放在安全可靠的位置，防止被撞、砸。

（5）遇有大块煤或矸石要及时处理，以免引起系统堵塞。

（6）听到停机信号时要及时停机，只有重新听到开机信号后方可开机。

（7）不得使刮板输送机长时间空运转。

（8）经常检查电动机温度是否正常。

（9）停机后，将磁力启动开关打至零位，并闭锁。

2. 生产过程中使用刮板输送机运送物料时的注意事项

（1）应在刮板输送机运转的情况下向溜槽内放置物料。

（2）配有双速电动机的刮板输送机应以慢速运送物料。

（3）向溜槽内放置坑木、金属支柱等长物料时，应先放入前端、后放入后端，以防止碰人。物料应放在溜槽中间，防止刮碰槽帮。

（4）物料运送过程中，要有专人跟随在物料的后端；遇有卡阻情况，应及时发出停机信号，处理后再启动。

（5）要有专人在输送地点接收物料。两人同时从溜槽中向外搬物料时应先搬后端、后搬

前端，以免伤人。

（6）司机在物料碰不着的地方观察和操作，发现物料无人接应时，应立即停机。

（7）严禁用刮板输送机运送炸药。

七、总结与思考

1. 课程总结

由指导教师对本次实训进行总结，包括实训教学的效果、存在的问题和改进措施等。

2. 书写实训报告

学生认真书写实训报告，深刻体会理论与实践的紧密结合，进而通过实训提高自己技能水平。

3. 评估反馈

由指导教师对学生的实训过程进行全面综合评估，并及时向学生反馈结果，以便下一次实训活动有序开展。

技能实训四　带式输送机的安全操作

一、实训目标

1. 熟悉带式输送机作业前的安全检查内容。

2. 掌握带式输送机的张紧绞车、卷带装置和移机尾装置的使用与操作以及机身伸长或缩短操作。

二、任务描述

熟悉带式输送机作业环境安全检查、试运转安全操作及其张紧绞车、卷带装置和移机尾装置的使用与操作以及机身伸长或缩短操作。

三、任务准备

1. 换好工作服，佩戴安全帽、矿灯、便携式甲烷检测报警仪，并有序进入带式输送机实训现场排队等候。

2. 打扫好带式输送机实训现场周边卫生、清扫带式输送机机身浮尘。

3. 清点带式输送机操作使用的有关工具和仪器。

4. 打开带式输送机试运转 15 min。

四、知识要点

1. 张紧绞车的使用与操作

在用张紧绞车张紧输送带时，应按紧带箭头方向旋转手把，使离合器与滚筒销轴啮合，使滚筒与传动轴连接，以形成电动机—联轴器—蜗杆—涡轮—中间轴—小齿轮—大齿轮—传动轴—离合器（啮合状态）—滚筒的传动系统。

2. 卷带装置的使用与操作

目前，国产可伸缩带式输送机配用的都是可卷输送带的卷带装置。当用于后退式采煤法需要从储带仓中取出输送带时，先将小车移动架放下，将卷筒放在顶针小车上；然后把顶针小车推入卷带装置架内，将小车移动架翻起并用销子挂住；最后操纵顶针手轮，使小车和减速器出轮的顶针进入卷筒轴孔内，同时卷筒慢慢抬起离开小车架，这时卷筒一侧的牙嵌离合器也与减速器出轴顶针上的牙嵌离合器结合。

将输送带接头转到卷带装置架中的两个手动输送带夹板之间，用手摇动螺杆，通过两个夹板把输送带接头两端夹住；然后抽去接头穿条，把前面的接头与卷筒上预制的一段输送带接头用穿条重新穿好。放松前面的输送带夹板，使张紧绞车处于松带放绳状态。启放卷筒随游动小车徐徐前移，将储带仓内的输送带慢慢地卷到卷筒上。当这卷输送带（50 m）的另一个接头越过前面的手动输送带夹板进入卷带装置架内后，用夹板将输送带夹紧，抽掉接头穿条，将前后夹板夹住的两个接头接好。卷好的输送带用铁丝捆好，以防松开。将卷筒从架子中拉出，通过设于输送机侧轻便轨道上的平车，将输送带运走。

3. 移机尾装置的使用与操作

机尾部移动要借助于移机尾装置进行，一般用它来推动机尾部向后退缩（适用于后退式采煤）。使用移机尾装置时，按下列步骤操作：

（1）将滑轮架固定在机尾部所需移动的前方（预打两根撑柱，用链条将滑轮架拴在撑柱下部）。

（2）在牵引链与滑轮架链轮啮合前，先使千斤顶活塞杆全部伸出。

（3）用手拉紧牵引链，将就近一环放到活塞杆端头特制的链条中定位，并将操纵阀手把扳到张紧位置，使千斤顶缩回，给链子以初张力。

（4）使定位板滑过链子，将其与停车制动器的顶部托架锁紧。

（5）松开张紧链，伸长千斤顶，使之达到最大行程。在滑轮架固定好后，松开制动板，收缩千斤顶。将操纵阀置于张紧位置，使带式输送机机尾部缩回，直到千斤顶达到最大行程为止。

（6）在行程终点，用定位板锁住牵引链，按（5）所述反复进行操作，直至机尾部移到所需位置为止。

（7）操作过程结束，松开链子，使千斤顶完全缩回。

4. 机身的伸长或缩短操作

可伸缩带式输送机主要通过机身的伸长或缩短来实现整机运输距离的延伸或收缩。当作为前进式采煤或巷道掘进机械配套使用时，带式输送机输送距离需不断伸长；当作为后退式综采机械配套使用时，运输距离需不断收缩。机身伸长或缩短的操作程序如下：

（1）机身伸长

机身需伸长之前可能有两种情况，一种是储带仓中有输送带，另一种是储带仓中无输送带。

1）储带仓中有输送带的情况

转载机已移至机尾部后端极限位置，储带仓中游动小车位于靠近张紧绞车一端，储带仓中尚储有输送带。其操作方法如下：

①清除机尾部前进方向底板上的浮煤，打开张紧绞车离合器使之处于松带状态，利用移机尾装置或其他牵引设备将机尾部延伸一段距离，使转载机与机尾部重叠处于最长长度。

②根据延伸长度，接上相应数量的中间架（H 架、纵梁和托辊）。

③利用张紧绞车将输送带张紧。

④调整机尾部使之平直，以免输送带跑偏。

2）储带仓中无输送带的情况

转载机已移到机尾部后端极限位置，游动小车已移至靠近机头一端，储带仓中已放完输送带。其操作方法如下：

①利用卷带装置或其他办法先将输送带放入储带仓中，复原到原始有输送带状态。

②按有输送带程序进行操作。

（2）机身缩短

机身缩短之前也有两种情况，一种是储带仓可继续储带，另一种是储带仓已装满输送带。

1）储带仓可继续储带的情况

此时，转载机已移至机尾前端极限位置，储带仓中游动小车位于靠近机头一端，储带仓可继续储带。其操作方法如下：

①根据机身所需缩短的长度，从近机尾端开始，拆除相应的机身中间架。

②清除机尾部滑橇下面和前移距离内底板上的浮煤，用移机尾装置移动机尾部的同时，开动张紧绞车向后拉游动小车，使松弛的输送带进入储带仓中。

③调整机尾部使之平直。

④利用张紧绞车将输送带张紧。

2）储带仓已装满输送带的情况

此时，转载机已移到机尾前端极限位置，储带仓中游动小车已移到靠近绞车一端，储带仓已不足以一次储带。其操作方法如下：

①利用卷带装置或人工操作从储带仓中取出输送带，放空储带仓。

②再按可继续储带的程序操作。

五、实训过程

1. 介绍实训内容

在开始实训前，指导教师介绍本次实训内容和目标以及必须掌握知识点的内容；并做好作业前的安全操作培训有关事宜。

2. 分配任务

根据教学计划和课程要求分配任务给每位学生，学生两人一组，一人操作，另一人监护，指导教师进行必要的指导。

3. 开展实训操作

根据分配任务进行具体操作，练习带式输送机开机前的安全检查工作，以及带式输送机的张紧绞车、卷带装置、移机尾装置的使用与操作以及机身伸长或缩短操作。

4. 巡回指导及时反馈

在实训过程中，指导教师要及时跟踪并进行巡回指导；共性的问题集中解决，个性问题现场及时解决。下课前，指导教师要对学生在操作过程中出现的问题进行必要的记录和总结，并及时反馈。

六、注意事项

1. 操作安全注意事项

（1）联络信号齐全可靠，操作信号正确。

（2）精力集中，不打瞌睡。

（3）随时观察顶板支护情况，以及电缆及周围环境情况。

（4）操作按钮要放在安全可靠的位置，防止撞、砸。

（5）遇有大块煤或矸石要及时处理，以免引起系统堵塞。

（6）听到停机信号时要及时停机，只有重新听到开机信号后方可开机。

（7）不得使带式输送机长时间空运转。

（8）经常检查电动机温度是否正常。

（9）停机后，应将磁力启动开关打至零位，并闭锁。

2. 生产过程中需使用带式输送机运送物料时的检查维护内容

（1）对清扫器的检查维护。

（2）对输送带张紧情况的检查维护。

（3）对减速器、联轴器、电动机及滚筒轴承温度的检查维护。

（4）对游动小车活动情况的检查维护。

（5）对输送带跑偏、卡磨情况的检查维护。

（6）对输送带接头和磨损情况的检查维护。

（7）对托辊接触情况的检查维护。

（8）对紧固件的检查维护。

（9）对装载情况的检查维护。

（10）对底板上浮煤和积水的日常清理。

（11）对电控和安全装置的检查维护。

（12）对润滑点的定期检查维护。

七、总结与思考

1. 课程总结

指导教师对本次实训进行总结，包括实训教学的效果、存在的问题和改进措施等。

2. 书写实训报告

学生认真书写实训报告，深刻体会理论与实践的紧密结合，进而通过实训提高自己技能水平。

3. 评估反馈

指导教师对学生实训过程进行全面综合评估，并及时向学生反馈结果，以便下一次实训活动有序开展。

第四章 液压支护设备

学习目标

1. 了解液压支架及其分类。
2. 熟悉液压支架的工作原理及其主要部件。
3. 熟悉单体液压支柱与滑移顶梁支架的结构与使用。
4. 掌握液压支架的选用方法及乳化液泵站的功用和组成。

引　言

为确保煤矿井下采煤作业的安全性，必须加强采煤工作面顶板的控制与管理，利用液压支护设备本身的安全性和支撑力，防止煤矿顶板垮落、冒顶等事故的发生。为了提升顶板管理的有效性，保障煤矿开采的安全生产，我们必须学习煤矿液压支护设备相关知识。

液压支护设备的作用是支撑工作面顶板，阻挡顶板冒落的煤岩危害作业空间，以保证工作面内机械设备和人员的安全。支护设备的发展过程可分为：金属摩擦支柱→单体液压支柱→自移式液压支架（分别对应普采→高档普采→综采）。

本章主要介绍液压支架及其分类、组成及工作过程，单体液压支柱与滑移顶梁支架的结构与使用，乳化液泵站的功用和组成，以及液压支架的安全操作。

第一节　液压支架

一、液压支架概述

1. 液压支护设备的种类

在回采与掘进工作面，为了正常生产并保证工作面机械设备与人员的安全，要对顶板进行支撑和管理，以防止工作空间内的顶板垮落、冒顶。

煤矿的顶板支护设备按其发展过程，主要包括金属摩擦支柱、单体液压支柱和自移式液压支架三大类。其中，金属摩擦支柱是有着很长历史的矿山支护设备，主要用于普采工作面。进入20世纪90年代以后，金属摩擦支柱逐渐被性能更为可靠的单体液压支柱替换，2009年之后，国家规定禁止在回采工作面使用。单体液压支柱的结构比较简单，体积小、重量轻，搬移、支护方便，承载力较大，广泛应用于高档普采工作面。

自移式液压支架由金属构件和若干液压组件组成。它以高压液体作为动力，能实现支撑、切顶、自移和推溜等工序，与大功率采煤机、大运量可弯曲输送机配套实现回采工作面的综合机械化。

采用液压支架装备的工作面具有产量大、效率高、安全性好等优点，并为工作面进一步实现自动化创造了条件。但是，液压支架也存在着一些缺点，如使用灵活性差、对煤层地质条件要求较高、生产技术条件要求较严、初期投资大等。在缓倾斜煤层地质条件比较简单，煤层顶底板又比较稳定的煤层，液压支架得到了广泛使用。

2. 采煤工作面顶板的组成及其分类

（1）顶板的组成

采煤工作面的顶板，根据岩层和煤层的相对位置及其特征，可分为伪顶、直接顶和基本顶三种。

1）伪顶

伪顶是紧贴煤层之上的，极易随煤炭的采出而同时垮落的较薄岩层，厚度一般为0.3～0.5 m，多由页岩、炭质页岩等组成。有些煤层不出现伪顶，伪顶对支护设备的使用一般无影响。

2）直接顶

直接顶是直接位于伪顶或煤层（如无伪顶）之上的岩层，常随着回撤支架而垮落，厚度一般为1～2 m，多由泥岩、页岩、粉砂岩等较易垮落的岩石组成。直接顶的稳定性对支护方式及液压支架选型有决定性的影响。

3）基本顶

基本顶又叫老顶，是位于直接顶之上或直接位于煤层之上的厚而坚硬的岩层，通常由砂岩、砾岩、石灰岩等坚硬的岩石组成。基本顶常在采空区上方悬露一段时间，直到达到相当面积之后才能垮落一次，其垮落步距的长短对支护设备的载荷大小有决定性影响。

（2）顶板的分类

1）直接顶的分类

我国将缓倾斜煤层采煤工作面的直接顶分为如下四类：

①不稳定顶板（即破碎顶板）。这类顶板很容易冒落，且一旦冒落能基本充满采空区，如泥质页岩、再生岩等顶板。

②中等稳定顶板。这类顶板强度较高，但有大量节理裂隙，局部较完整，厚度不大，冒

落后不会充满采空区，一般在支护设备前移后随即冒落，如砂质页岩、粉砂岩等软弱直接顶。

③稳定顶板（即完整顶板）。这类顶板不易发生局部冒落，如砂岩顶板、坚硬的砂质页岩顶板等。

④坚硬顶板。这类顶板极难冒落，如坚硬砂岩、砾岩等顶板。

2）基本顶分级

基本顶根据周期来压明显与否分为如下四级：

①Ⅰ级顶板，周期来压不明显。

②Ⅱ级顶板，周期来压明显。

③Ⅲ级顶板，周期来压强烈。

④Ⅳ级顶板，周期来压极强烈。

基本顶周期来压越不明显，作用于支护设备上的载荷就越小而且稳定。反之，周期来压越强烈，作用于支护设备上的载荷就越大，且有冲击力。

二、液压支架的分类

1. 按与围岩的相互作用关系分类

根据与围岩的相互作用关系，液压支架可以分为支撑式液压支架、掩护式液压支架和支撑掩护式液压支架三种类型，如图 4-1 所示。

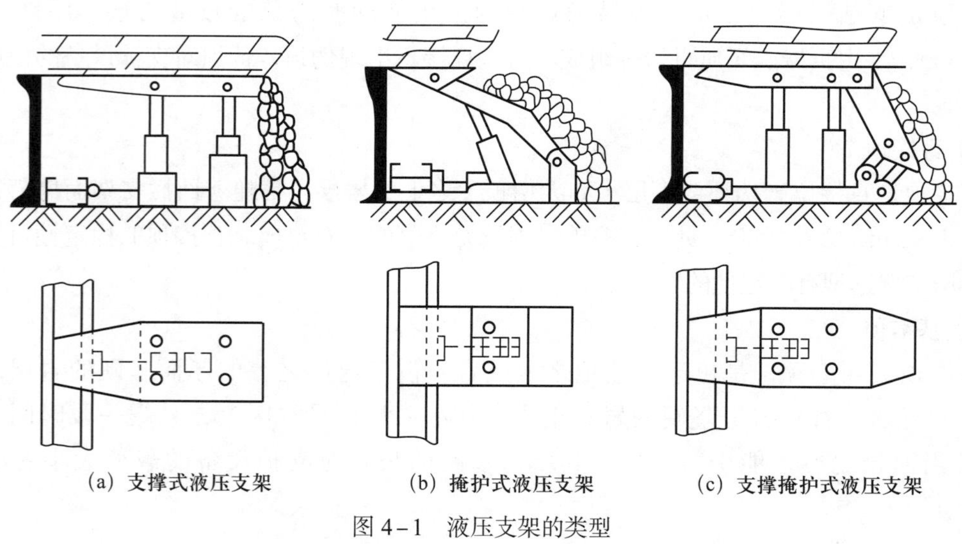

(a) 支撑式液压支架　(b) 掩护式液压支架　(c) 支撑掩护式液压支架

图 4-1　液压支架的类型

（1）支撑式液压支架

支撑式液压支架利用立柱与顶梁直接支撑和控制工作面的顶板，如图 4-1（a）所示。其顶梁长度为 4 m 左右，立柱 4～6 根，垂直布置，支架后有挡矸装置，底座有复位装置。支撑式液压支架的优点是：支撑力大；作用点在支架的中后部，切顶性能好；作业空间通风断面大。其缺点是：对顶板重复支撑次数较多，易压碎顶板；抵抗水平载荷的能力较差；架间不接触、不密封，容易漏矸，安全性差。支撑式液压支架适用于直接顶稳定或坚硬、基本顶周期来压明显或强烈、水平力小、底板较硬的煤层。

（2）掩护式液压支架

掩护式液压支架利用立柱、顶梁与掩护梁来支护顶板和防止冒落岩石进入工作面，如图 4-1（b）所示。其顶梁较短，立柱较少，多呈倾斜布置，增加了支架的调高范围。掩护式液压支架的优点是：支撑效率高；顶梁后端与掩护梁铰接，顶梁和掩护梁侧面都装有活动侧护板，故挡矸性能好；平衡千斤顶设在顶梁与掩护梁之间，支架底座前端对底板的比压较大，支架掩护性和稳定性较好；调高范围大。其缺点是支撑力较小；切顶性能差。掩护式液压支架适用于顶板松散不稳定或中等稳定、底板较松软、基本顶周期来压不明显、瓦斯含量少的破碎顶板条件的煤层。

（3）支撑掩护式液压支架

支撑掩护式液压支架综合了支撑式液压支架和掩护式液压支架的特点，它以支撑为主，掩护为辅，如图 4-1（c）所示。其顶梁由前梁与主梁构成，顶梁较长，设立柱 4 根，立柱支撑在顶梁和立柱之间，呈垂直或近垂直状态布置。掩护梁上端与顶梁铰接，下端用连杆与底座相连。支撑掩护式液压支架的优点是：支撑力较大；切顶性能好；通风断面大；掩护性和稳定性较好。其缺点是：结构较复杂；重量大；价格较贵。支撑掩护式液压支架适用于直接顶中等稳定或稳定、基本顶有较明显的周期来压、底板中等稳定的煤层。

2. 按特种功能分类

（1）放顶煤液压支架

放顶煤液压支架用于特厚煤层采用垮落开采时支护顶板和放顶煤，如图 4-2 所示。这类生产是利用与放顶煤液压支架配套的采煤机和工作面输送机开采底部煤，上部煤在矿山压力的作用下将其压碎而垮落，垮落的煤通过放顶煤液压支架尾梁和插板流入工作面输送机。

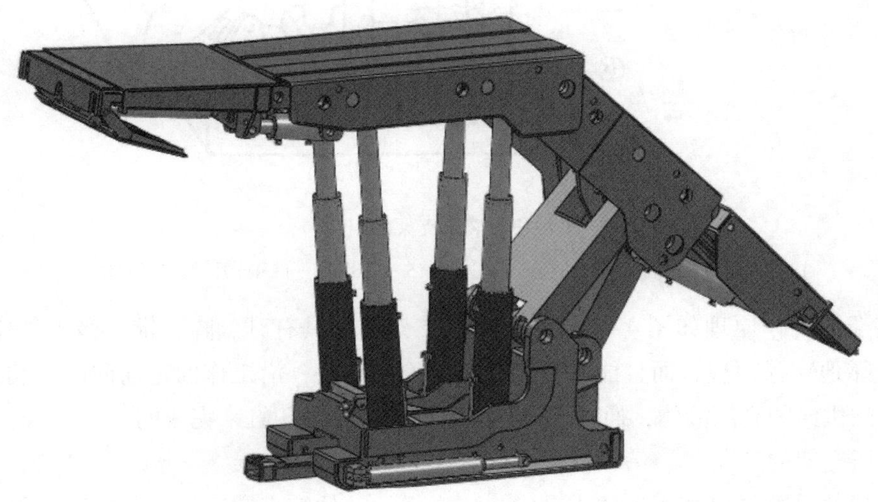

图 4-2　放顶煤液压支架

（2）铺网液压支架

铺网液压支架是用于在特厚煤层分层开采时，既能支护顶板又能自动铺联网的液压支架。它是在一般掩护式或支撑掩护式液压支架基础上再增设铺网机构而形成的。

（3）“三软”液压支架

“三软”液压支架是指适用于“三软”煤层的液压支架。“三软”煤层是指煤质软（易片帮）、顶板软（破碎不稳定）、底板软（易陷底）的煤层。

3. 按使用地点分类

（1）端头液压支架

这类液压支架是在工作面与上下顺槽连接处使用的支护设备。

（2）工作面液压支架

这类液压支架布置在工作面内，用来支护工作面的顶板。

三、液压支架的工作原理及其主要部件

1. 液压支架的工作原理

如图 4-3 所示，液压支架由顶梁、前梁、掩护梁、立柱、底座、推移千斤顶、连杆及各种附属装置等组成，顶梁和底座通过数根立柱支撑在顶板与底板之间，构成一个可移动的刚性架体，支撑顶板并形成一定的工作空间。

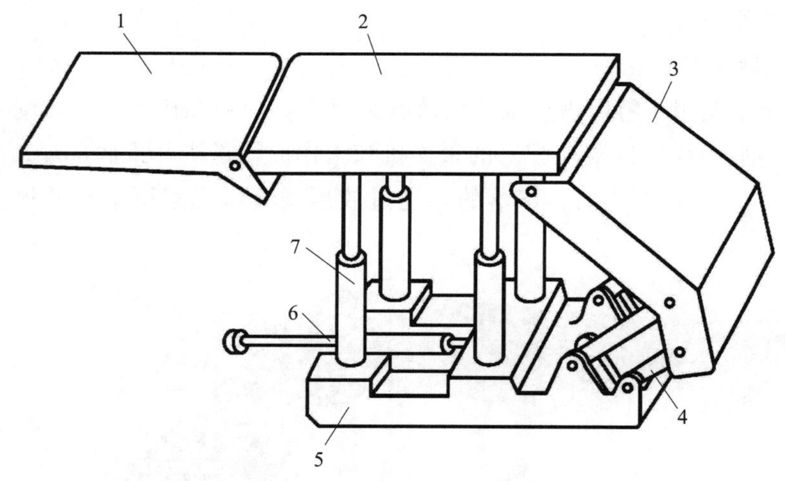

图 4-3 液压支架的组成

1—前梁；2—顶梁；3—掩护梁；4—连杆；5—底座；6—推移千斤顶；7—立柱

液压支架的工作原理如图 4-4 所示。液压支架必须具有升、降、推、移 4 个基本动作，使其能够可靠地支撑顶板，而且能随着回采工作面的推进，沿工作面走向向前移动。这些动作是利用泵站供给的高压液体，通过工作性质不同的几个液压缸来完成的。

（1）液压支架的升降

液压支架的升降是以高压液体为动力，依靠立柱的伸缩来实现的。若操纵阀处于升柱位置，由泵站输送来的高压液体，经液控单向阀进入立柱的下腔，同时立柱上腔排液，于是立

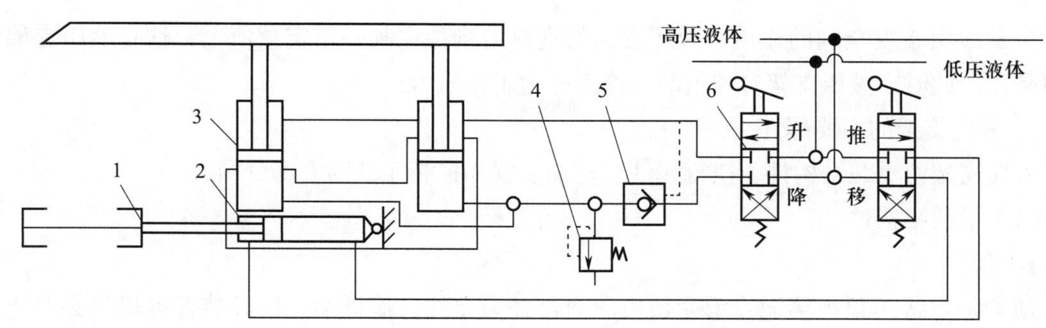

图 4–4　液压支架的工作原理

1—输送机；2—推移千斤顶；3—立柱；4—安全阀；5—液控单向阀；6—操纵阀

柱活塞和顶梁升起，支撑顶板。当顶梁接触顶板，立柱下腔的压力达到泵站的工作压力后，把操纵阀置于中间位置，液控单向阀关闭，立柱下腔的液体被封闭，这就是液压支架初撑阶段。液压支架初撑后，随着顶板缓慢下沉，顶板对液压支架的压力不断增加，液压支架受到弹性压缩，当操纵阀处于降架位置时，高压液体进入立柱上腔。同时，打开液控单向阀，立柱下腔排液，于是立柱活塞或支架就卸载下降。

（2）液压支架的推移

推移动作包括推移液压支架和输送机。图 4–4 所示为支架与输送机互为支点的推移方式，其移架与推溜共用一个推移千斤顶，该千斤顶的两端分别与支架底座和输送机相连。当支架卸载，并向推移千斤顶的活塞杆腔输入高压液体，而活塞腔回液时，就以输送机为支点，拉架前移；当液压支架支撑顶板，并向千斤顶的活塞腔进液，活塞杆腔排液时，就以液压支架为支点，把输送机推移到新的位置。

（3）液压支架的承载过程

液压支架的承载过程是指液压支架与顶板之间相互力学作用的过程，包括初撑、承载增阻和恒阻三个阶段。

1）初撑阶段

在升架过程中，当液压支架的顶梁接触顶板，直到立柱下腔的液体压力逐渐上升到泵站工作压力时，停止供液，液控单向阀关闭，这一过程为液压支架的初撑阶段。此时，液压支架对顶板的支撑力为初撑力。合理的初撑力是防止直接顶过早地因下沉而离层破碎、减缓顶板下沉速度、增加其稳定性和保证安全生产的关键。

2）承载增阻阶段

液压支架初撑结束后，随着顶板的缓慢下沉，顶板对液压支架的压力不断增加，立柱下腔液体压力逐渐升高，液压支架受到弹性压缩，并由于缸壁的弹性变形使缸径产生弹性变形，液压支架对顶板的支撑力也随之增大，呈现增阻状态。

3）恒阻阶段

随着顶板压力的进一步增加，立柱下腔的液体压力越来越高。当升高到安全阀的调定压力时，安全阀打开溢流，立柱下缩，液体压力随之降低。随着顶板的继续下沉，安全阀重复这一过程。由于安全阀的作用，液压支架的支撑力维持在某一恒定数值上，这是液压支架的恒阻阶段。此时，液压支架对顶板的支撑力称为工作阻力。

2. 液压支架的主要部件

液压支架由承载结构件、执行元件、辅助装置和控制元件四大部分构成。

（1）承载结构件

1）顶梁

顶梁是直接与顶板接触，承受顶板压力，并为立柱、掩护梁、挡矸装置等提供必要连接点的部件。液压支架常用的顶梁形式有三种，即整体顶梁、铰接式顶梁和楔形结构顶梁。

2）掩护梁

掩护梁是掩护式液压支架和支撑掩护式液压支架的重要承载结构件，其作用是隔离采空区，掩护工作空间，防止采空区垮落的矸石进入工作面，同时承受采空区部分垮落矸石的纵向载荷以及顶板来压时作用在液压支架上的横向载荷。当顶板不平整或者液压支架倾斜时，掩护梁还将承受扭转载荷。

3）底座

底座是将液压支架承受的顶板压力传至底板并稳固支架的承载部件，应具有足够的强度和刚度，对底板起伏不平的适应性要强，对底板的平均接触比压要小，要有一定的重量和面积来保证液压支架的稳定性。底座前端均做成滑橇形，可减小液压支架的移动阻力，避免在移架时出现啃底现象。底座与立柱均采用球面接触，并用限位板或销轴限位，以防止因立柱偏斜而受到横向载荷，或防止液压支架在升降过程中立柱脱出柱窝。

4）四连杆机构

液压支架的掩护梁与底座之间用前后连杆连接形成四连杆机构。当液压支架升降时，借助四连杆机构可使液压支架顶梁前端点的运动轨迹呈近似双纽线，从而使液压支架顶梁前端点与煤壁间距离的变化减小，提高了管理顶板的能力。四连杆机构还能使液压支架承受较大的水平力。为了保持液压支架梁端距的稳定，一般应控制梁端摆动幅度为 30～80 mm。液压支架的纵向稳定性完全是由四连杆机构决定的，而不是取决于立柱的多少。

（2）执行元件

1）立柱

立柱是液压支架实现支撑和承载的主要部件，直接影响到液压支架的工作性能。因此，立柱除应具有合理的工作阻力和可靠的工作性能外，还必须有足够的抗压和抗弯强度、良好的密封性能，且结构简单、使用维护方便。

立柱按伸缩数分为单伸缩立柱和双伸缩立柱，按供液方式有内供液立柱和外供液立柱。双伸缩立柱采用内供液方式，其调高范围大，但结构复杂；单伸缩立柱多为外供液方式，其结构简单，加工维护方便。

2）千斤顶

除了立柱外的液压缸都可以称为千斤顶。其中，前梁、侧推、护帮和防倒千斤顶的导向套与缸体之间使用钢丝挡圈固定，活塞与活塞杆之间利用压紧帽通过螺纹连接。推移千斤顶

在液压支架内采用倒置方式，即缸体与液压支架底座前连接，而活塞杆与长框架后端连接，长框架另一端与输送机连接。

（3）辅助装置

1）侧护装置

侧护装置的作用是消除液压支架间隙，防止顶板破碎矸石落入架下工作空间。液压支架侧护装置一般由侧护板、弹簧筒、侧推千斤顶、导向杆和连接销轴等组成。

2）推移装置

推移装置是液压支架必备的辅助装置，担负着推移输送机和移架任务。推移装置由推移杆、推移液压缸和连接头等主要零部件组成，常用的推移杆有正拉式短推移杆和倒拉式长推移杆两种。

3）护帮装置

煤层节理发育、质软或顶板压力较大时，往往会出现煤壁片帮和梁端冒顶，影响综采效率和工人安全，需要使用护帮装置。护帮装置主要有简单铰接式护帮装置和四连杆式护帮装置。简单铰接式护帮装置结构简单，但挑起力矩小，且当顶梁或前梁带伸缩梁时，厚度较大，难以实现挑起。四连杆式护帮装置挑起力矩大，但结构相对复杂。

4）防滑防倒装置

当工作面倾角较大时，需要采用防滑防倒装置来防止液压支架倾斜和下滑。防滑防倒装置是利用装设在液压支架上的防滑防倒千斤顶在调架时产生一定的推力，以防液压支架下滑、倾倒并进行架间调整的一种装置。

（4）控制元件

1）液控单向阀

液控单向阀如图 4－5 所示，可利用其闭锁原理控制立柱下腔液体的工作状态：立柱初撑时，可使工作液体进入立柱下腔产生初撑力；立柱承载时，可封闭下腔的工作液体，产生与工作阻力相对应的压力；立柱卸载时，可使下腔液体排出。对液控单向阀的基本要求是密封可靠、动作灵敏、流动阻力小、工作寿命长、结构简单等。

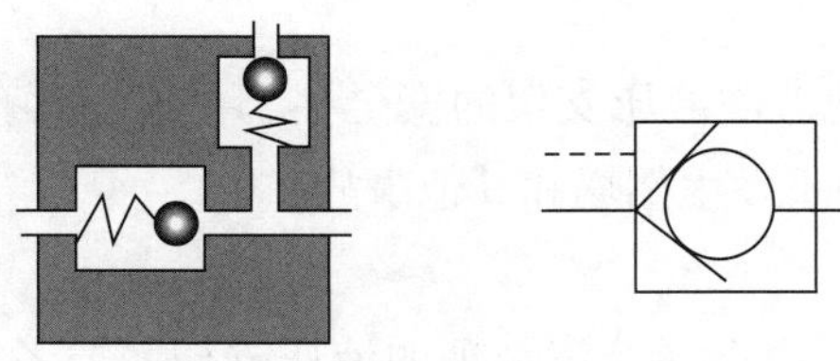

图 4－5　液控单向阀

2）操纵阀

操纵阀如图 4－6 所示，主要利用其完成液压系统中的油路控制，实现液压执行元件的最终工作过程。因此，对操纵阀的基本要求是密封性能好、操纵力小、工作可靠、操作方便。操纵阀的机能、通路和位数必须满足液压支架的动作要求。操纵阀的机能，一般在停止位置时，各个通路应全部回液；在工作位置时，除工作通路进液外，其余通路应全部回液。因此，操纵阀上有一个高压进液口和一个低压回液口。

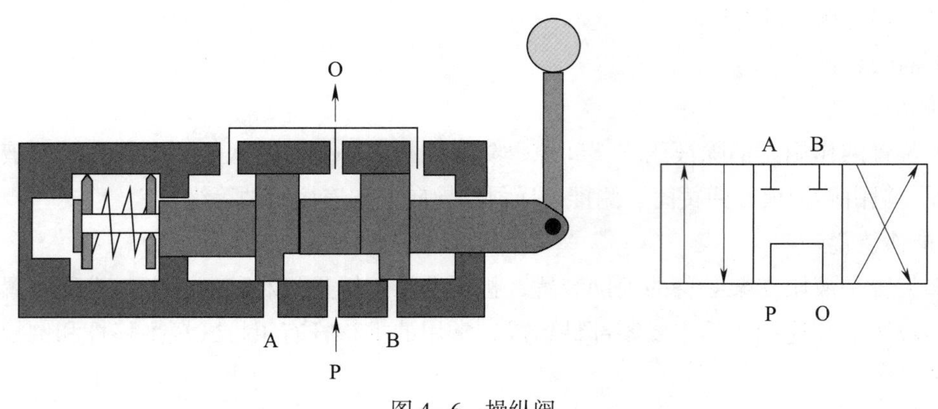

图 4-6　操纵阀

3）安全阀

安全阀如图 4-7 所示，它是使立柱、千斤顶乃至液压支架保持恒阻工作性能的关键元件。安全阀在液压支架中的作用是防止立柱或液压支架过载，保证液压支架安全地工作。

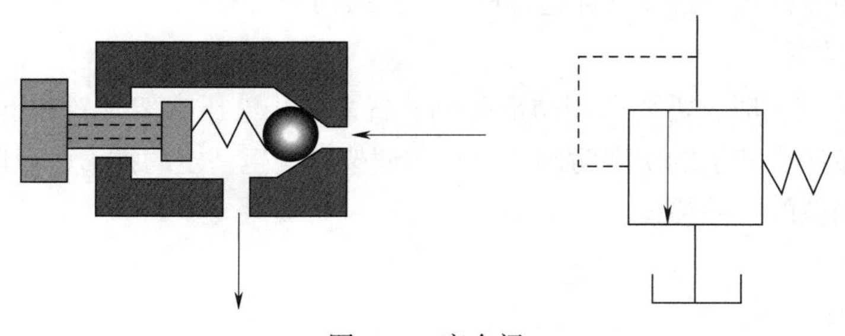

图 4-7　安全阀

四、液压支架的选型

1. 液压支架选型的基本原则

（1）安全性原则

在选型过程中，必须优先考虑液压支架的安全性。要选择具有良好稳定性和承载能力的液压支架，确保在采煤过程中不发生倒塌和其他事故。

（2）经济性原则

在满足安全性的前提下，应选择经济合理的液压支架。要考虑到液压支架的购买成本、维护成本以及使用寿命等因素，选择具有较高性价比的产品。

（3）适应性原则

根据实际工作面条件和采煤机参数，选择适应性强的液压支架。要考虑到不同地质条件下的变化，选型时应选择具有一定适应性和调整能力的产品。

（4）可靠性原则

在选型过程中，要考虑液压支架的可靠性。要选择具有良好品牌声誉、质量可靠、维修方便等特点的产品，降低故障率，提高生产效率。

（5）环保性原则

在选型过程中，要考虑液压支架的环保性能，选择具有低噪声、低排放、节能等特点的产品，减少对环境的影响。

2. 架型的选择

正确选择液压支架的架型，对于提高综采工作面的产量和效率，充分发挥综采设计的效能，实现高产高效具有重要意义。在具体进行架型选择时，首先要考虑煤层的顶板条件，它是选择液压支架架型的主要依据。表 4－1 就是根据国内外液压支架的使用经验，提出的适应不同等级顶板的液压支架架型和支护强度。

液压支架架型的选择除了取决于顶板等级外，还应考虑以下因素，并结合各类液压支架的不同性能和特点，最终选择一种较为合理的架型。

表 4－1　适应不同等级顶板的液压支架架型和支护强度

<table>
<tr><td colspan="3">基本顶级别</td><td colspan="3">Ⅰ</td><td colspan="3">Ⅱ</td><td colspan="4">Ⅲ</td><td>Ⅳ</td></tr>
<tr><td colspan="3">直接顶类别</td><td>1</td><td>2</td><td>3</td><td>1</td><td>2</td><td>3</td><td>1</td><td>2</td><td>3</td><td>4</td><td>1</td></tr>
<tr><td colspan="3">液压支架架型</td><td>掩护式</td><td>掩护式</td><td>支撑掩护式</td><td>掩护式</td><td>掩护式</td><td>支撑掩护式</td><td>掩护式</td><td>掩护式</td><td>支撑掩护式</td><td>支撑掩护式</td><td>支撑掩护式
强力掩护式</td></tr>
<tr><td rowspan="6">液压支架支护强度（MPa）</td><td rowspan="6">采高（m）</td><td>1</td><td colspan="3">0.3</td><td colspan="3">1.3 × 0.3</td><td colspan="4">1.6 × 0.3</td><td>≥2 × 0.3</td></tr>
<tr><td>2</td><td colspan="3">0.35（0.25）</td><td colspan="3">1.3 × 0.35（0.25）</td><td colspan="4">1.6 × 0.35（0.25）</td><td>≥2 × 0.35</td></tr>
<tr><td>3</td><td colspan="3">0.45（0.35）</td><td colspan="3">1.3 × 0.45（0.35）</td><td colspan="4">1.6 × 0.45（0.35）</td><td>≥2 × 0.45</td></tr>
<tr><td>4</td><td colspan="3">0.55（0.45）</td><td colspan="3">1.3 × 0.55（0.45）</td><td colspan="4">1.6 × 0.55（0.45）</td><td>≥2 × 0.55</td></tr>
<tr><td>5</td><td colspan="3">0.65（0.55）</td><td colspan="3">1.3 × 0.65（0.55）</td><td colspan="4">1.6 × 0.65（0.55）</td><td>≥2 × 0.65</td></tr>
<tr><td>6</td><td colspan="3">0.75（0.65）</td><td colspan="3">1.3 × 0.75（0.65）</td><td colspan="4">1.6 × 0.75（0.65）</td><td>≥2 × 0.75</td></tr>
</table>

注：括号内的数据为掩护式液压支架的支护强度。

（1）煤层厚度

煤层厚度不但直接影响液压支架的高度和工作阻力，而且还影响液压支架的稳定性。当煤层厚度大于 2.5～2.8 m（软煤取下限，硬煤取上限）时，应选用抗水平推力强且带护帮装置的掩护式液压支架或支撑掩护式液压支架。当煤层厚度变化较大时，应选用调高范围大的液压支架。

（2）煤层倾角

煤层倾角主要影响液压支架的稳定性，倾角大时易发生倾倒、下滑等现象。当煤层倾角为 10°～15° 时，应设防滑和调架装置；当倾角超过 18° 时，应同时设防滑防倒装置。

（3）底板性质

底板承受液压支架的全部载荷，对液压支架的底座影响较大，底板的软硬和平整性，基本上决定了液压支架底座的结构和支承面积。液压支架选型时，要验算底座对底板的接触比压，其值要小于底板的允许比压。

（4）瓦斯涌出量

对于瓦斯涌出量大的工作面，液压支架的通风断面应满足通风的要求，选型时要进行验算。

（5）地质构造

地质构造十分复杂、煤层厚度变化又较大，且顶板允许暴露面积和暴露时间分别为 5～8 m^2 和 20 min 以下时，暂不宜采用液压支架。

（6）设备成本

在满足有关要求的前提下，应选用价格便宜的液压支架。

此外，对于特定的开采要求，应选用特种液压支架。例如：在进行厚煤层分层开采时，应选用铺网液压支架；在进行冒落法开采时，应选用放顶煤液压支架；在工作面端头进行支护时，应选用端头液压支架等。

在现代综采过程中，液压支架是重要的支护设备，其选型的好与坏也是关系矿井高产高效的关键性因素。由于地质条件的复杂性和矿压观测的模糊性，使得液压支架呈现出多样化、大流量化发展趋势，并且随着安全生产越来越被重视，液压支架已成为现代煤矿生产中的关键因素，从设计和选型上也要突出考虑这一关键因素。液压支架的选型是一门综合性的学问，涉及煤矿地质和机械制造等学科，应根据煤矿实际条件具体实施。

第二节　单体液压支柱与滑移顶梁支架

一、单体液压支柱

单体液压支柱是利用液体压力产生工作阻力，并实现升柱和卸载的单根可缩性支柱。单体液压支柱适用于倾角小于 25° 的缓倾斜煤层的工作面，它在工作面的布置方式如图 4－8 所示。

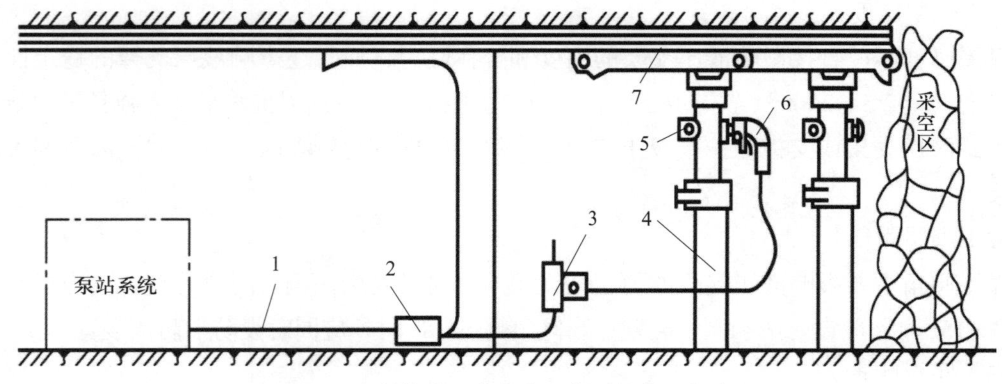

图 4－8　单体液压支柱在工作面的布置方式

1—供液管；2、3—控制阀；4—单体液压支柱；5—三用阀；6—注油枪；7—滑移顶梁

单体液压支柱得以广泛使用，是因为它具有体积小、支护可靠、使用与维修都很方便等优点。它既可与滑移顶梁支架配套用于普通机械化采煤工作面的顶板支护，又可用于综采工作面的端头支护以及工作面易冒落处的临时支护。

单体液压支柱按供液方式可分为内注式单体液压支柱和外注式单体液压支柱两大类。内注式单体液压支柱是利用其自身所配备的手摇泵将柱内储油腔里的液压油吸入泵中，加压后再输入到工作腔，使活柱伸出。外注式单体液压支柱则是利用注液枪将来自泵站的高压乳化液注入支柱的工作腔，使活柱伸出。外注式单体液压支柱结构简单、质量小、升柱速度快，从而得到广泛使用。内注式单体液压支柱无外管路、灵活性强、油液消耗量少，但因其结构复杂、成本高、质量大、维修困难、升柱速度慢，故在实际中使用较少。

1. 单体液压支柱的基本结构

单体液压支柱具有较大的初撑力和恒定的工作阻力，与金属铰接顶梁配合，主要用于薄煤层及中厚煤层的长壁工作面。内注式和外注式单体液压支柱的工作原理、性能和回柱方式基本相同，只是在结构、工作介质上有所不同。在此以 DZ 型外注式单体液压支柱为例介绍其基本结构。

DZ 型外注式单体液压支柱的结构如图 4-9 所示。它主要由顶盖、三用阀、活柱、缸体、复位弹簧、活塞、底座等组成。顶盖用销与活柱相连接，活柱装于缸体内。活柱上部装有一个三用阀，下端利用弹簧钢丝连接着活塞，在活柱筒内顶端与底座之间挂着复位弹簧，依靠外注压力乳化液和复位弹簧完成伸缩动作，在缸体的缸口处连接一个缸口盖，下缸口处由底座封闭。

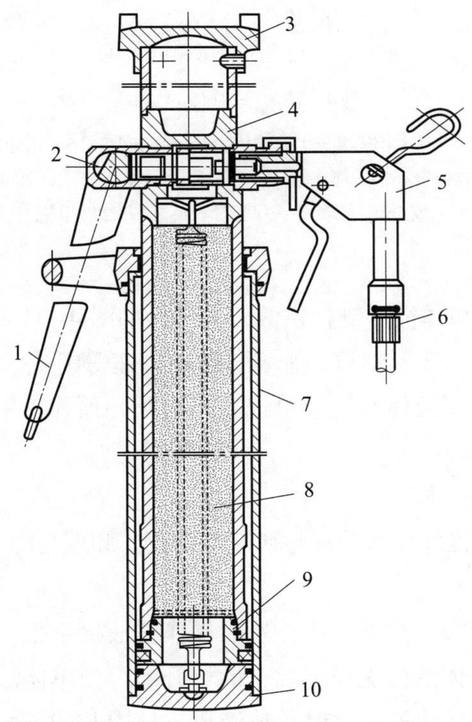

图 4-9　DZ 型外注式单体液压支柱的结构

1—卸载手柄；2—三用阀；3—顶盖；4—活柱；5—注液枪；6—供液管；7—缸体；8—复位弹簧；9—活塞；10—底座

2. 单体液压支柱的配套部件

（1）三用阀

三用阀是单体液压支柱的关键部件之一，其主要功用是：进液单向阀起注液升柱的功用，并保证支柱的增阻特性；安全阀起过载溢流的功用，并保证支柱的恒阻特性；卸载阀起卸液降柱的功用。

图 4-10 所示为三用阀的结构，它主要由单向阀、安全阀和卸载阀组成，分别承担支柱的注液升柱、过载保护和卸载降柱功能。单向阀主要由钢球、单向阀弹簧、单向阀垫和单向阀体等组成，安全阀主要由安全阀针、安全阀垫、阀座、六角导向块、安全阀弹簧等组成，卸载阀主要由连接螺杆、卸载阀垫、卸载弹簧等组成。卸载时，扳动卸载手把，安全阀套右移，压缩卸载弹簧，使卸载阀垫与右阀体内的台阶脱开，活柱内高压液体从此间隙中排出，支柱下降。

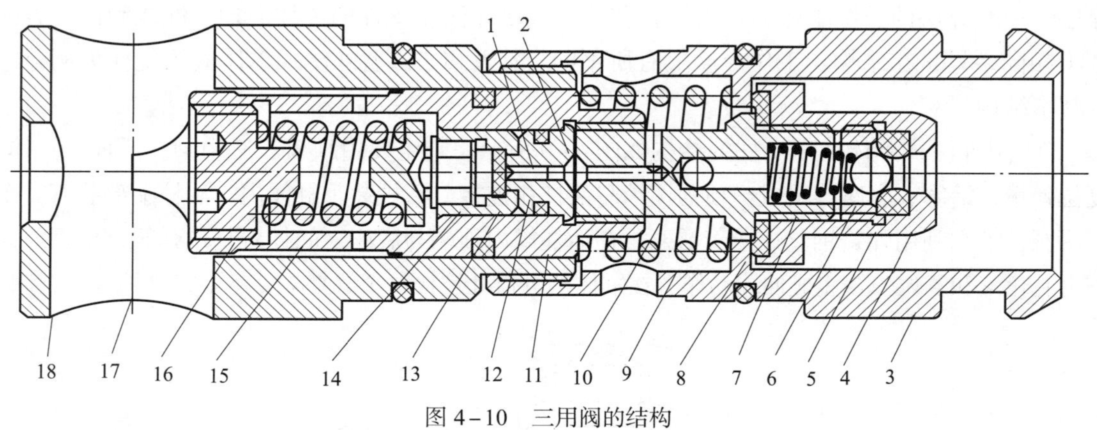

图 4-10　三用阀的结构

1—阀座；2—滤网；3—右阀体；4—单向阀体；5—单向阀垫；6—钢球；7—单向阀弹簧；8—卸载阀垫；9—卸载弹簧；10—连接螺杆；11—安全阀套；12—安全阀针；13—安全阀垫；14—六角导向块；15—安全阀弹簧；16—调压螺钉；17—卸载手把安装孔；18—左阀体

（2）注液枪

注液枪的主要功用是向单体液压支柱供液，其结构如图 4-11 所示。它主要由注液管、锁紧套、手把、顶杆、隔离套、压紧螺钉、弹簧、单向阀座等组成。注液升柱时，将注液管插入三用阀中，扳动手把，高压液体经注液枪进入三用阀，顶开三用阀中单向阀进入单体液压支柱。松开手把则截断供液。

3. 单体液压支柱的工作过程

单体液压支柱的工作过程可分为升柱与初撑、承载、卸载与降柱三个步骤。

（1）升柱与初撑

首先将注液枪插入三用阀的注液孔中；然后操作注液枪手把，乳化液由供液管经注液枪和三用阀中的单向阀进入单体液压支柱下腔，活柱升起。当单体液压支柱撑紧顶板不再升高时，松开注液枪手把，拔出注液枪。这时单体液压支柱内腔的压力为泵站压力，单体液压支柱给予顶板的支撑力为初撑力。

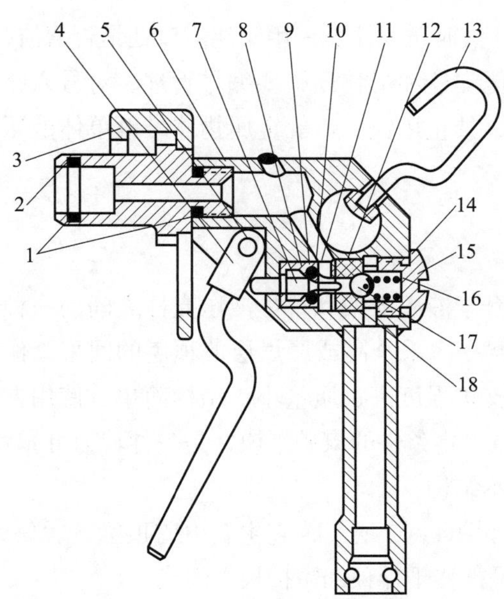

图 4-11 注液枪的结构

1、8、11、12、14—O 形密封圈；2—注液管；3—锁紧套；4—手把；5—柱销；6—阀体组；7—顶杆；9—隔离套；10—防挤圈；13—挂钩；15—压紧螺钉；16—弹簧；17—单向阀芯；18—单向阀座

（2）承载

初撑后顶板的压力不断增大，支撑力也不断增大，当顶板压力超过三用阀中安全阀限定的单体液压支柱工作阻力时，安全阀打开，液体外溢，支柱内腔压力随之降低，单体液压支柱下缩。当单体液压支柱所受载荷低于额定工作阻力时，安全阀关闭，腔内液体停止外溢。上述现象在单体液压支柱支护过程中重复出现，因此单体液压支柱的载荷始终保持在额定工作阻力左右。

（3）卸载与降柱

回柱时，将卸载手柄插入三用阀的左阀筒的孔中，转动卸载手柄，打开三用阀中的卸载阀。柱内的高压液体就由卸载阀排到柱外采空区内，不予收回。活柱在其自重和复位弹簧的作用下回缩，完成降柱过程。

4. 使用单体液压支柱的基本要求

（1）要根据工作面的采高，选择合适的单体液压支柱规格，并按工作面顶板压力的大小确定合理的支护高度。

（2）同一工作面选择的单体液压支柱应为同型号、同规格。单体液压支柱在下井使用前，必须经过试验并达到出厂试验要求方能使用。

（3）严格按单体液压支柱支护规程操作，确保架设质量。要做到横成排、竖成行，且排距与行距均匀，垂直顶板、底板支设。

（4）使用单体液压支柱时，应排出缸体内的空气，注意检查乳化液泵站的工作情况，并保证每根柱子都达到其初撑力，这是管好工作面顶板的关键。

（5）给单体液压支柱注液时，要注意三用阀注液口处是否清洁，一般先冲洗再插枪注液。

（6）工作面的单体液压支柱和滑移顶梁要编号管理、对号入座。应由作业人员分段负责架设和管理单体液压支柱，禁止用锤、镐等金属物体敲砸单体液压支柱，运输过程不准随意摔砸，以免损坏柱体。

二、滑移顶梁支架

滑移顶梁支架是一种介于液压支架和单体液压支柱之间的一种液压支护设备，适用于倾角小于25°缓倾斜中厚煤层一次采全高或厚煤层放顶煤的回采工作面。因滑移顶梁支架的整体性较好、支护面较大、支护强度高、质量小、结构简单、使用方便、成本低，所以对不适宜布置综采工作面或不具备一定条件的煤矿来说，是一种较为可靠和理想的支护设备。

1. 滑移顶梁支架的基本结构

滑移顶梁支架的结构如图4－12所示，它主要由前顶梁、后顶梁、前梁立柱、后梁立柱、后掩护柱、弹簧钢板、水平推移千斤顶和防护板等组成。

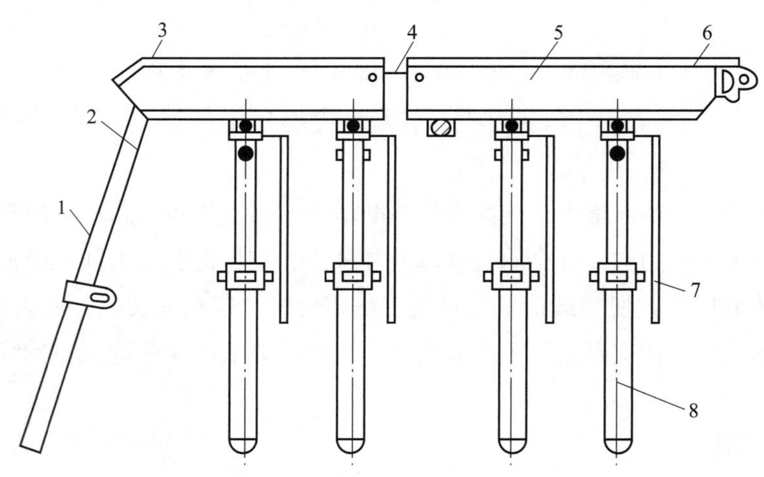

图4－12　滑移顶梁支架的结构

1—后梁立柱；2—后掩护柱；3—后顶梁；4—弹簧钢板；5—水平推移千斤顶；6—前顶梁；7—防护板；8—前梁立柱

前后顶梁均为矩形空腹件，前顶梁前端为可与金属顶梁铰接的鸟头结构。在前后顶梁下面分别铰接了两个立柱，前后立柱结构相同，为双作用单伸缩液压缸，一般由外注式单体液压支柱改装而成，在活柱的上端装有三用阀，在缸口盖上安装有缸口阀。

水平推移千斤顶是双作用液压缸，安装在前顶梁腹腔内，活塞杆朝前，缸体后端与前顶梁铰接，并安装有双向阀。

弹簧钢板是连接前后顶梁的部件，也是滑移顶梁支架实现自移的主要部件之一。其两端分别插在两顶梁的腹内，前端与水平推移千斤顶活塞杆铰接，后端则与后顶梁铰接。

2. 移架过程

滑移顶梁支架的整个移架过程可分为6个步骤，如图4－13所示。

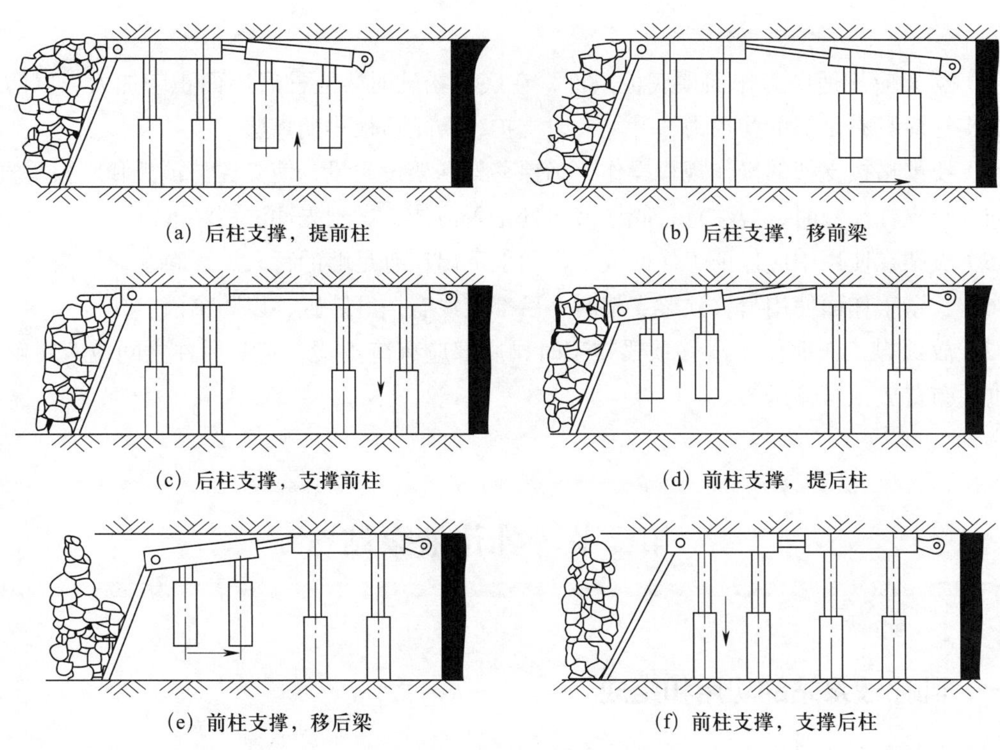
(a) 后柱支撑，提前柱　(b) 后柱支撑，移前梁
(c) 后柱支撑，支撑前柱　(d) 前柱支撑，提后柱
(e) 前柱支撑，移后梁　(f) 前柱支撑，支撑后柱

图 4－13　滑移顶梁支架的移架过程

（1）后柱支撑，提前柱，如图 4－13（a）所示。开启泵站，用注液枪向前柱缸口阀注液嘴注液，同时用卸载手把打开同一柱上三用阀的卸载阀，前柱即可提起。在操作时，前柱要逐根提起。

（2）后柱支撑，移前梁，如图 4－13（b）所示。前柱提起后，将注液枪插进双向阀上连通推移千斤顶活塞杆腔的注液嘴，并向活塞杆腔内注液。因活塞杆通过弹簧钢板连接而不能动，所以千斤顶缸体带动前梁一同前移。

（3）后柱支撑，支撑前柱，如图 4－13（c）所示。前梁移到位后，将注液枪拔出，再插入前柱三用阀注液嘴注液，同时活塞杆腔的液体从缸口阀喷出，立柱活塞杆伸出，重新将前梁支撑好并达到初撑力。

（4）前柱支撑，提后柱，如图 4－13（d）所示。用注液枪在后柱缸口阀注液嘴注液，同时用卸载手把打开同一柱上的三用阀的卸载阀，后柱即可提起。在操作时，后柱也要逐根提起。

（5）前柱支撑，移后梁，如图 4－13（e）所示。将注液枪插入双向阀的另一注液嘴向活塞腔内注液，水平推移千斤顶活塞杆伸出，通过弹簧钢板带动后梁前移。

（6）前柱支撑，支撑后柱，如图 4－13（f）所示。将注液枪依次插入两个后立柱三用阀的注液嘴，同时活塞杆腔的液体从缸口阀注液处喷出，活塞杆伸出，后梁即被支撑好并达到初撑力。

3. 滑移顶梁支架使用的基本要求

（1）滑移顶梁支架在入井使用前，应进行试验并达到出厂性能要求，以保证足够的支护强度。

（2）支架应能适应工作面顶底板条件，在底板松软时，立柱底座面积应加大，以防支柱扎底。支柱应具有足够的初撑力，并能及时支护，防止顶板早期离层。

（3）要严格按支架的操作规程操作，确保移架和架设质量，使支柱与顶板和底板垂直。

（4）给支柱注液时，应注意各阀注液口处是否清洁，做到先冲洗后注液。

（5）支架在使用中应保证工作面或工作面上下出口有足够的行人、运料和通风空间。

（6）长壁工作面使用滑移顶梁支架时，后部应设有挡矸装置，以防窜液。

（7）放顶煤工作面使用滑移顶梁支架时，后部应有掩护梁，它与后柱之间应有足够的空间，以便布置放顶煤输送机。

第三节　乳化液泵站

一、乳化液泵站的功用和组成

1. 乳化液泵站概述

乳化液泵站是向液压支架和单体液压支柱输送高压乳化液的设备，是它们的动力源，其工作的好坏直接影响液压支架和单体液压支柱的工作性能和使用效果。乳化液泵站设在运输巷内，远距离向采煤工作面供液。

乳化液泵站由乳化液泵组和乳化液箱组成，一般是“二泵一箱”，其中一台泵工作，另一台泵备用，对于高产工作面也可用“三泵两箱”组成泵站。乳化液泵站包括自动卸载阀、截止阀、溢流阀、蓄能器和压力表等。如图 4－14 所示为 BRW400/31.5 型乳化液泵组，其中的乳化液泵、电动机、蓄能器等固定于滑橇式的托架上。

图 4－14　BRW400/31.5 型乳化液泵组

2. 乳化液泵

（1）乳化液泵的结构与工作原理

如图 4－15 所示为 BRW400/31.5 型乳化液泵的结构，主要由曲轴箱、高压缸套、泵头等组件组成。乳化液泵为卧式五柱塞往复泵，选用四级防爆电动机驱动，经一对斜齿轮减速后，带动曲轴旋转，再经连杆、滑块带动柱塞，在高压缸套内作往复运动。当柱塞往后运动时，乳化液在负压作用下，经泵头的吸液阀吸入；当柱塞往前运动时，乳化液由泵头的排液阀压出。这样使电能转换成液压能，输出高压乳化液供给液压支架或单体液压支柱工作时使用。

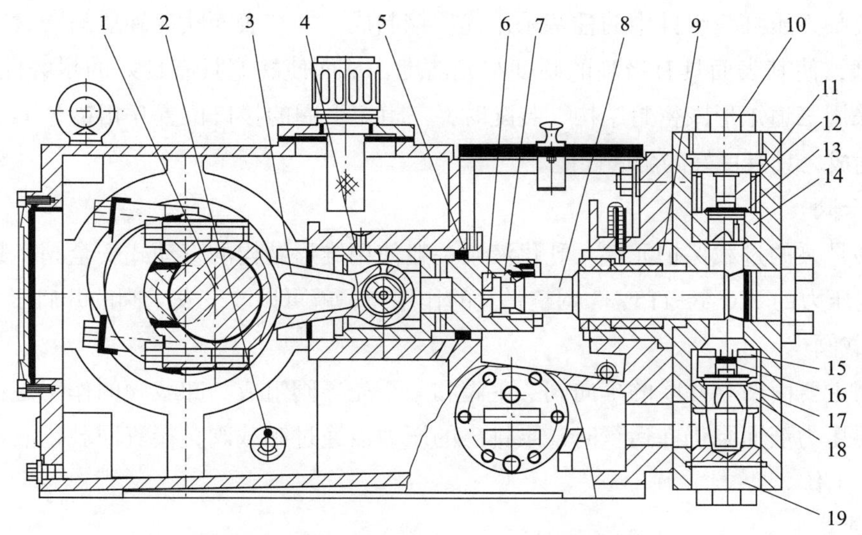

图 4－15　BRW400/31.5 型乳化液泵的结构

1—曲轴；2—磁过滤器；3—连杆；4—滑块；5—隔离腔油封；6—承压块；7—半圆环；8—柱塞；9—高压缸套；10—排液阀螺堵；11—排液阀套；12—排液阀弹簧；13—排液阀芯；14—排液阀座；15—吸液阀套；16—吸液阀弹簧；17—吸液阀芯；18—吸液阀座；19—吸液阀螺堵

（2）乳化液泵型号组成及其代表意义

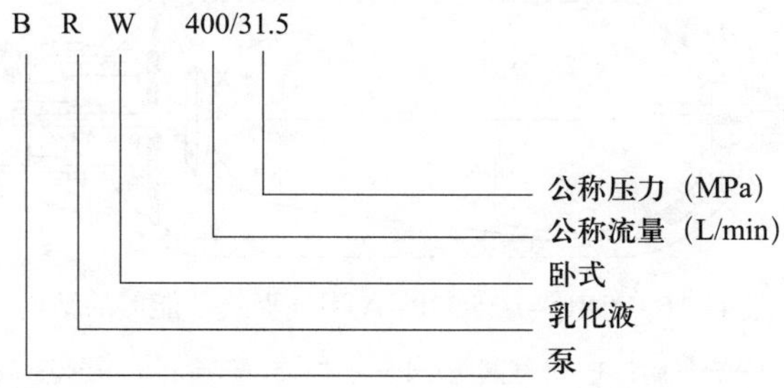

（3）乳化液泵的组成

1）曲轴箱组件

BRW400/31.5 型乳化液泵曲轴箱箱体是安装曲轴、齿轮、连杆、滑块、高压缸套、泵头的基架，又是主要的受力构件，采用高强度铸铁铸成整体箱形结构，使其具有足够的强度和刚度。曲轴选用优级锻钢制成；轴瓦为钢背高强度铝合金瓦；齿轮采用优质合金钢，经加工与热处理后制成，齿面具有足够的硬度与较高的转动精度；连杆采用球墨铸铁，大头为剖分式结构，便于组装与拆卸，小头采用圆柱销连接，使其工作可靠。

2）泵头组件

泵头是泵的液力端，BRW400/31.5 型乳化液泵采用 5 个分离的泵头组成，泵头下部安装吸液阀，上部安装排液阀，均为锥阀，用不锈钢制成。高压集液块将 5 个分离的泵头的高压排液汇聚在一起，并经装在一侧的卸载阀输出。在靠电动机一侧装有安全阀。

3）高压缸套组件

乳化液泵高压缸套组件中的柱塞采用优质钢制成，并在表面喷镀硬质耐磨材料，经精密磨削与研磨，使其表面具有极高的硬度与光洁度，从而使柱塞具有良好的耐磨性与防腐性。柱塞密封采用三道矩形圈密封结构，装配时，三道矩形圈的接口位置互相错开 120°。导向套采用青钢制成，具有良好的耐磨性能。

4）安全阀

安全阀是泵的过载保护元件。乳化液泵一般使用锥形结构的直动式安全阀，其开启压力为泵的调定压力的 110%～115%。调整弹簧的作用力，就可以改变安全阀的开启压力。

5）卸载阀

卸载阀主要由两套并联的单向阀、主阀和一个先导阀组成。卸载阀的作用是：当工作面支架不需要压力液而泵仍在运行时，泵排出的压力液通过卸载阀直接流回乳化液箱，使泵在空载状态下工作。

6）蓄能器

如图 4－16 所示为公称容量为 25 L 的 NXQ－L25/320－A 型气囊式蓄能器的结构，其主要作用是补充高压系统中的漏损，从而减少卸载阀的动作次数，延长液压系统中的液压元件的使用寿命，同时还能吸收高压系统中的压力脉动。

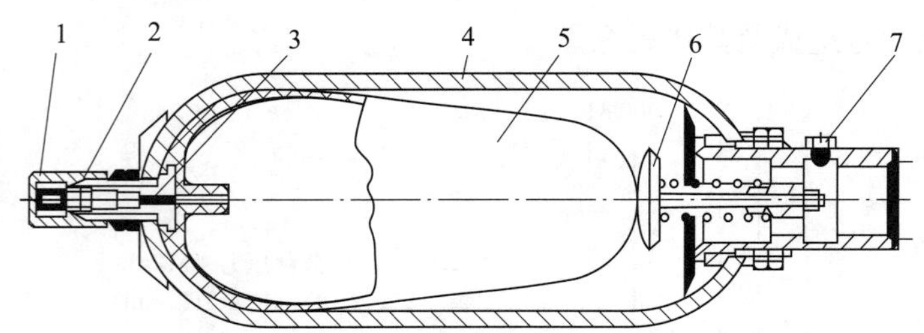

图 4－16　NXQ－L25/320－A 型气囊式蓄能器的结构

1—保护帽；2—充气阀；3—充气阀座；4—壳体；5—气囊；6—托阀；7—放气螺钉

7）联轴器

BRW400/31.5 型乳化液泵采用轮胎式联轴器，它由两个半联轴器、轮胎环、压紧板、加强环等组成，轮胎环有很好的弹性和较高的机械强度，具有抗振动、耐挠曲等优点。因此，联轴器既能传递较大的扭矩，又能吸收振动，减小冲击。

3. 乳化液箱

（1）乳化液箱的结构与工作原理

乳化液箱是储存、回收、过滤和沉淀乳化液的设备。如图 4－17 所示为 RX400 型乳化液箱，由箱体、高压过滤器、吸液截止阀、回液断路器、交替阀、回液过滤器、自动配液器等主要部件组成。箱体由 3 个室组成，即沉淀室、过滤室和工作室。每个室的底部都设有放油塞，更换乳化液时可将放油塞拧掉放尽液体。在箱体两侧设有清渣盖，打开此盖可清除沉淀室内的污物，便于清理。

图 4－17　RX400 型乳化液箱

储油腔内有乳化油，供配液用，当乳化液箱需配液时，自动配液器工作，配制的乳化液进入沉淀室，沉淀后进入过滤室，经磁性过滤器和滤网过滤后，洁净的乳化液直接进入工作室，供泵吸液用。打开吸液截止阀，工作室的乳化液通过吸液软管至泵的吸液口进入乳化液泵，泵排出的高压乳化液经高压过滤器进入交替阀。交替阀上 6 个面设有 5 个出口，左右两端可连接两个高压过滤器，上出口连接压力表，下出口为高压液体去支架的供液口，后面出口连接蓄能器，用于吸收液体的压力脉动和稳定泵的卸载动作。两只回液断路器经箱内两根钢管与沉淀室相通，供泵的卸载阀卸载回液，使泵的卸载回液直接进入沉淀室。乳化液箱的吸液截止阀、高压过滤器、回液断路器均为左右对称分布，可一套工作，另一套备用，也可以两套同时工作。

（2）乳化液箱的组成

1）箱体

箱体既是乳化液的储存室，又是各种液压元件的安装基架，它是由钢板焊接而成，具有足够的强度和刚度。箱体的后部是液压支架或单体液压支柱回液及新配制的乳化液的沉淀室，在上方有一隔离腔为乳化油的储油室。箱体中部是过滤室，前部为乳化液工作室，箱体上方设有活动盖板，以保证吸液的通畅性。在过滤室内设有一根溢流管，用于高液位时的溢流。箱体内近底部焊有两根钢管，用来连接回液断路器与沉淀室。

2）高压过滤器

RX400 型乳化液箱的高压过滤器流量为 630 L/min、压力为 31.5 MPa、滤油精度为 80 μm，内部设旁通阀，当滤网堵塞到一定程度时，旁通阀自动打开。

3）吸液截止阀

吸液截止阀由供液蝶阀组成，板式连接。乳化液箱上设有两套吸液截止阀，便于一套工作另一套检修备用，不影响正常工作。

4）回液断路器

回液断路器由断路阀组成，工作时插上回液软管，其快速接头端顶开断路阀芯，使回液与乳化液箱的沉淀室相通。拔出回液软管，阀芯在弹簧力的作用下复位至关闭状态，从而封存箱内乳化液。

5）交替阀

交替阀的作用是：当两台乳化液泵交替工作时，自动切断高压系统与备用泵的通路，或供两台泵同时工作。交替阀由两组单向阀反向构成，其工作原理是：当一端有高压液体进入时，此端单向阀打开，而另一端单向阀在液压力的作用下关闭，从而切断高压系统与备用泵的通道；当两端同时供液时，则两个单向阀同时开启。

6）回液过滤器

工作面液压支架的回液经回液过滤器过滤后，方可进入乳化液箱的储存室，以防脏物进入泵的吸液端。

7）自动配液器

自动配液器的组成如图 4－18 所示，其作用是自动将乳化油和水按照一定比例配成乳化液。自动配液器的供水压力不大于 3 MPa，乳化液的含量一般控制在 3%～5%（体积分数）。

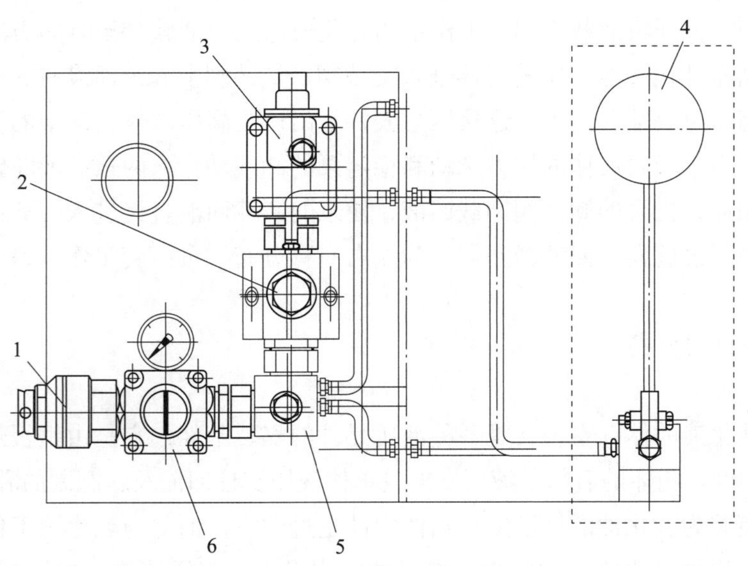

图 4－18　自动配液器的组成

1—水过滤器；2—液控单向阀；3—配液阀；4—浮球阀；5—安全阀；6—减压阀

二、乳化液泵站的液压系统

1. 泵站液压系统的基本要求

（1）要设自动卸载阀，以保证工作面用乳化液时能及时供液；不用乳化液时，泵能自动卸载。

（2）要设手动卸载阀，以实现泵的空载启动。

（3）要设单向阀，以防止停泵时液体倒流。

（4）要设蓄能器，以吸收柱塞泵的流量脉动和液压系统的液压冲击。

（5）要设乳化液配比装置，以保证乳化液的合理配比。

2. XRB2B 型乳化液泵站的液压系统

乳化液泵站的液压系统主要由乳化液泵、压力控制装置、保护装置、管路、乳化液箱等组成。如图 4－19 所示为 XRB2B 型乳化液泵站的液压系统，为开式系统，由左右完全相同的两个子系统并联而成，一个工作而另一个备用。其工作原理如下：

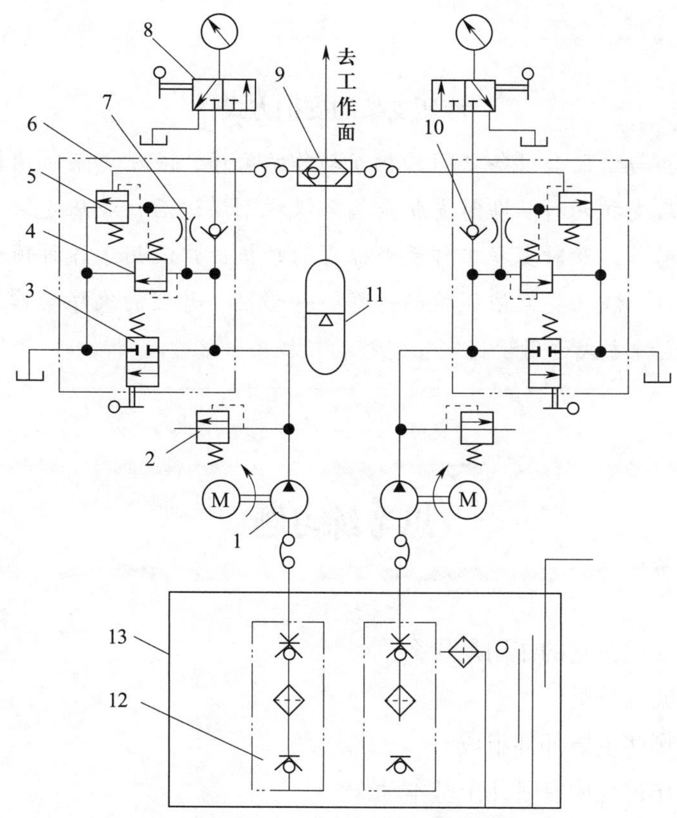

图 4－19　XRB2B 型乳化液泵站的液压系统

1—乳化液泵；2—安全阀；3—手动卸载阀；4—主阀；5—先导阀；6—卸载阀组；7—节流阀；8—压力表开关；9—交替阀；10—单向阀；11—蓄能器；12—吸液过滤器；13—乳化液箱

（1）启动乳化液泵

乳化液泵启动时，先操作手动卸载阀处于打开位置，使泵排出的乳化液经卸载阀直接进入乳化液箱，实现无压启动。

（2）正常供液运行

乳化液箱中的乳化液通过吸液过滤器、吸液软管、前注泵至乳化液泵，乳化液泵排出的高压乳化液经卸载阀组中的单向阀、高压过滤器、交替阀供给工作面液压支架。

（3）卸载运行

当液压支架或单体液压支柱不工作时，系统压力升高，蓄能器储液。当压力超过自动卸载阀的调定压力时，卸载阀自动打开，使泵卸载运行。同时卸载阀组中的单向阀关闭，使系统处于保压状态。

（4）恢复供液

当液压支架或单体液压支柱重新动作或系统泄漏，引起系统压力下降至卸载阀的恢复工作压力时，卸载阀自动关闭，泵站恢复供液状态。

【知识拓展】

液压支架的支护方式

按照液压支架和与之配套设备之间的相互动作的次序，液压支架对顶板的支护方式常见的有即时支护和滞后支护两种。即时支护是指采煤机割煤过后，液压支架依照降架—移架—升架—推溜的次序动作，及时支护工作面新裸露的顶板，广泛用于各种顶板条件。滞后支护是指采煤机割煤过后，液压支架依照推溜—降架—移架—升架的次序动作，对顶板的支护有较长的滞后时间，这种方式适用于稳定、完整的顶板条件。

思考练习题

1. 什么是液压支架？它的作用是什么？
2. 简述液压支架的分类。
3. 液压支架由哪些主要部件组成？
4. 液压支架工作过程中有哪几个基本动作？
5. 液压支架的初撑力和工作阻力分别是什么？
6. 简述滑移顶梁支架的整个移架过程。
7. 什么是即时支护？什么是滞后支护？
8. 说明乳化液泵型号组成及其代表意义。

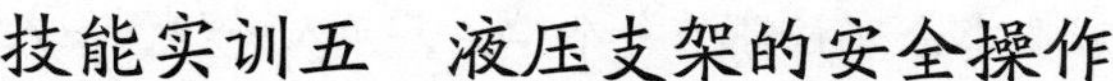

技能实训五　液压支架的安全操作

一、实训目标

1. 熟悉液压支架作业前的安全检查内容。
2. 掌握液压支架安全操作内容与步骤。

二、任务描述

熟悉液压支架作业环境安全检查、运行装置安全检查、试运转安全操作等作业前的安全检查内容；学会液压支架的准备工作、运行安全操作、停机安全操作和收工安全操作一系列步骤。

三、任务准备

1. 换好工作服，佩戴安全帽、矿灯、便携式甲烷检测报警仪，并有序进入液压支架实训现场排队等候。
2. 打扫好液压支架实训现场周边卫生、清扫液压支架机身浮尘。
3. 清点液压支架操作使用的有关工具和配件，工具应包括扳手、钳子、旋具、套管、小锤、手把等；配件应包括U形销、高低压密封圈、高低压管、常用接头、弯管等。
4. 打开液压泵试运转15 min。

四、知识要点

1. 检查作业环境。
2. 检查电气装置。
3. 检查供液系统。
4. 检查结构件。
5. 检查液压件。
6. 检查连接装置。
7. 进行升降操作。
8. 进行移架操作。
9. 进行推移操作。
10. 停机安全操作。
11. 收工安全操作。

五、实训过程

1. 介绍实训内容

在开始实训前，由指导教师介绍本次实训内容和目标以及必须掌握知识点的内容，并做好对学生作业前的安全操作培训有关事宜。

2. 分配任务

根据教学计划和课程要求分配任务给每个学生，两人一组，一人操作，另一人监护，并进行必要的指导。

3. 开展实训操作

根据分配的任务进行具体操作，练习液压支架操作前的安全检查工作，以及液压支架准备工作、使用时安全操作、停机安全操作和收工安全操作一系列步骤。

4. 巡回指导并及时反馈

在学生实训过程中，指导教师要及时跟踪学生操作进度并开展针对性巡回指导；共性的问题集中解决，个性问题现场及时解决处理；下课前由指导教师对学生在操作过程中出现的问题进行必要的记录和总结，并及时反馈。

六、注意事项

1. 无论使用何种操作方式，必须确认被操作的液压支架之中或之前无人，否则不得操作。

2. 液压支架升柱后应注意观察是否达到初撑力，并且及时处理存在的问题。

3. 推移运输机或者移架时，必须观察液压支架前方，以防挤坏电缆、扩音电话、水管等设备。

4. 液压支架升柱时，应注意观察侧护板的位置，防止其损坏。

5. 操作时，应掌握好液压支架的合理支撑高度，最大支撑高度应小于设计高度 200 mm，最小支撑高度必须大于机身高度 100 mm。

6. 当出现操纵阀失灵或出现误动作时，要仔细查找原因，及时排除故障，否则不能操作液压支架。

7. 降架时，当发现顶板或其他异常情况时，应立即将液压支架升紧，待处理妥善后再重新降架。

8. 需要增大或降低采高时，必须缓慢过渡，以保证液压支架接顶有力。

9. 当遇到工作面周期来压，顶板下沉量较大，出现顶板冒落、片帮严重、平衡油缸活塞杆伸出量较大、架形结构变坏等情况时，必须超前移架。

10. 移完液压支架后，各操作手把都扳在停止位置。

11. 清理液压支架内的浮煤、矸石及煤尘，整理好架内的管线。

12. 清点工具，放置好备品配件。

七、总结与思考

1. 课程总结

指导教师对本次实训进行总结，包括实训教学效果、存在的问题和改进措施等。

2. 书写实训报告

学生认真书写实训报告，深刻体会理论与实践的紧密结合，进而通过实训提高自己技能水平。

3. 评估反馈

指导教师对学生实训过程进行全面综合评估，并及时向学生反馈结果，以便于下一次实训活动有序开展。

第五章

矿井提升设备

学习目标

1. 了解典型的矿井提升系统、矿井提升设备的工作原理。
2. 熟悉矿井提升设备的主要部件及其结构。
3. 掌握矿井提升设备的选型方法。

引　言

矿井提升设备是沿井筒提升煤炭、矸石，升降人员和设备，下放材料的大型机械设备。它是矿山井下生产系统和地面工业广场相连接的枢纽，是矿山运输的咽喉。因此，矿井提升设备在矿山生产的全过程中占有极其重要的地位。

由于矿井提升设备具有重要性和特殊性，所以必须掌握其结构、工作原理、性能特点、选型计算等方面的知识，为其合理选型、正确使用和维护、高效并且经济地运转打下扎实的理论基础。

本章主要介绍矿井提升系统的特点及组成，矿井提升设备主要部件的结构与工作原理；矿井提升设备的选型；多绳摩擦式提升的原理等内容。

第一节　矿井提升设备概述

一、矿井提升设备的特点及组成

矿井提升设备是联系井下与地面的重要生产设备，在整个矿山生产中占有重要地位。矿井提升设备必须具有如下 3 个方面的特点：

1. 安全性

由于矿井提升设备在矿山生产中具有重要地位，其运转的安全性，不仅直接影响整个矿井的生产，而且关系人员的生命安全。因此，各国都对矿井提升设备的安全性提出了极严格的要求。我国的《煤矿安全规程》对矿井提升设备的安全性作出了严格规定。

2. 可靠性

可靠性是指设备能够长期连续正常运转且无需频繁检修。矿井提升设备所担负的工作任务十分艰巨和重要，每台设备每年要把数十万吨到数百万吨的煤炭和矸石从井下提升到地面，而且还要完成其他辅助工作。箕斗或罐笼必须在数百米到上千米的距离内以很高的速度往返运行，并且频繁地启动和停车，这就对提升设备的可靠性提出了很高的要求。一般情况下，矿井提升设备要求服务至少 20 年，且不需要大修。

3. 经济性

矿井提升设备是矿山大型设备之一，功率大、能耗高，在耗电量方面仅次于通风设备。因此，提升设备的造价以及运转费用成为影响矿井生产技术经济指标的重要因素。矿井提升设备的综合性能及其提升能力是决定矿井生产能力的重要因素，在生产过程中必须确保其在正常工况下实现高效、经济地运转。

二、矿井提升系统

根据提升机和井筒倾角的不同，矿井提升系统可以分为立井单绳缠绕式提升系统、多绳摩擦式提升系统和斜井提升系统。但不论哪种提升系统，都是靠提升机拖动提升钢丝绳，从而拖动提升容器来实现提升负载的。以下介绍几种典型的矿井提升系统。

1. 立井单绳缠绕式提升系统

（1）立井箕斗提升系统

如图 5-1 所示为立井底卸式箕斗提升系统的组成。在这种提升系统中，井下生产的煤炭，用矿车（或带式输送机）运到井底车场的翻笼硐室后，经翻车机卸到井下煤仓内，再经装载闸门送入给煤机，通过定量装载设备，装入位于井底的箕斗内。同时，另一箕斗位于地面井架的卸载位置，通过安装在井架上的卸载曲轨，使箕斗的底部闸门打开，煤炭卸到井上煤仓内。井上、井下两个箕斗分别与两根提升钢丝绳的一端连接，而两根钢丝绳的另一端则绕过井架上的天轮引入提升机房，并以相反的方向缠绕和固定在提升机卷筒上。开动提升机，卷筒旋转，一根钢丝绳向卷筒上缠绕，另一根自卷筒上松放，相应地，两个箕斗在井筒内一升一降完成提升或下放任务。

（2）立井普通罐笼提升系统

立井普通罐笼提升系统与立井箕斗提升系统的主要区别在于二者采用了不同的提升容器和装载方法。位于井口与井底车场的罐笼是通过人工或机械进行装卸矿车的，不需要翻车机硐室、井口煤仓、井下煤仓及装载设备等。立井普通罐笼提升系统比立井箕斗提升系统生产效率低，它主要用于副井，作为辅助提升，在小型矿井也兼作主井提升。

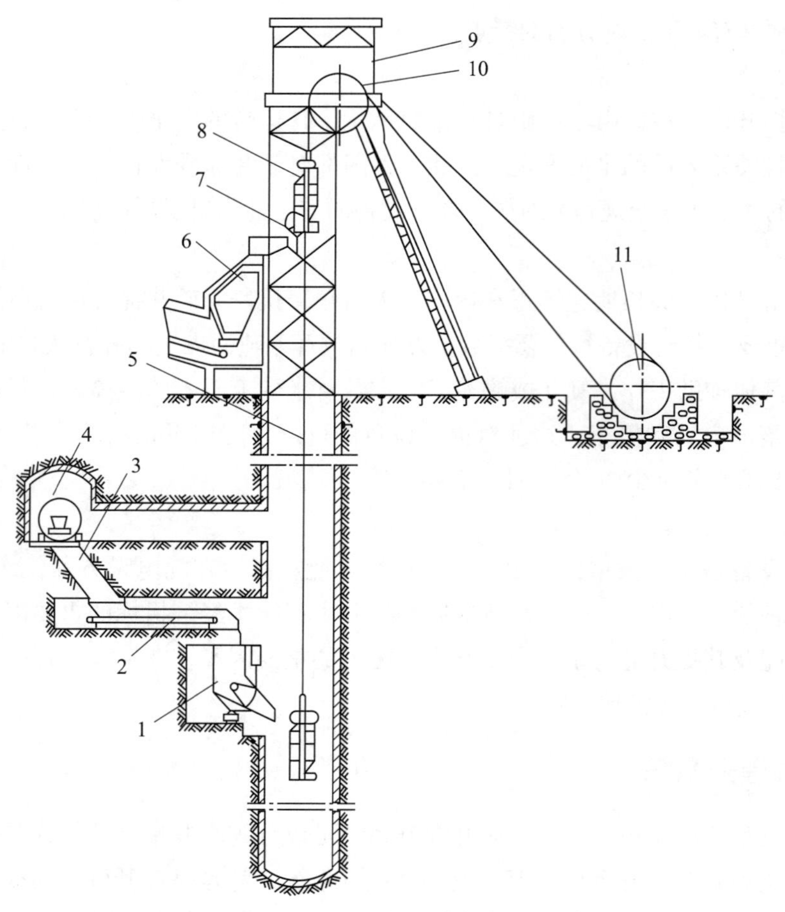

图 5-1　立井底卸式箕斗提升系统的组成

1—定量装载设备；2—给煤机；3—井下煤仓；4—翻车机；5—钢丝绳；
6—井上煤仓；7—卸载曲轨；8—箕斗；9—井架；10—天轮；11—提升机

2. 多绳摩擦式提升系统

多绳摩擦式提升系统有塔式和落地式两种，如图 5-2 所示为塔式多绳摩擦式罐笼提升系统的组成。多绳摩擦式提升系统的提升容器可以是箕斗也可以是罐笼，它具有体积小、重量轻、提升能力大等优点，适用于较深矿井。

3. 斜井提升系统

(1) 斜井箕斗提升系统

图 5-3 所示为斜井箕斗提升系统的组成。由工作面采下的煤炭运到井底车场的翻车机硐室，经翻车机卸到井下煤仓内，经装载闸门装入位于井底的箕斗中，同时另一箕斗在位于井架上的卸载曲轨中进行卸载。两条提升钢丝绳，一端分别与两个箕斗连接，另一端绕过井架上的天轮而引入提升机房内，并以相反的方向缠绕和固定在提升机的两个卷筒上。开动提升机，两个箕斗即在井筒中上下运动。如此，箕斗往复进行装卸载和提升工作。

(2) 斜穿串车提升系统

将斜井箕斗提升系统中的箕斗换作串车，即为斜井串车提升系统。此时，不需要翻车机硐室、井上煤仓、井下煤仓、装载闸门、卸载曲轨等，可根据提升量的大小在井上下设甩车场或平车场。

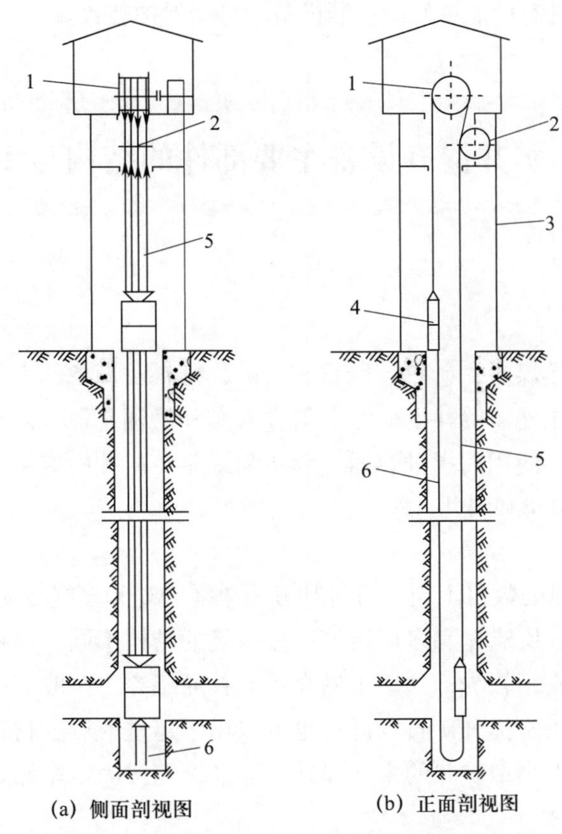

图 5-2　塔式多绳摩擦式罐笼提升系统的组成

1—提升机；2—导向轮；3—井塔；4—罐笼；5—提升钢丝绳；6—尾绳

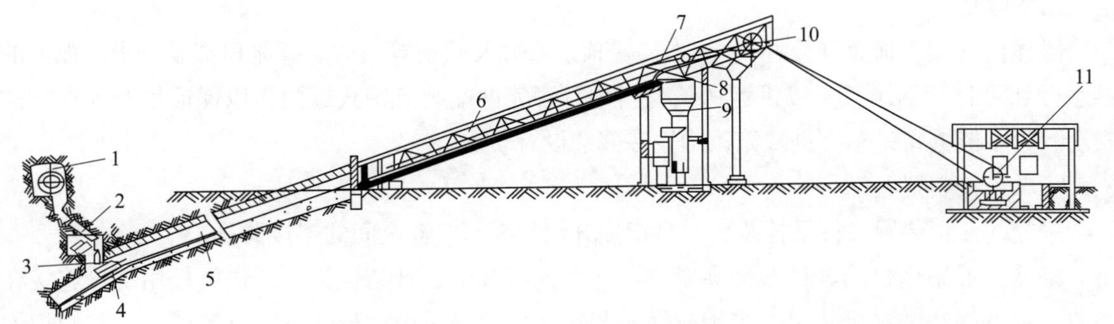

图 5-3　斜井箕斗提升系统的组成

1—翻车机硐室；2—井下煤仓；3—装载闸门；4、7—箕斗；5—井筒；

6—井架；8—卸载曲轨；9—卸载仓；10—天轮；11—提升机

由上面介绍的几类提升系统可知，尽管组成提升系统的设备类型有差异，但无论是哪种提升系统，它的组成部分是一定的，都是由提升容器、提升钢丝绳、提升机、井架、天轮、装卸载附属设备及电气控制设备等部分组成的。还可看出，矿井提升系统的特点是，在较短的距离内以很大的速度往返运行，并且经常启动和停止。因此，为了使提升容器能准确而安全地运行，提升机必须具有性能良好的控制设备和自动保护装置。

第二节　矿井提升设备主要部件的结构与工作原理

一、提升容器

提升容器是直接装运煤炭、矿石、矸石、人员、材料及设备的工具。按照用途和结构不同，提升容器可以分为罐笼、箕斗、矿车、斜井人车和吊桶5种。矿车与斜井人车主要用于斜井，吊桶是立井凿井时使用的提升容器，箕斗和罐笼在矿井中应用最多，以下具体介绍使用较多的罐笼、箕斗、矿车和斜井人车。

1. 罐笼

按罐笼的提升钢丝绳的数目不同，可将其分为单绳罐笼和多绳罐笼；按罐笼的层数不同，可将其分为单层罐笼、双层罐笼和多层罐笼；按罐笼的结构不同，可将其分为普通罐笼和翻转罐笼。由于翻转罐笼应用较少，这里不做介绍。普通罐笼（一般简称罐笼）是一种多用途的提升容器，它既可以用于提升矿石、矸石也可以用于运送人员、材料及设备等。罐笼主要用于副井提升，也可用于小型矿井的主井提升。标准罐笼按固定车厢式矿车的装载质量可分为1 t、1.5 t、3 t三种型式。

图5-4所示为单绳1 t标准罐笼的结构，主要由罐体、连接装置、导向装置和防坠器等组成，并配有承接装置。

（1）罐体

罐体由骨架（横梁和立柱）、侧板、罐顶、罐底及轨道等组成。罐笼顶部设有半圆弧形的淋水棚和可打开的罐盖，以供运送长材料用。罐笼两端装有帘式罐门，以保证提升人员时的安全。为了能够将矿车推进罐笼，罐笼底部铺设有轨道。

（2）连接装置

罐笼的连接装置又称悬挂装置，是指提升钢丝绳与容器之间的连接器具。

罐笼一般采用自动调位双面夹紧楔形绳卡连接装置，其结构为：两块侧板用螺栓连接在一起，钢丝绳绕装在楔块上，当钢丝绳拉紧时，楔块挤进由梯形铁（能自动调位）与侧板构成的楔壳内，将钢丝绳两边卡紧。吊环和孔用来调整钢丝绳长度。限位板在拉紧钢丝绳后用螺栓拧紧，以阻止楔块松脱。

这种连接装置的特点是：钢丝绳直线进入，能防止在最危险部分产生附加弯曲应力，可减少断丝现象，延长钢丝绳使用寿命；双面夹紧具有较大的楔紧安全系数，可防止钢丝绳因载荷的变化而在楔面上产生的滑动及磨损；自动调位结构能使钢丝绳上夹紧压力分布均匀；

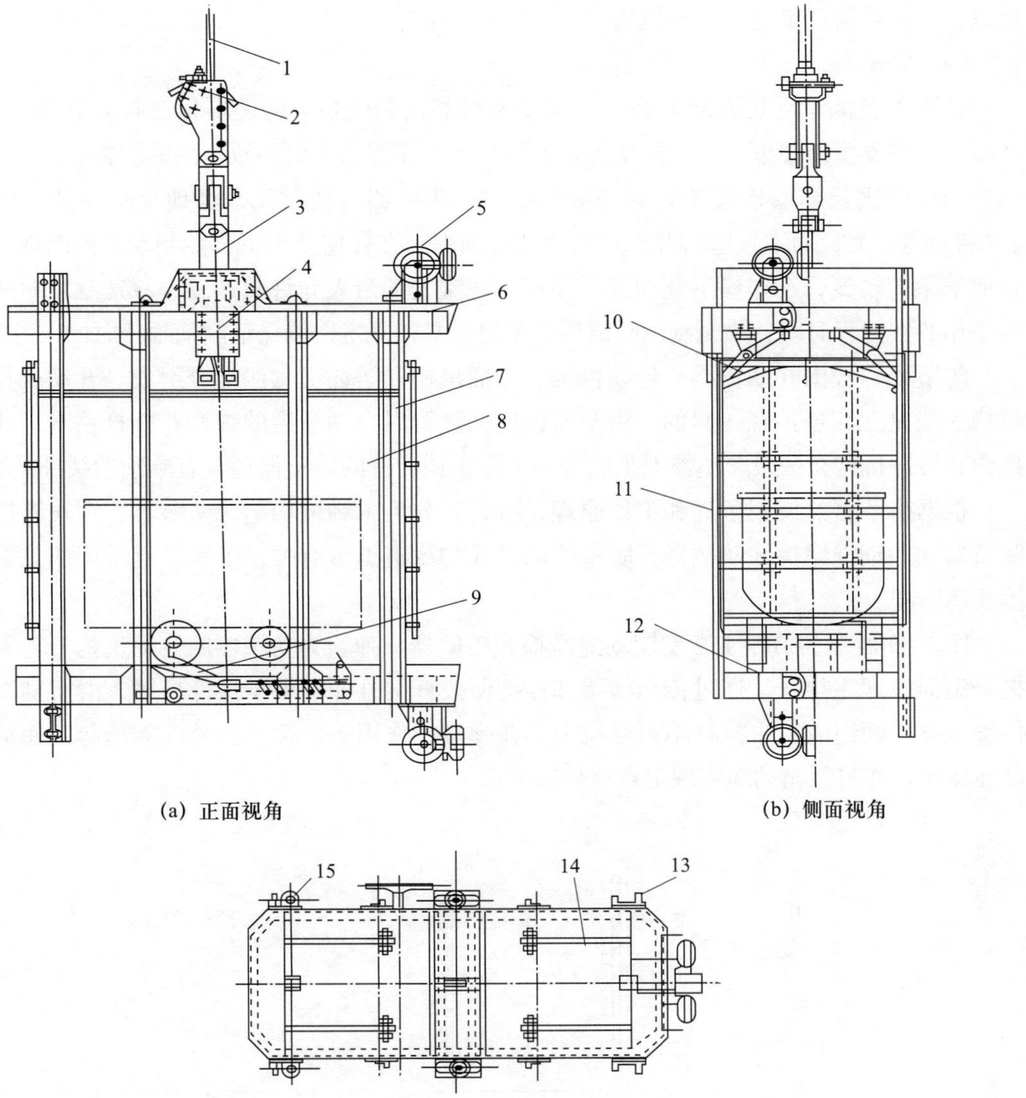
1
2
3
4
5
6
7
8
9
10
11
12
13
14
15
(a) 正面视角
(b) 侧面视角
(c) 上面视角

图 5-4　单绳 1 t 标准罐笼的结构

1—提升钢丝绳；2—双面夹紧楔形绳卡；3—主拉杆；4—防坠器；5—橡胶滚轮罐耳（用于钢轨和型钢组合罐道）；6—横梁；7—立柱；8—侧板；9—阻车器；10—淋水棚；11—罐门；12—轨道；13—稳罐罐耳；14—罐盖；15—套管罐耳（用于钢丝绳罐道）

整体装置的长度较短，可减少提升容器的总高度。

（3）导向装置

罐笼的导向装置一般称为罐耳，有滑动和滚动两种。罐笼借助罐耳沿着装在井筒中的罐道运动，与罐道配合，使提升容器在井筒中稳定运行，防止其发生扭转或摆动。罐道有木质、金属（钢轨和型钢组合）和钢丝绳三种类型。

目前，因为钢丝绳罐道具有结构简单、节省钢材、通风阻力小、便于安装、维护简便等优点，所以获得越来越广泛的应用。

（4）防坠器

升降人员的单绳提升罐笼必须装设安全可靠的防坠器。防坠器是在提升容器因钢丝绳、连接装置等发生断裂事故时，能使提升容器立即卡在罐道上而不致坠落的装置。

当提升钢丝绳或连接装置万一被拉断时，防坠器可使罐笼平稳地支承在井筒中的罐道（或制动绳）上，而不致坠落井底。防坠器必须保证在任何条件下都能制动住因断绳或连接装置而下坠的罐笼，动作应迅速而又平稳可靠。罐笼的最大允许减速度、减速延续时间、防坠器动作的空行程时间、罐笼制动距离等必须符合具体规定，以保证制动罐笼时的人身安全。

防坠器一般由开动机构、传动机构、抓捕机构和缓冲机构四部分组成。开动机构和传动机构一般是互相连接在一起的，由断绳或连接装置时自动开启的弹簧和杠杆系统组成；抓捕机构和缓冲机构在一般防坠器上是联合的工作机构，有的防坠器还装有单独的缓冲装置。

根据防坠器的使用条件和工作原理，可将其分为木罐道切割式防坠器、钢轨罐道摩擦式防坠器和制动绳摩擦式防坠器。防坠器的型式与罐道类型有关，目前广泛采用的是制动绳摩擦式防坠器。

图 5-5 所示为 BF-152 型制动绳摩擦式防坠器。弹簧为防坠器的开动机构，正常提升时提升钢绳拉起主拉杆，通过传动横梁和连板使拨杆的外伸端处于最低位置，滑楔则在最下端位置。发生断绳时，主拉杆不再受拉力，在弹簧的作用下，拨杆的外伸端抬起，使滑楔与制动绳接触，并挤压制动绳实现定点抓捕。

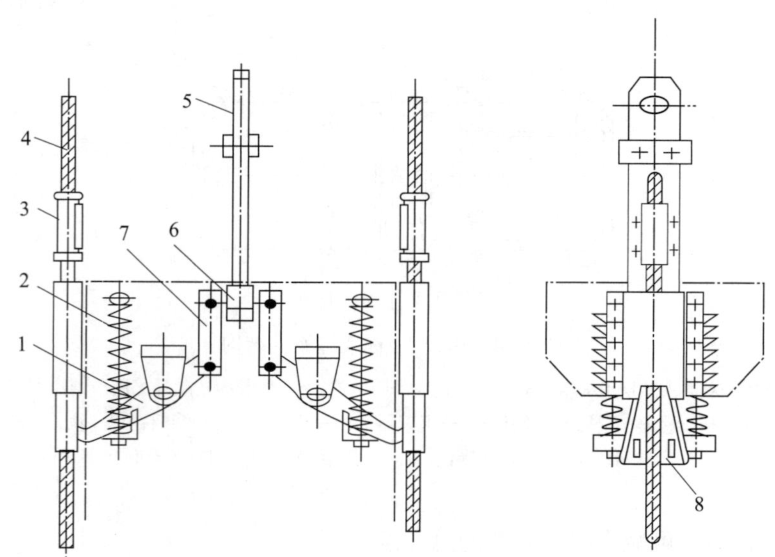

图 5-5　BF-152 型制动绳摩擦式防坠器

1—拨杆；2—弹簧；3—导向套；4—制动绳；5—主拉杆；6—传动横梁；7—连板；8—滑楔

（5）承接装置

在井底、中间水平及井口车场，为了便于矿车出入罐笼，需设置承接装置。承接装置有承接梁、罐座及摇台三种型式。

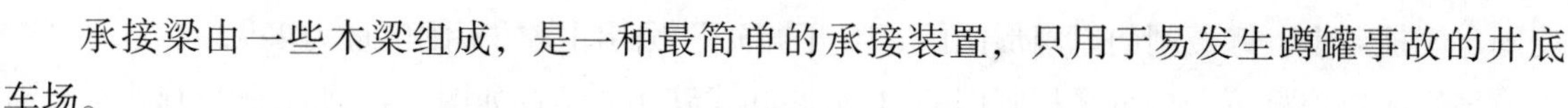

承接梁由一些木梁组成，是一种最简单的承接装置，只用于易发生蹲罐事故的井底车场。

罐座是利用托爪将罐笼托住，故可使罐笼的停车位置准确。

摇台是由能绕轴转动的两个钢臂组成，如图 5-6 所示，安装在罐笼的进出口处。当罐笼停于卸载位置时，动力缸中的压缩空气排出，装有轨道的钢臂靠自重绕轴转动，下落并搭在罐笼底座上，将罐笼内轨道与车场的轨道连接起来。矿车进入罐笼后，压缩空气进入动力缸，推动滑车。滑车推动摆杆套前的滚子，致使轴转动而使钢臂抬起。当动力缸发生故障或因其他原因不能动作时，也可以临时用手把进行人工操作。此时要将销子去掉，并使配重部分的重力大于钢臂部分的重力。这时钢臂的下落靠手把转动轴实现，而抬起则靠配重实现。

摇台应用范围比较广，井底、井口及中间水平都可以使用。

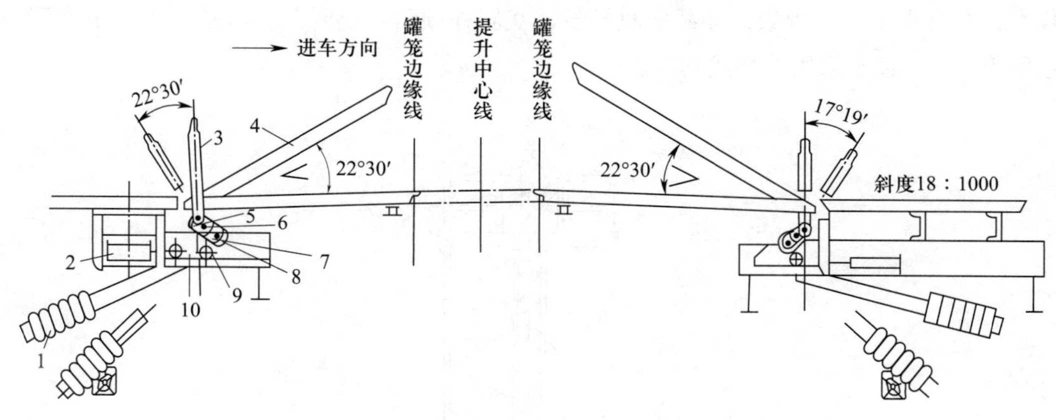

图 5-6 摇台

1—配重；2—动力缸；3—手把；4—钢臂；5—摆杆；6—销子；7—滚子；8—摆杆套；9—轴；10—滑车

2. 箕斗

箕斗是提升矿石或矸石的单一容器。与罐笼相比，箕斗的优点是：自重小，使提升机尺寸和电动机功率减小、效率高；井筒断面小，无须增大井筒断面就能在井下使用大尺寸矿车；装卸载时间短，生产能力强。

箕斗的缺点是必须在井下设置破碎系统，在井口设置煤仓，井下、井口设置装载、卸载装置，导致井架高度增加。箕斗不能运送人员，必须另设提升人员的副井。

按箕斗的卸载方式，可将其分为翻斗式、侧卸式及底卸式，根据井巷类型可将其分为竖井箕斗和斜井箕斗。竖井箕斗主要采用底卸式和翻斗式两种，斜井箕斗有前翻式、后卸式和底卸式 3 种。

（1）竖井箕斗

箕斗一般由三部分组成，即斗箱、悬挂装置和卸载闸门。斗箱的框架由两根直立的槽钢和横向槽钢组成，四侧由钢板焊接制成，其外面用钢筋加固，框架上面有钢板制成的平台，防止淋帮水落入斗箱和便于检查井筒。悬挂装置是提升钢丝绳与箕斗连接的装置，它与罐耳均固定于框架上。卸载闸门以扇形闸门、下开折页平板闸门及插板闸门最为多见。

采用曲轨连杆下开折页平板闸门的 JL 型底卸式箕斗的结构如图 5-7 所示。当箕斗提至地面煤仓时，井架上的卸载曲轨使连杆转动轴上的滚轮沿箕斗框架上的曲轴运动，滚轮通过连杆的销角等于零的位置后，闸门就借煤的压力打开，开始卸载。关闭闸门时与上述顺序相反。

平板闸门底卸式箕斗较扇形底卸式箕斗卸载时井架受力小，卸载曲轨短，煤不易撒落在井筒中且动作可靠。

（2）斜井箕斗

斜井箕斗的优点是提升运行速度快，提升能力大，机械化程度高，稳定性好，安全；缺点是需要设置箕斗的装载和卸载装置，增加运输环节和工程量。

前翻式箕斗结构简单、坚固、重量轻，适用于提升重载，立井矿使用较多。但卸载时动荷载大，有自重不平衡现象，卸载曲轨较长，在斜井倾角较小时，装满系数小。小型矿山斜井倾角较大时，通常采用前翻式箕斗。

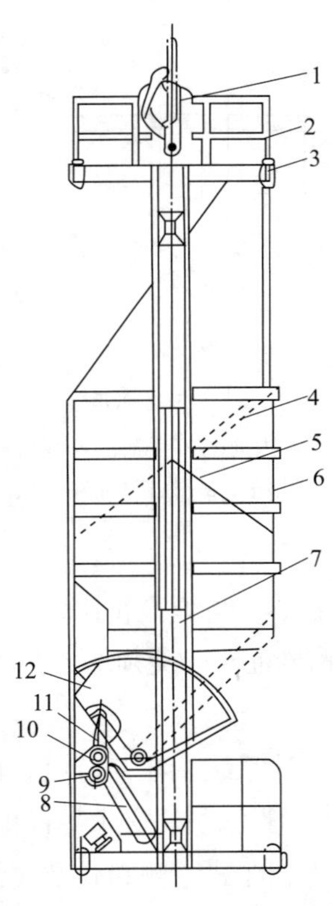

图 5-7　JL 型底卸式箕斗的结构

1—连接装置；2—平台；3—罐耳；4—活动溜煤板；5—堆煤线；6—斗箱；7—框架；8—曲轴；9—机械闭锁装置；10—滚轮；11—连杆；12—闸门

后卸式箕斗（见图 5-8）比前翻式箕斗使用范围广，卸载比较平稳，动载荷小，倾角较小时装满系数大。但其结构较复杂，设备质量大，卷扬道倾角过大导致卸载困难。因此，通常在斜井倾角不大时选用后卸式箕斗。底卸式箕斗在斜井中很少使用。

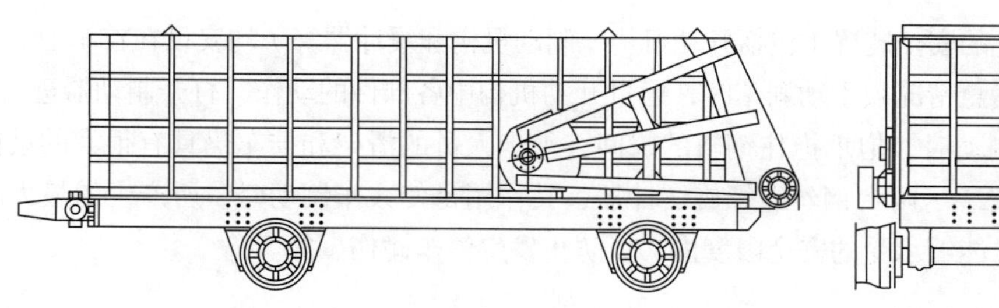

图 5-8　后卸式箕斗

3. 矿车

多个矿车按照《煤矿安全规程》的规定串联起来运送物料称为串车，串车提升又称矿车组提升，容器为矿山运输矿车。串车提升的优点是系统环节少，基建工程量小，投资少，可减少粉尘和粉矿的产生；缺点是提升能力小，矿车运行速度慢，易发生跑车或掉道事故，要求用连接装置以确保串车安全。

串车提升适用于提升量小、斜井倾角不超过 25° 的矿山。考虑到空矿车组顺利下放，斜井倾角一般不小于 8° 为宜，矿车容积一般为 0.5～1.2 m^3。

斜井串车提升分单钩串车提升和双钩串车提升。单钩串车提升斜井断面小，初期投资小，但提升能力弱。要求提升能力强时，宜采用双钩串车提升。

用于斜井串车提升的矿车容积，一般为 0.5～1.2 m^3 的固定式和翻斗式矿车。当斜井倾角较大，采用串车提升方式时，应当考虑矿车在运行中的稳定性，此时以选用固定式矿车为宜。

为在上下部车场内调车方便以及运行安全，一组矿车的车数应尽可能与电机车牵引的车数成倍数关系。考虑到车场布置尺寸不宜过大和矿车运行的稳定性，一组矿车的车数不宜过多，一般为 3～5 辆。

斜井提升的车辆，还必须根据矿车连接器和车底架的强度校核矿车组车数，必要时须挂带安全绳。

4. 斜井人车

斜井人车如图 5-9 所示，节数一般为 3～4 节，即首车 1 节、挂车 1～2 节、尾车 1 节，用提升机直接牵引，完成斜井中运送人员的任务。

图 5-9　斜井人车

斜井人车上的安全装置（包括开动机构、制动机构和缓冲器等）均安设在首车上。当遇断绳、跑车或有紧急情况须手动刹车时，通过开动机构中各部件的动作，打开制动器进行制动。

斜井人车制动时，抱爪抱住钢轨的瞬间，乘坐人员的滑架和挂车仍具有很大的动能。因此，在首车上安装了两台钢丝绳螺旋缓冲器，其作用是使人车制动时，所产生的最大减速度限制在乘坐人员能够承受的安全限度内，以防止发生停车碰伤事故。

二、提升钢丝绳

提升钢丝绳的作用是悬吊提升容器并传递动力，它是矿井提升设备的重要组成部分。对提升钢丝绳的正确选择、合理使用、及时保养，是确保提升安全、延长钢丝绳的使用寿命和经济运行的重要环节，因此必须予以足够的重视。

1. 提升钢丝绳的结构

提升钢丝绳都是钢丝→绳股→钢丝绳的结构，即先由一定数量的钢丝捻成绳股，再由一定数量的绳股围绕绳芯捻制成钢丝绳，如图 5－10 所示。钢丝绳的钢丝为优质碳素结构钢冷拔而成，其直径一般为 0.4～4 mm。直径过细的钢丝易于磨损，过粗则难以保证抗弯、抗疲劳性能。

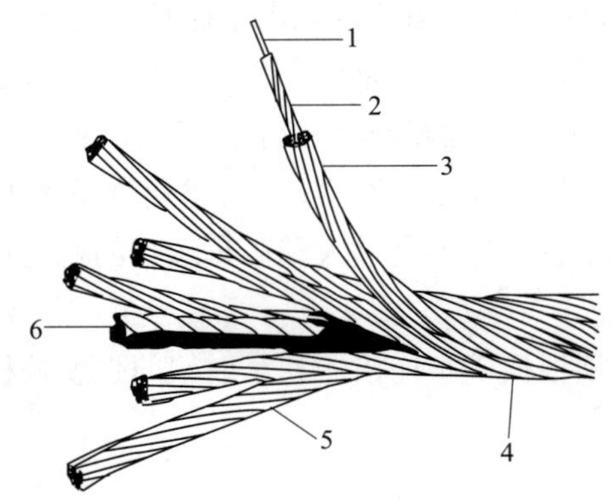

图 5－10　提升钢丝绳的结构

1—股芯；2—内层钢丝；3—外层钢丝；4—钢丝绳；5—绳股；6—绳芯

钢丝捻成绳股时要有股芯，由绳股捻制成钢丝绳时要有绳芯，绳芯有金属绳芯和纤维绳芯，金属绳芯由钢丝制成，纤维绳芯由剑麻、黄麻等制成。绳芯的作用是支持绳股，使钢丝富有韧性，并能储存润滑油，防止钢丝锈蚀。

提升钢丝绳的结构特性是指钢丝绳绳股的数目、捻向、捻距以及绳股内的钢丝数目、直径大小及排列方式等参数。这些参数直接影响钢丝绳的性能和使用寿命。

2. 提升钢丝绳的分类

提升钢丝绳的种类很多，从不同的角度可以有多种分类方法。

（1）按钢丝绳的捻法分类

提升钢丝绳按捻法可分为左交互捻（SZ）、右交互捻（ZS）、右同向捻（ZZ）、左同向捻（SS）四种，如图 5－11 所示为钢丝绳和绳股的各种捻法。

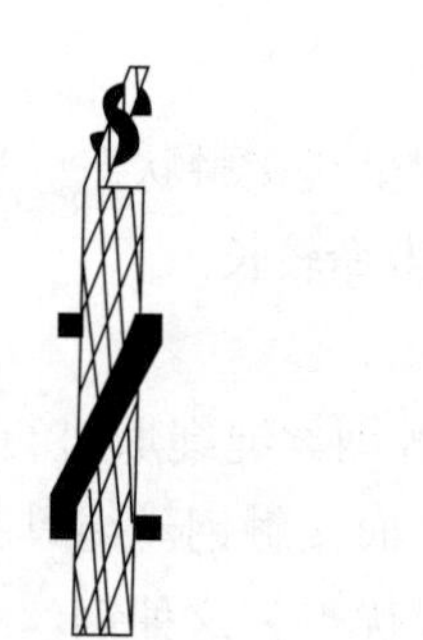

(a) 左交互捻（SZ）

(b) 右交互捻（ZS）

(c) 右同向捻（ZZ）

(d) 左同向捻（SS）

图 5－11　钢丝绳和绳股的各种捻法

左捻：按左螺旋方向将股捻成绳，用 S 表示。

右捻：按右螺旋方向将股捻成绳，用 Z 表示。

交互捻：绳中的股的捻向与股中丝的捻向相反。

同向捻：绳中的股的捻向与股中丝的捻向相同。

选用钢丝绳捻向的原则：捻向与钢丝绳在提升机滚筒上缠绕时的螺旋方向一致，这样钢丝绳在缠绕时就不会松动。

目前，国产提升机绳槽均为右螺旋绳槽，因此提升钢丝绳应选用右捻向钢丝绳。同向捻钢丝绳柔软、表面光滑、接触面积大、张力小、使用寿命长，且钢丝绳有断丝时断丝头部会翘起而便于发现，所以矿井提升多采用同向捻钢丝绳。

（2）按钢丝在绳股中互相接触情况分类

钢丝在绳股中的接触形式有点接触、线接触和面接触三种。绳股中钢丝的点接触和线接触如图 5－12 所示。

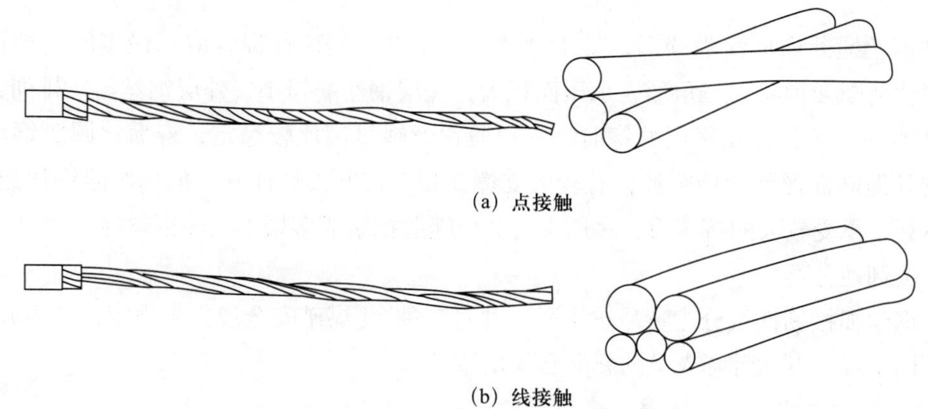

(a) 点接触

(b) 线接触

图 5－12　绳股中钢丝的点接触和线接触

1）点接触钢丝绳

点接触钢丝绳的绳股中各层钢丝捻距不等，钢丝间呈点接触状态。这种钢丝绳造价较低，但钢丝间接触张力大。特别是钢丝绳在绕过滚筒和天轮时，钢丝有应力集中和二次弯曲现象，所以使用寿命较短。

2）线接触钢丝绳

线接触钢丝绳的绳股中各层钢丝以等捻距捻制，钢丝间呈线接触状态。这种钢丝绳工作时张力降低，耐疲劳性能好，结构紧密，无二次弯曲现象，寿命较长。

3）面接触钢丝绳

面接触钢丝绳由线接触钢丝绳发展而来，它是将线接触钢丝绳绳股进行特殊碾压加工，使钢丝产生塑性变形而呈面接触状态，然后再捻制成绳的。面接触钢丝绳具有结构紧密、表面光滑、不易变形、钢丝间接触面积大、刚性强和耐磨损等优点。这种钢丝绳柔软性和弯曲性能较差，所以适用于较大直径的滚筒。

（3）按绳中股数和股中丝数分类

在钢丝绳直径相同的情况下，丝数越多，钢丝的直径就越小，钢丝绳也就比较柔软，但不耐磨。

（4）按绳股断面形状分类

钢丝绳绳股断面形状很多，常见的有圆股钢丝绳、三角股钢丝绳和椭圆股钢丝绳三种，如图 5－13 所示。

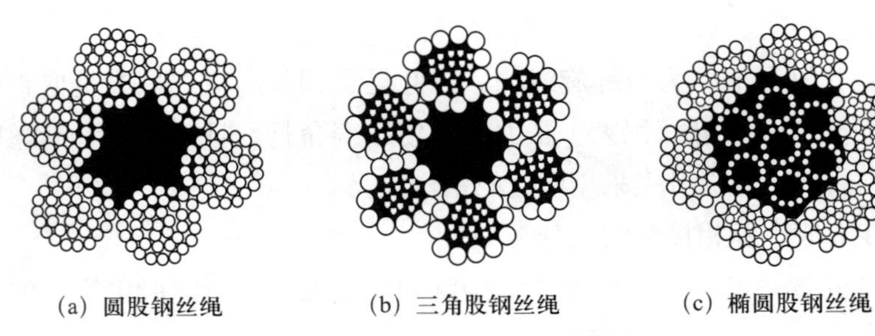

图 5－13　钢丝绳绳股断面形状

圆股钢丝绳断面形状为圆形，易于制造，价格低，是矿井提升应用最多的一种钢丝绳。三角股钢丝绳断面形状为三角形，承压面积大，外层钢丝磨损小，外层钢丝粗，排列方式好，抗挤压性能好。尤其是在多层缠绕时，三角股钢丝绳过渡比较稳定，寿命比圆股钢丝绳长。椭圆股钢丝绳断面形状为椭圆形，有较大支撑面积，抗磨损性能好。但椭圆股钢丝绳的稳定性差，不利于承受较大的挤压力，多用来与其他绳股捻制成多层不旋转钢丝绳。

（5）按韧性分类

提升钢丝绳按韧性可分为特号、Ⅰ号、Ⅱ号三种。《煤矿安全规程》规定，专为升降物料的新绳可用Ⅰ号，专为升降人员的新绳必须用特号。

3. 提升钢丝绳的选择和使用

（1）在井筒淋水大，淋水酸碱度高，以及在回风井中，由于腐蚀严重，应选镀锌钢丝绳。

（2）在磨损严重的条件下使用的钢丝绳，如斜井提升等，应选用外层钢丝较粗的三角股钢丝绳。

（3）当弯曲疲劳为提升钢丝绳的主要损坏原因时，应选用线接触式顺捻钢丝绳和三角股钢丝绳。

（4）提升钢丝绳捻向的选择：多绳摩擦式提升机采用左右捻各半；单绳缠绕式提升机的钢丝绳捻向应与绳在卷筒上缠绕时的螺旋线方向一致。

（5）罐道绳最好用表面光滑、耐磨的密封钢丝绳，尾绳最好用不旋转钢丝绳或扁钢丝绳。

（6）在温度高或有明火的地方如矸石山等，应选用金属绳芯钢丝绳。

三、矿井提升机

矿井提升机是矿井提升设备中的动力部分，由电动机、减速器、主轴装置、制动装置、深度指示器、电控系统和操纵台等组成。我国目前广泛使用的矿井提升机可分为两大类，即单绳缠绕式提升机和多绳摩擦式提升机。

1. 单绳缠绕式提升机

单绳缠绕式提升机的工作原理：把钢丝绳的一端固定到提升机的滚筒上，另一端绕过井架上的天轮悬挂提升容器。这样，利用滚筒的转动方向不同，将钢丝绳缠上或松放，以完成提升或下放容器的工作。

按滚筒数目不同，单绳缠绕式提升机有单滚筒提升机和双滚筒提升机两种。双滚筒提升机在主轴上装有两个滚筒，其中一个与主轴用键固定连接，称为固定滚筒或死滚筒；另一个滚筒滑装在主轴上，通过调绳离合器与主轴连接，称为游动滚筒或活滚筒。将两个滚筒做成这种结构，是为了在需要调绳及更换提升水平时，两个滚筒可以有相对运动。单滚筒提升机只有一个滚筒，一般用于单钩提升。

（1）主轴装置

主轴装置是提升机的主要工作和承载部分，由滚筒、主轴、轴承座以及调绳离合器等组成，如图5－14所示。固定滚筒的右轮毂用切向键固定在主轴上，左轮毂滑装在主轴上。游动滚筒的右轮毂经衬套滑装在主轴上，有专用润滑油杯，以保证润滑。衬套用于保护主轴和轮毂，避免在调绳时使主轴和轮毂磨损或擦伤。左轮毂用切向键固定在轴上，并经调绳离合器与滚筒连接。滚筒为焊接结构，轮毂由钢板制成。筒壳外表面一般均装有木衬，木衬上有螺旋绳槽，以便使钢丝绳有规则地排列，并减少钢丝绳的磨损。

（2）调绳离合器

双滚筒提升机都装有调绳离合器，其作用是使游动滚筒与主轴连接或脱开，以便在调节绳长或更换提升水平时，使游动滚筒与固定滚筒有相对运动。调绳离合器主要有三种类型，即齿轮离合器、摩擦离合器和蜗轮蜗杆离合器，目前应用最多的是齿轮离合器。

JK系列提升机齿轮离合器的结构如图5－15所示。内齿圈固定在游动滚筒的辐板上，径向齿块通过滑动毂的带动与内齿圈啮合或脱开，滑动毂由离合油缸的活塞杆推动。当压力油进入离合油缸的合上腔时，活塞杆伸出，推动滑动毂、撑杆，使齿块向外撑开（类似撑开雨伞）与内齿圈啮合，使活滚筒随主轴一起旋转。当压力油进入离合油缸的离开腔时，活塞杆收缩，拉动滑动毂、撑杆，使齿块向内收回（类似收雨伞）与内齿圈脱开啮合，使游动滚筒不随主轴一起旋转。

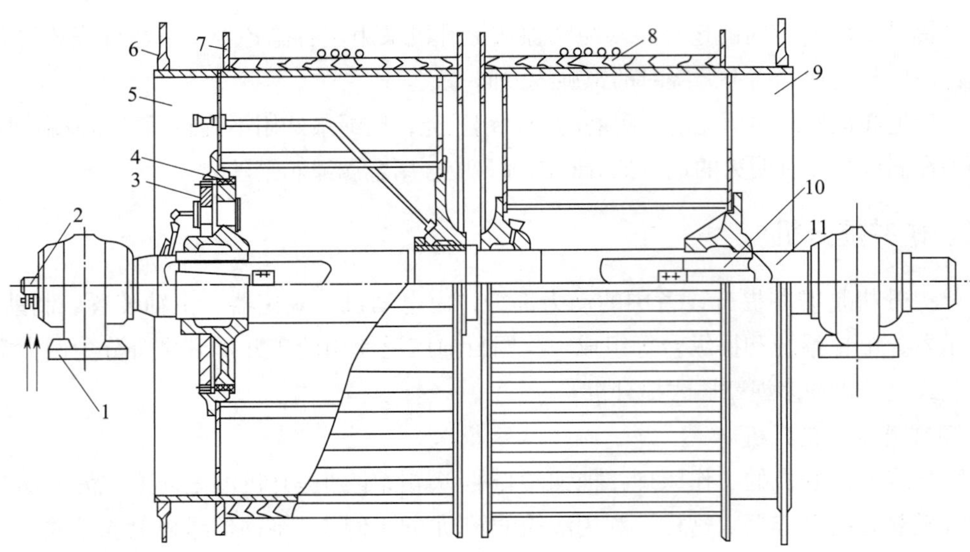

图 5－14　主轴装置的组成

1—轴承座；2—密封头；3—调绳离合器；4—衬套；5—游动滚筒；6—制动盘；7—挡绳板；8—木衬；9—固定滚筒；10—切向键；11—主轴

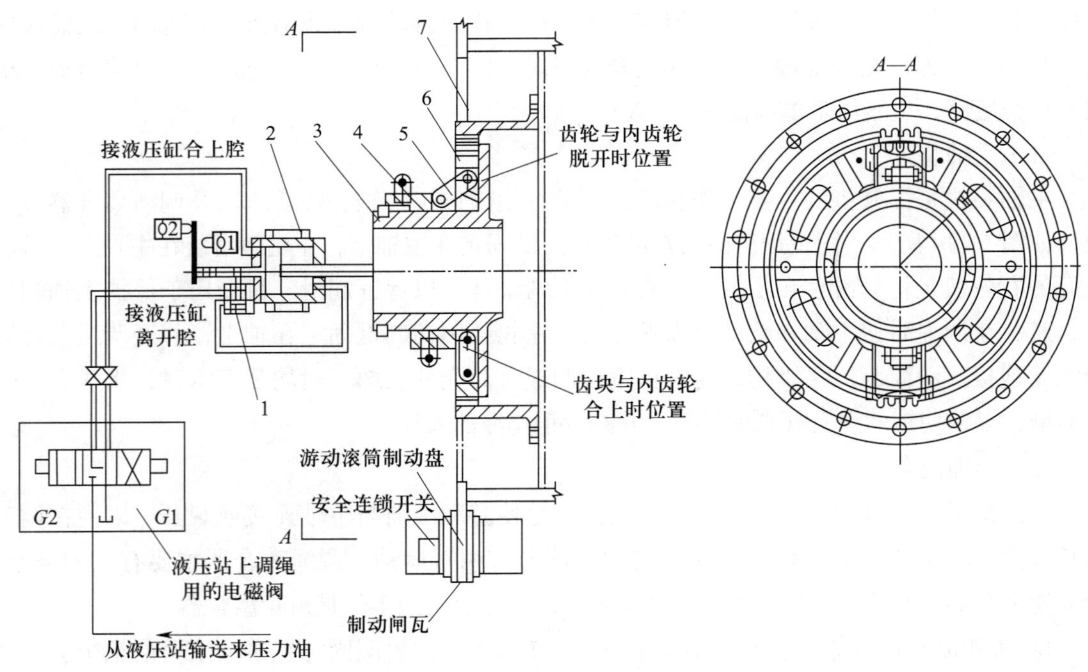

图 5－15　JK 系列提升机齿轮离合器的结构

1—连锁阀；2—离合油缸；3—滑动毂；4—拨叉；5—撑杆；6—径向齿块；7—内齿圈

（3）减速器

矿井提升机所配用的减速器，按结构类型分为平行轴减速器和行星齿轮减速器两种。平行轴减速器又分为双输入轴和单输入轴；行星齿轮减速器有一级和二级之分，按齿形可分为渐开线齿轮减速器和圆弧齿轮减速器两种。

行星齿轮减速器具有体积小、质量小、承载能力大、传动效率高、噪声低和运行平稳等优点，与同等能力平行轴齿轮减速器相比，质量为后者的30%～50%，效率提高约5%。因此，目前行星齿轮减速器已广泛应用于矿井提升机。

（4）联轴器

电动机与减速器输入轴间的连接采用蛇形弹簧联轴器，其齿轮侧面为圆弧形，在齿轮齿间嵌有带状的蛇形弹簧，利用此种弹簧可将扭矩由电动机轴传递到减速器输入轴上。由于蛇形弹簧的作用，减轻了在提升机启动、减速和制动过程中对减速器齿轮的冲击。

提升机主轴与减速器输出轴的连接采用齿轮联轴器，外齿轴套的齿为球面形，齿厚由中间向两端逐渐变小，啮合中齿侧间隙较大，可以自动调位，传动时载荷分布较均匀，延长了轴承的使用寿命。齿轮联轴器还可以消除设备的安装误差，有利于设备的安装。

2. 多绳摩擦式提升机

（1）多绳摩擦式提升机概述

由于矿井开采深度的增加和一次提升量的增大，如采用单绳缠绕式提升机，其体积、重量就会很大。这不仅增加了投资设备的成本，而且在制造、运输、安装、使用和维护等方面都带来了一系列问题。在这种情况下，德国人戈培提出将钢丝绳搭在摩擦轮上，这就出现了单绳摩擦式提升机。与缠绕式提升机相比，摩擦轮的宽度变窄了，相应的体积变小、重量减小，但滚筒的直径仍未减小。为此，后来出现了多绳摩擦式提升机。

多绳摩擦式提升系统的结构如图5－16所示，其提升钢丝绳不是缠绕在滚筒上，而是搭放在摩擦轮上，两端各悬挂一个提升容器（也有一端是平衡锤的）。当电动机带动摩擦轮转动时，借助于安装在摩擦轮上的衬垫来提升钢丝绳之间的摩擦力，从而提升钢丝绳完成提升或下放任务。

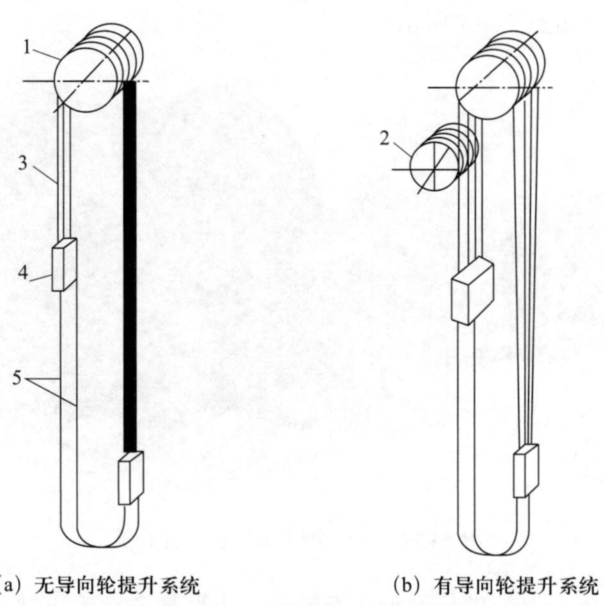

（a）无导向轮提升系统　　（b）有导向轮提升系统

图5－16　多绳摩擦式提升系统的结构

1—摩擦轮；2—导向轮；3—提升钢丝绳；4—提升容器；5—尾绳

多绳摩擦式提升设备有井塔式和落地式两种布置方式。

井塔式是把提升机安装在井塔上，其优点是：布置紧凑、节省工业广场占地；没有天轮，钢丝绳不露天工作，改善了钢丝绳的工作条件。其缺点是：需要建造井塔，费用较高。井塔式多绳摩擦式提升机又可分为有导向轮和无导向轮两种。有导向轮与无导向轮相比，其优点为：两提升容器的中心距不受摩擦轮直径的限制，不仅可减小井筒断面，而且可以加大钢丝绳在摩擦轮上的围包角，增加其提升能力。其缺点是：钢丝绳产生反向弯曲，影响使用寿命。

落地式是将提升机安装在地面上，其优点是井架建造费用低，减少了矿井的初期投资成本，并可提高抵抗地震灾害的能力。过去我国的多绳摩擦式提升设备多采用井塔式，近年来主要采用落地式。

多绳摩擦式提升机与单绳缠绕式提升机相比，其主要优点如下：

1）提升高度不受滚筒宽度限制，适用于深井提升。

2）由于多根钢丝绳共同承受终端载荷，钢丝绳直径变小，故摩擦轮直径显著减小。

3）在相同提升速度情况下，可以使用转速较高的电动机和传动比较小的减速器。

4）偶数根钢丝绳左右捻各半，提升容器扭转力减小，有效减小了罐耳与罐道间的摩擦。

5）钢丝绳搭放在摩擦轮上，减少了钢丝绳的弯曲次数，改善了钢丝绳的工作条件，提高了钢丝绳的使用寿命。

6）多根钢丝绳同时被拉断的可能性极小，提高了提升机的安全性。因此，采用多绳摩擦式提升机的罐笼可以不设防坠器。

由于多绳摩擦式提升机具有一系列明显优点，目前在国内外都得到了广泛的应用。

（2）JKM 型多绳摩擦式提升机

JKM 型多绳摩擦式提升机由电动机、联轴器、减速器、主轴装置、制动系统、深度指示器、车槽装置等组成，如图 5-17 所示。

图 5-17　JKM 型多绳摩擦式提升机

JKM 型多绳摩擦式提升机的传动型式有三种：Ⅰ型是主导轮通过中心驱动共轴式的具有弹簧基础的减速器与电动机相连接，用于单机驱动；Ⅱ型是主导轮通过侧动式的具有刚性基

础的减速器与电动机相连接，用于双机拖动或单机拖动；Ⅲ型不带减速器，主导轮通过联轴器直接与电动机连接。

JKM 型多绳摩擦式提升机采用两级传动共轴式弹簧基础减速器，使用弹性齿轮使两侧齿轮的负荷均衡。以下重点介绍其主轴装置、减速器、车槽装置和深度指示器。

1）主轴装置

多绳摩擦式提升机的主轴装置主要由摩擦轮、主轴及主轴轴承组成。它与缠绕式提升机的主要区别是用摩擦衬垫来代替木衬。由于摩擦式提升机是靠摩擦力来传递动力的，所以衬垫必须具有足够的摩擦因数和耐磨损能力，通常是用倒梯形截面的压块把衬垫挤压固定在筒壳上。摩擦衬垫形成衬圈，再车出绳槽。

2）减速器

多绳摩擦式提升机的减速器有带弹簧基座和不带弹簧基座两种。前者减速器机壳安放在两排弹簧上，以消除振动，且输出轴与输入轴在同一轴线上，故又称为共轴减速器。

3）车槽装置

多绳摩擦式提升机装设有车槽装置，其作用是在提升机安装时对主导轮的摩擦衬垫车削绳槽，以及在使用过程中根据绳槽进行车削，使各绳槽直径相等，以保证各提升钢丝绳的受力趋于均匀。

4）深度指示器

深度指示器的作用是：向提升机司机指示提升容器在井筒中的位置；提升容器接近停车位置时自动发出减速信号，提醒提升机司机注意减速及停车；当提升容器过卷时，自动切断安全回路，进行安全制动；在减速阶段参与速度控制并实现过速保护。

我国矿井提升机应用的深度指示器的型式有圆盘式、牌坊式、数字式三种。其中，过去多用牌坊式深度指示器，现在数字式深度指示器则应用越来越广泛。

①圆盘式深度指示器。圆盘式深度指示器由发送部分和接收部分组成，其原理是传动轴经齿轮传动，将提升机的旋转运动传给发送自整角机，由发送自整角机将信号传给圆盘式深度指示器上的接收自整角机，二者组成电轴，实现同步联系，从而达到指示位置的目的。圆盘式深度指示器装于司机台上，有粗针和精针两个指针，精针只在提升容器接近井口时才转动，以便指示精确的停车位置。圆盘式深度指示器上还配有连击铃，当提升机减速开始时，此铃发出声响，提醒司机作减速操纵。

圆盘式深度指示器结构简单、使用可靠、精度高、易实现自动化，但直观性差。

②牌坊式深度指示器。牌坊式深度指示器主要组成如图 5-18 所示。

在提升机工作时，其主轴带动牌坊式深度指示器上的传动轴、直齿轮、锥齿轮，由它们带动两根直立的丝杠以相反方向旋转。利用支柱分别限制装在丝杠上的梯形螺母旋转。因两根丝杠都是右螺纹，故迫使两个螺母只能沿支柱作上下相反方向的移动，从而指示出井筒中两容器一个向上，另一个向下的位置。在两支柱上固定着的标尺上，用缩小的比例根据矿井的具体情况，刻着与井筒深度或坑道长度相适应的刻度，当装有指针的梯形螺母移动时，则指明了提升容器在井筒的位置。

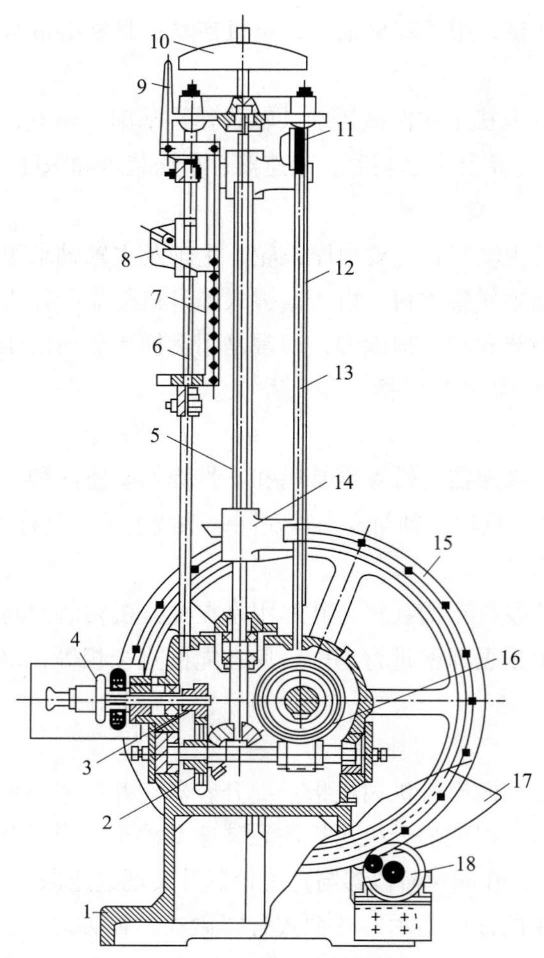

图 5-18　牌坊式深度指示器的组成

1—机座；2—锥齿轮；3—直齿轮；4—离合器；5、6—丝杠；7—信号拉条；
8—减速限位开关；9—铃锤；10—信号铃；11—过卷限位开关；12—标尺；13—支柱
14—梯形螺母；15—限速圆盘；16—蜗轮蜗杆组；17—限速凸轮板；18—限速自整角机

牌坊式深度指示器指示清楚、直观、工作可靠，但精确度不够。

③数字式深度指示器。数字式深度指示器是矿井机电一体化专用电子部件中的一种，它可方便地与可编程控制器或工作控制计算机等具有相应接口的控制装置配套使用，装在司机操纵台上，由 6 位数字显示器组成，能显示提升容器所处的位置。

数字式深度指示器的工作原理如图 5-19 所示。在司机操作台上设置的数字式深度指示器由 6 位数字显示器组成，能显示提升容器所处的位置及其正负号。数字式深度指示器具有四象限深度指示功能：井口停车点为 0；停车点以上为正，表示过卷距离；停车点以下为负，表示提升容器在井筒中的位置。

数字式深度指示器具有指示精度高、结构简单、节约空间、使用维护方便等优点，因此在各类矿井提升机上都得到了广泛应用。

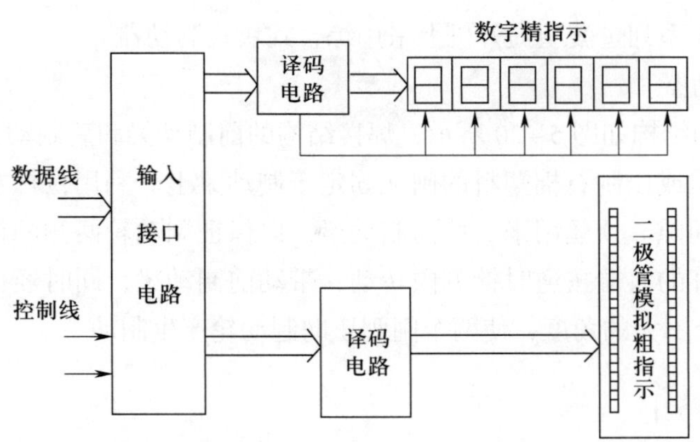

图 5-19 数字式深度指示器的工作原理

四、提升机制动系统

1. 提升机制动系统概述

制动系统是提升机的重要组成部分，它直接关系提升机设备的安全运行，制动系统由制动器（闸）和传动机构组成。制动器是直接作用于制动轮或制动盘上产生制动力矩的部分，按结构分为块式闸和盘式闸两种；传动机构是控制及调节制动力矩的部分，按传动能源分为油压、气压、弹簧式等。例如，KJ 系列提升机采用油压或气压块式闸制动系统，JK 型提升机则采用油压盘式闸制动系统。

（1）提升机制动系统的作用

1）正常工作制动，即在减速阶段参与提升机的速度控制。

2）正常停车制动，即在提升结束或者停车时间闸住提升机。

3）安全制动，即当发生紧急事故或其他意外情况时，能迅速而准确地闸住提升机。

4）调绳制动，即双滚筒提升机在调绳或更换水平时闸住游动滚筒，松开固定滚筒。

（2）制动装置的性能要求

1）最大制动力矩不得小于提升或下放最大静负荷力矩的 3 倍。

2）在调绳或更换水平时，制动装置在各个滚筒上的制动力矩不得小于该滚筒所悬提升容器与钢丝绳重力造成静力矩的 1.2 倍。

3）在立井或斜井提升进行安全制动时，制动减速度应满足规定要求。

4）摩擦式提升机的工作制动或安全制动的减速度不得超过钢丝绳的滑动极限。

5）安全制动应迅速可靠，空行程时间不得超过规定值：气压块式闸不得超过 0.5 s；油压块式闸不得超过 0.6 s；油压盘式闸不得超过 0.3 s。

2. 块式闸制动系统

块式闸制动系统一般应用于 KJ 系列提升机，它包括块式制动器和油压或气压制动传动系统。块式制动器按照结构分为角移式和平移式两种，例如：在 KJ-2 型、KJ-3 型提升机上采用角移式油压制动传动系统；在 KJ-4 型、KJ-5 型和 KJ-6 型提升机上采用平移式气压制动传动系统；在 JK-A 系列过渡型提升机上采用综合式块式制动器。

（1）角移式制动器

角移式制动器的结构如图 5-20 所示，焊接结构的前制动梁和后制动梁，经三角杠杆，用拉杆彼此连接，木质或压制石棉塑料的闸瓦固定于制动梁上。利用拉杆左端的螺母来调节闸瓦与制动轮之间的间隙。顶丝用来支撑前制动梁，以保证制动轮两侧的松闸间隙相同。当进行制动时，三角杠杆的右端按逆时针方向转动，带动前制动梁，同时经拉杆带动后制动梁各自绕其轴承转动一个不大的角度，使两个闸阀压向制动轮产生制动。

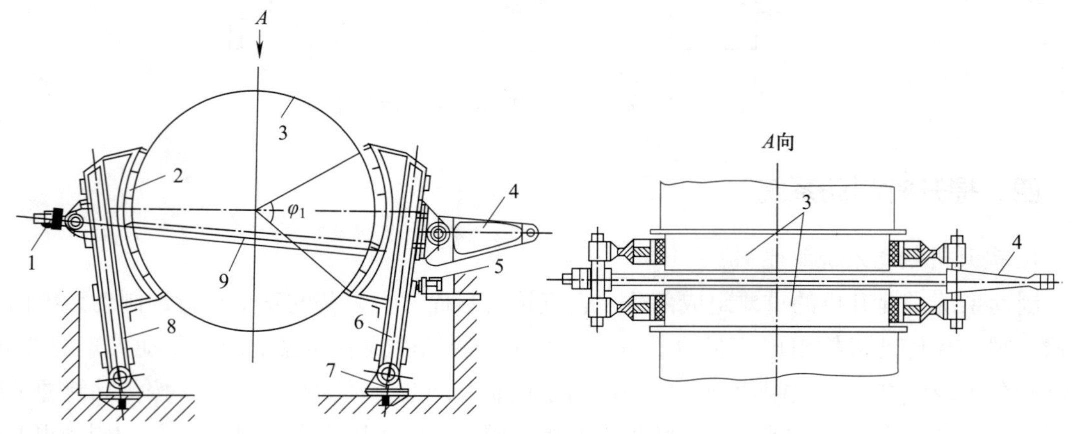

图 5-20　角移式制动器的结构

1—调节螺母；2—闸瓦；3—制动轮；4—三角杠杆；5—顶丝；6—前制动梁；7—轴承；8—后制动梁；9—拉杆

角移式制动器的优点是结构比较简单；缺点是围包角较小，所产生的制动力矩也较小，而且由于闸瓦表面的压力分布不够均匀，闸瓦上下磨损也不均匀。

（2）平移式制动器

平移式制动器的结构如图 5-21 所示，后制动梁用铰接立柱支承在地基上。后制动梁的上下端安设有三角杠杆，用可调节拉杆保持联系；前制动梁用铰接立柱和辅助立柱支承在地基上，前后制动梁用三角杠杆和横拉杆彼此连接，通过制动立杆、制动杠杆，受工作制动气缸和安全制动气缸控制。工作制动气缸充气时抱闸，放气时松闸；安全制动气缸工作情况与之相反。当工作制动气缸充气或安全制动气缸放气时，都可使制动立杆向上运动，通过三角杠杆、横拉杆等驱使前后制动梁上的闸瓦压向制动轮产生制动作用；反之，若工作制动气缸放气或安全制动气缸充气，都使制动立杆向下运动，实现松闸。

平移式制动器前后制动梁是近似平移的。因为后制动梁只有一根立柱来支承，很难保证其平移性，所以需要用顶丝来辅助改善其工作情况。前制动梁受立柱和辅助立柱的支承，形成四连杆机构，当其接近垂直位置时，基本上可保证前制动梁的平移性。

平移式制动器的优点是围包角比较大，产生的制动力矩较大，闸瓦压力及磨损较均匀；缺点是结构复杂。

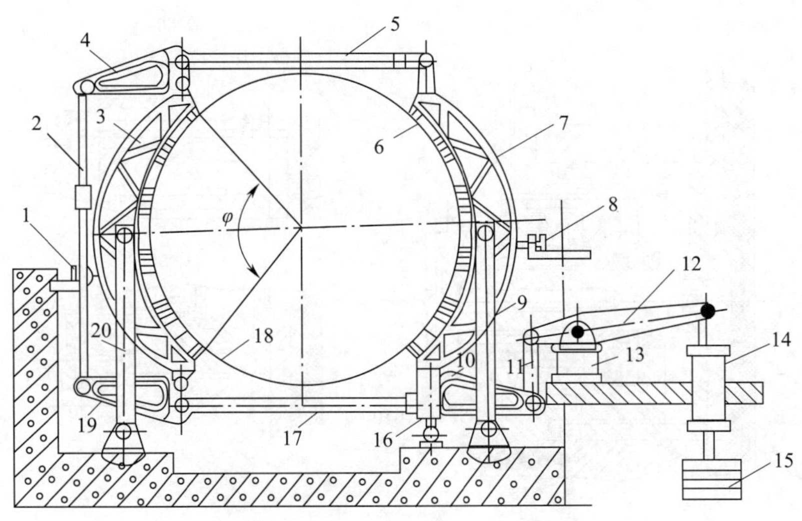

图 5-21　平移式制动器的结构

1、8—顶丝；2—可调节拉杆；3、7—前（后）制动梁；4、10、19—三角杠杆；5、17—横拉杆；6—闸瓦；9、20—铰接立柱；11—制动立杆；12—制动杠杆；13—工作制动气缸；14—安全制动气缸；15—安全制动重锤；16—辅助立柱；18—制动轮

3. 盘式闸制动系统

盘式闸制动系统是应用于矿井提升机上的新型制动系统，它与块式闸制动系统比较的主要优点是结构紧凑、重量小、动作灵敏、安全性好，便于矿井提升实现自动化。盘式闸制动系统与块式闸制动系统不同，它的制动力矩是靠闸瓦沿轴向从两侧压向制动盘产生的。为了使制动盘不产生附加变形，主轴不承受附加轴向力，盘式闸都成对使用，每一对都叫做一副。根据所要求的制动力矩的大小，每一台提升机上可以同时布置两副、四副或多副盘式闸。盘式闸制动系统的结构如图 5-22 所示。

盘式闸制动系统中，两个制动缸组件装在支座上，支座为整体铸钢件，经过垫板用地脚螺栓固定在基础上，内装活塞、柱塞、调整螺栓、碟形弹簧等零件，筒体可以在支座的内孔往复移动。闸瓦用铜螺钉或燕尾槽固定在衬板上。盘式闸制动系统是由碟形弹簧产生制动力，靠油压松闸的。当压力油充入油缸，推动活塞压缩碟形弹簧，并带动调整螺栓、螺钉及柱塞右移时，筒体和闸瓦在回复弹簧和螺栓的作用下也一起右移，闸瓦离开制动盘，呈松闸状态。当油缸内油压降低，碟形弹簧就回复其松闸状态时的压缩变形，推动活塞向左移动，同时带动调整螺栓、螺钉、柱塞推动筒体左移，使闸瓦压向制动盘，达到制动的目的。

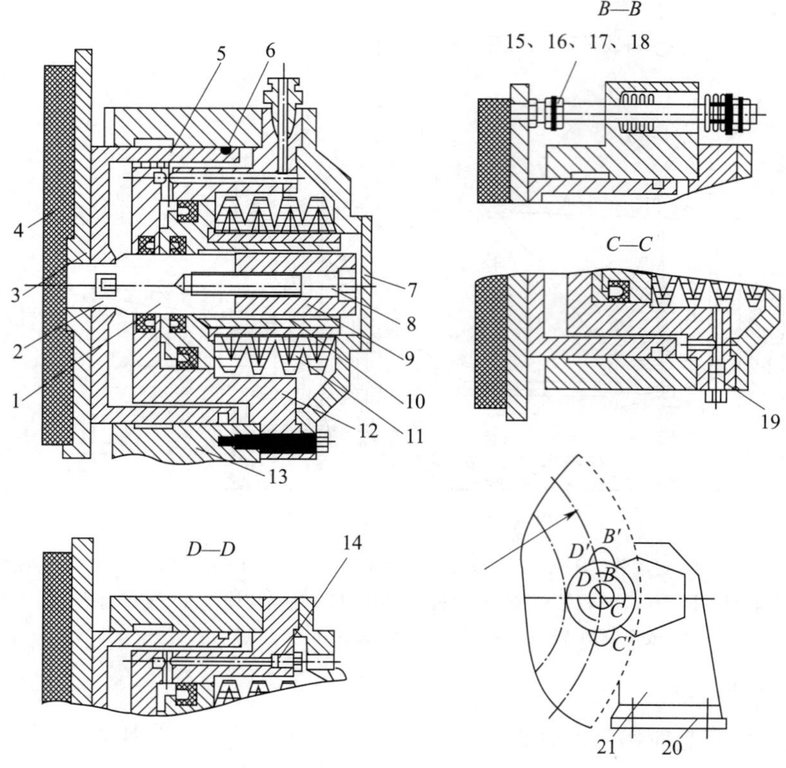

图 5-22　盘式闸制动系统的结构

1—柱塞；2—销子；3—衬板；4—闸瓦；5—筒体；6—密封圈；7—盖；8—螺钉；9—调整螺栓；10—活塞；11—碟形弹簧；12—油缸；13、21—支座；14—放气螺钉；15—回复弹簧；16—螺栓；17—垫；18—螺母；19—塞头；20—垫板

第三节　矿井提升设备的选型

一、选型设计的基本原则

矿井提升设备的选型是否合理，直接影响到矿井的安全生产、基建投资、生产能力和吨煤成本。所以在选型设计之前，必须进行认真的技术方案比较，使设计方案真正达到技术与经济上的合理性。

1. 设计因素

矿井提升设备的合理设计，主要取决于所确定的提升系统是否合理，即设计矿井采用几套提升设备、提升设备的类型（单绳缠绕式或多绳摩擦式）及提升容器（箕斗或罐笼）。提升方式一般可根据矿井年产量来确定，对于年产量小于 30 万吨的矿井可采用两套普通罐笼提升设备，若一套提升设备能够完成提升任务，也可采用一套普通罐笼提升设备。年产量在 30 万

吨及其以上的大中型矿井，由于提升任务重，可设两套提升设备，主井采用箕斗提升设备，副井采用罐笼提升设备。对于年产量超过 180 万吨的特大型矿井，主井可采用两套箕斗提升设备，副井除配备一套罐笼提升设备以外，有时尚需设置一套带平衡锤的单容器提升设备作辅助提升。对于大中型矿井，在决定其提升方式时，还应考虑如下 6 个方面因素：

（1）如果煤的品种较多，且要求不同品种分别运出时，应采用罐笼提升为宜。

（2）如果对煤有块度要求且要求较高时，宜采用罐笼提升。

（3）若地面生产系统靠近井口，采用箕斗可简化煤流过程；若远离井口，并需要窄轨运输的，则宜采用罐笼提升。

（4）采用单容器提升还是双容器提升，主要取决于同时开采的水平数，因煤矿多数以单水平开采，故一般采用双容器提升。当以多水平提升时，一般采用单容器加平衡锤的提升系统。

（5）在立井提升中，一般年产量在 60 万吨及其以上、井深为 300～350 m 时，采用多绳摩擦式提升机为好。如果井深度更大，即使年产量较小，也以多绳摩擦式提升机为宜。对于斜井或较浅的立井均应采用单绳缠绕式提升机。

（6）斜井的提升方式主要有串车、箕斗和带式输送机三种。串车提升一般用于井筒倾角小于 25° 的矿井。对于年产量在 21 万吨及其以下的矿井，一般采用单钩串车提升；当年产量达 30 万吨而提升距离较短时，一般采用双钩串车提升。箕斗提升一般用于年产量 45 万吨以上、井筒倾角大于 25° 的矿井，且一般采用后卸式箕斗。带式输送机一般用于产量较大，运输距离较长的斜井中。

上述为矿井提升设备的一般设计原则。在具体设计时，必须根据矿井的具体条件，提出若干可行性方案，并对各方案的基本投资、运转费用、经济性等关键指标进行技术与经济的综合比较，从而选定最优方案。此外，还要结合我国提升设备的生产和供应情况，最终确定合理的选型设计方案。

2. 设计依据

（1）主井提升

1）矿井年产量，t/a。

2）工作制度：年工作日 b_r（d），日工作小时数 t（h）。《煤炭工业矿井设计规范》（GB 50215—2015）规定：b_r=300 d，t=16 h。

3）矿井开采水平数，各水平的井深及各水平的服务年限。

4）卸载水平与井口的高差，m。

5）装载水平与井下的高差，m。

6）煤的松散容重，t/m^3。

7）提升方式：箕斗或罐笼。

8）井筒断面尺寸、井筒中布置提升设备的套数。

9）矿井电压等级。

（2）副井提升

1）矸石年产量，如无特别指出时，可取煤炭产量的 15%～20%。

2）矸石的散集密度，t/m^3。

3）井筒各水平井深度，m。

4）最大工作班下井人数，一般按每天下井人数总数的 40% 计算。

5）每班下井材料、设备及炸药等情况。

6）矿车规格。

7）井筒断面尺寸，井筒中布置提升设备套数。

8）运送最重设备的质量，kg。

9）井上、井下车场布置形式。

二、矿井提升容器的选择方法

1. 选择原则

矿井提升容器的规格是提升设备选型计算的主要技术参数，它直接影响提升设备的初期投资和运转费用。提升容器的选择原则是：一次合理提升量应该使得初期投资费和运转费的加权平均总和最少。根据确定的一次合理提升量，选择标准的提升容器。

2. 选择计算

提升容器的规格和提升速度之间，存在着相互依赖、相互制约的复杂关系。对于这两个参数的确定，国内外有关学者做了大量的分析研究工作，所得的结论也不相同。在矿井日益走向集中化、大型化的趋势下，更需要对这两个参数的确定作出合理的选择。对于新建矿井，我国煤矿设计部门在选择提升容器时，一般都采用经济速度法来计算。

3. 副井罐笼提升选择原则

（1）最大班井下工人下井时间，不超过 40 min。

（2）罐笼提升最大班净作业时间，一般不超过 5 h。在计算最大班下井人员、矸石及材料提升时间时应遵守下列规定：

1）升降工人时间，按下井工人提升时间的 1.5 倍计算。

2）升降其他人员的时间，按升降工人时间的 20% 计算。

3）提升矸石量按井下日出矸量的 50% 考虑。

（3）对于混合提升设备的提升能力，要求每班提煤和提矸时间均计入 1.25 不均衡系数，并且总计不超过 5.5 h。

（4）能够运送井下设备的最大和最重部件。

（5）普通罐笼进出车（材料车和平板车）的休止时间为 40～60 s。升降人员的休止时间为：单层罐笼每次升降 5 人以下时为 20 s；超过 5 人时每增加 1 人增加 1 s；双层罐笼，如两层中的人员可同时进出罐笼，休止时间仅比单层罐笼增加 2 s 信号联系时间，当两层中的人员都由一个出车平台进出罐笼时，休止时间比单层罐笼增加一倍并另加 6 s。

三、提升钢丝绳的选择方法

提升钢丝绳在工作时受到许多张力的作用，这些张力的反复作用将导致钢丝绳疲劳破断，这是钢丝绳损坏的主要原因；另外磨损及锈蚀将影响钢丝绳的性能并加速其损坏。由于提升钢丝绳的结构复杂、影响因素较多，所以强度计算理论尚未完善，一些计算公式还不能确切地反映其真正的张力情况。我国矿井提升钢丝绳是按《煤矿安全规程》的规定来选择的，其原则是应按最大静载荷并考虑一定安全系数的方法进行计算。

1. 选择钢丝绳的结构应主要考虑的因素

（1）主井单绳缠绕式提升设备多采用同向捻绳，多绳摩擦式提升设备应采用左捻和右捻各一半，而斜井提升设备则多采用交互捻钢丝绳。

（2）在井筒淋水量大，水的酸碱度较高且处于出风井中的钢丝绳，因腐蚀严重，应选用镀锌钢丝绳。

（3）以磨损为主要损坏原因时，如斜井提升、采区上下山运输等，应选用外层钢丝较粗的钢丝绳。

（4）以弯曲疲劳为主要损坏原因时，应选用线接触或三角股钢丝绳。

（5）在高温和有明火的地方，如矸石山，应选用金属绳芯钢丝绳。

2. 钢丝绳的安全系数

《煤矿安全规程》规定，各种用途钢丝绳悬挂时的安全系数最小值，必须符合表 5-1 中的要求。

表 5-1　　钢丝绳安全系数最小值

<table>
<tr><th colspan="3">用途分类</th><th>安全系数*的最小值</th></tr>
<tr><td rowspan="5">单绳缠绕式提升装置</td><td colspan="2">专为升降人员</td><td>9</td></tr>
<tr><td rowspan="3">升降人员和物料</td><td>升降人员时</td><td>9</td></tr>
<tr><td>混合提升时**</td><td>9</td></tr>
<tr><td>升降物料时</td><td>7.5</td></tr>
<tr><td colspan="2">专为升降物料</td><td>6.5</td></tr>
<tr><td rowspan="5">摩擦轮式提升装置</td><td colspan="2">专为升降人员</td><td>9.2—0.000 5 H***</td></tr>
<tr><td rowspan="3">升降人员和物料</td><td>升降人员时</td><td>9.2—0.000 5 H</td></tr>
<tr><td>混合提升时**</td><td>9.2—0.000 5 H</td></tr>
<tr><td>升降物料时</td><td>8.2—0.000 5 H</td></tr>
<tr><td colspan="2">专为升降物料</td><td>7.2—0.000 5 H</td></tr>
<tr><td rowspan="2">倾斜钢丝绳牵引带式输送机</td><td colspan="2">运人</td><td>6.5—0.001 L****
但不得小于 6</td></tr>
<tr><td colspan="2">运物</td><td>5—0.001 L
但不得小于 4</td></tr>
</table>

续表

用途分类		安全系数*的最小值
倾斜无极绳绞车	运人	6.5—0.001 *L* 但不得小于 6
	运物	5—0.001 *L* 但不得小于 3.5
架空乘人装置		6
悬挂安全梯用的钢丝绳		6
罐道绳、防撞绳、起重用的钢丝绳		6
悬挂吊盘、水泵、排水管、抓岩机等用的钢丝绳		6
悬挂风筒、风管、供水管、注浆管、输料管、电缆用的钢丝绳		5
拉紧装置用的钢丝绳		5
防坠器的制动绳和缓冲绳（按动载荷计算）		3

注：①* 钢丝绳的安全系数，等于实测的合格钢丝拉断力的总和与其所承受的最大静拉力（包括绳端载荷和钢丝绳自重所引起的静拉力）之比；

②** 混合提升指多层罐笼同一次在不同层内提升人员和物料；

③*** *H* 为钢丝绳悬挂长度，m；

④**** *L* 为由驱动轮到尾部绳轮的长度，m。

自 2022 年 1 月 6 日《煤矿安全规程》修正版公布之日起，全国在用的缠绕式提升钢丝绳在定期检验时，安全系数小于下列规定值时，应当及时更换：

（1）专为升降人员用的小于 7。

（2）升降人员和物料用的钢丝绳：升降人员时小于 7；升降物料时小于 6。

（3）专为升降物料和悬挂吊盘用的小于 6.5。

应当注意，由于提升钢丝绳在工作过程中所引起的张力非常复杂，影响钢丝绳使用寿命的因素又有很多，所以安全系数并不代表钢丝绳真正具有的强度安全储备值，而仅仅表示经过实践证明的规定安全系数的条件下，钢丝绳才能安全可靠地运行。

第四节　多绳摩擦式提升

一、多绳摩擦式提升的传动原理与防滑分析

1. 多绳摩擦式提升的传动原理

如图 5－23 所示，多绳摩擦式提升的传动原理不同于单绳缠绕式提升，它是依靠钢丝绳与摩擦衬垫之间的摩擦传递动力的，其中的摩擦力对多绳摩擦式提升设备的正常可靠运行有着

极为重要的影响。

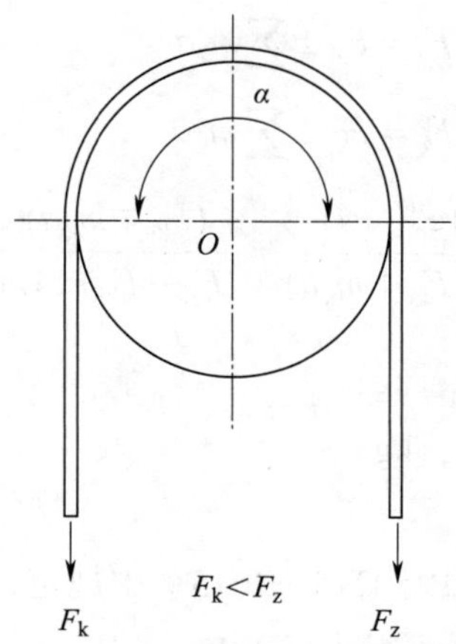

图 5-23　多绳摩擦式提升传动原理

多绳摩擦式提升的传动形式属挠性体摩擦传动，利用欧拉方程可知，所能传递的最大摩擦力为

$$F_{max}=F_z-F_k=F_k(e^{\mu\alpha}-1) \tag{5-1}$$

式中，e——自然对数的底；

μ——钢丝绳与衬垫间摩擦系数，通常取 $\mu=0.2$；

α——钢丝绳对摩擦轮的围包角，rad；

F_k——空载侧钢丝绳拉力，N；

F_z——重载侧钢丝绳拉力，N。

2. 防滑安全系数

由式（5-1）可知，摩擦轮两侧钢丝绳拉力差为 F_z-F_k，正是该拉力差使钢丝绳具有向拉力大的一侧滑动的趋势，而钢丝绳与摩擦衬垫间的摩擦力反向阻止这一滑动趋势。F_{max} 越大，F_z-F_k 越小，钢丝绳越不易滑动；反之，则钢丝绳易滑动。将 F_{max} 与 F_z-F_k 的比值定义为防滑安全系数 σ，即

$$\sigma=\frac{F_{max}}{F_z-F_k}=\frac{F_k(e^{\mu\alpha}-1)}{F_z-F_k} \tag{5-2}$$

（1）静防滑安全系数

防滑安全系数越大，则钢丝绳越不易滑动。如果式（5-2）中 F_z 和 F_k 仅计静张力，则防滑安全系数为静防滑安全系数 σ_j，有

$$\sigma_j=\frac{F_{kj}(e^{\mu\alpha}-1)}{F_{zj}-F_{kj}} \tag{5-3}$$

（2）动防滑安全系数

如果式（5-2）中考虑了惯性力，计算时不但要考虑静张力，而且还要考虑加减速时的

惯性力，以 σ_d 表示。此时钢丝绳既要考虑静张力，又要考虑启动加速度和制动减速度，则有

$$F_z = F_{zj} \pm \sum m_z a \tag{5-4}$$

$$F_k = F_{kj} \pm \sum m_k a \tag{5-5}$$

$$\sigma_d = \frac{(F_{kj} \mp m_k a)(e^{\mu\alpha} - 1)}{(F_{zj} \pm m_z a) - (F_{kj} \mp m_k a)} = \frac{(F_{kj} \mp m_k a)(e^{\mu\alpha} - 1)}{(F_{zj} - F_{kj}) \pm (m_z + m_k)a} \tag{5-6}$$

式中，m_k——空载侧的总变位质量，kg；

m_z——重载侧的总变位质量，kg；

a——提升加速度，m/s^2。

《煤炭工业矿井设计规范》（GB 50215—2015）中规定，提升重物时，静防滑安全系数 σ_j 不得小于 1.25，动防滑安全系数 σ_d 不得小于 1.75。

3. 提高防滑安全系数的措施

（1）增加围包角

最常用的围包角有 α=180° 和 α=190°～195° 两种。对于 α=180° 的形式，不必设导轮，其结构简单、维护方便。但是，因围包角较小，故受到两提升钢丝绳中心距的限制。对于 α=190°～195° 的形式，围包角较大，且可以改变两提升钢丝绳的中心距。但是，因需要设置导向轮，故增加了井架高度，且钢丝绳有附加弯曲，降低了钢丝绳寿命。

（2）增加摩擦系数

增加摩擦系数 μ 可使摩擦力提高，而且不会给系统带来其他缺点。摩擦系数与摩擦衬垫材料、钢丝绳断面形状等因素有关，因此衬垫应采用具有高摩擦系数且耐压耐磨的材料制作。对于摩擦衬垫与钢丝绳之间摩擦系数，目前我国尚缺乏更为广泛的深入研究。

（3）采用平衡锤单容器提升

平衡锤重力为提升容器自重加有益载荷的一半，故静张力差约为双容器提升静张力差的一半，可使防滑安全系数增大。这种系统对多水平提升极为有利。

（4）增加提升容器自重

按照防滑条件增加提升容器自重，以增加摩擦轮轻载侧钢丝绳的静张力。

（5）控制最大加速度，减小动负荷

为了控制提升系统的最大加速度，减小动负荷，可以从电气控制和制动系统两方面采取措施来实现。

二、多绳摩擦提升钢丝绳张力平衡问题

1. 造成钢丝绳张力不平衡的原因

造成钢丝绳张力不平衡的原因主要有：

（1）绳槽直径的偏差，例如存在加工误差、在运转中磨损程度不同等。

（2）钢丝绳长度偏差。

（3）钢丝绳的刚度偏差，例如各绳的物理性质不一致、弹性模量不同等。

（4）各钢丝绳滑动不同步、蠕动等。

2. 改善各钢丝绳张力不平衡的措施

多绳摩擦式提升用的钢丝绳，在悬挂和提升过程中，必然出现长度偏差。钢丝绳的材质和加工精度的不同会导致弹性模数和断面积不同。另外，在主导轮表面上加工绳槽时，各绳槽直径有加工误差，而在提升过程中各绳槽的磨损程度也不相同，这些构成各条钢丝绳的张力不平衡因素，会造成几根钢丝绳受力不均匀。如此长期作用，各绳槽的受力就更不均匀了，这是多绳摩擦式提升钢丝绳的一个特殊问题。如何使各钢丝绳达到均匀受力，是增加钢丝绳和摩擦衬垫使用寿命、提高生产效率的一个重要问题。

为使各提升钢丝绳的张力接近平衡，提升容器的连接处装设有张力平衡的装置。钢丝绳张力平衡装置如图 5-24 所示，可分为如下 4 种：

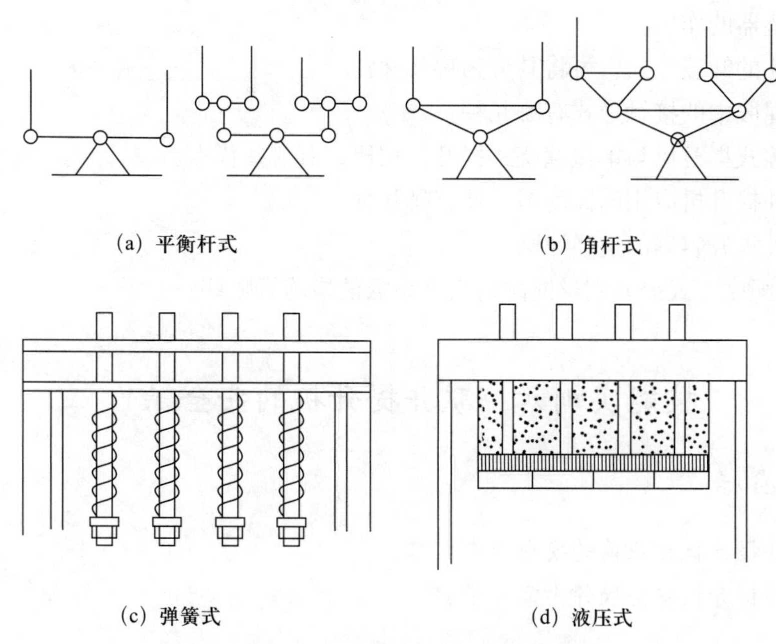

图 5-24　钢丝绳张力平衡装置

（1）平衡杆式

这种张力平衡装置结构简单、重量不大，但调整距离小。受调整范围的限制，其仅应用于深度不大的矿井中。

（2）角杆式

这种张力平衡装置的效果决定于杠杆的长度及其旋转角度。

（3）弹簧式

这种张力平衡装置结构简单，不受钢丝绳根数限制，能减小启动和制动时的动张力，广泛应用于电梯提升系统中。

（4）液压式

这种张力平衡装置能使钢丝绳受力完全平衡，具有较大的调整行程。但其缺点是结构复杂、重量较大。

思考练习题

1. 矿井提升系统是由哪几部分组成的？
2. 按照提升容器的用途和结构不同，可将其分为哪几种？
3. 一般来说，罐笼和箕斗哪一种可以提升人员？
4. 简述防坠器的作用。
5. 根据箕斗的卸载方式，可将其分为哪几种？
6. 钢丝在绳股中的接触形式有哪几种？
7. 多绳摩擦式提升机与单绳缠绕式提升机相比，有哪些优点？
8. 我国矿井提升机应用的深度指示器有哪几种？
9. 简述矿井提升容器的选择原则。
10. 提高多绳摩擦式提升钢丝绳防滑安全系数的措施有哪些？

技能实训六　矿井提升机的安全操作

一、实训目标

1. 熟悉矿井提升机作业前的安全检查内容。
2. 掌握矿井提升机安全操作内容与步骤。

二、任务描述

熟悉矿井提升机的作业环境安全检查、运行装置安全检查、试运转安全操作等作业前的安全检查内容；学会矿井提升机的准备工作、运行安全操作、停机安全操作和收工安全操作一系列步骤。

三、任务准备

1. 换好工作服，佩戴安全帽、矿灯，并有序进入矿井提升机实训现场排队等候。
2. 打扫好矿井提升机实训现场周边卫生，清扫矿井提升机机身浮尘。
3. 清点矿井提升机操作使用的有关工具和配件。
4. 打开矿井提升机试运转 15 min。

四、知识要点

1. 检查作业环境。
2. 检查电气装置。
3. 检查制动系统。
4. 巡回检查线路。
5. 检查重点部位。
6. 合上高压隔离开关。
7. 合上辅助控制盘上的开关。
8. 启动直流发电机组。
9. 启动润滑油泵和制动油泵。
10. 进行提升机升降操作。
11. 停机安全操作。
12. 收工安全操作。

五、实训过程

1. 介绍实训内容

在开始实训前，由指导教师介绍本次实训的内容和目标以及学生必须掌握的知识点内容，并做好作业前的安全操作培训有关事宜。

2. 分配任务

根据教学计划和课程要求分配任务给每个学生，学生两人一组，一人操作，另一人监护，并进行必要的指导。

3. 开展实训操作

根据分配任务进行具体操作，练习矿井提升机开机前的安全检查工作，以及开机安全操作、提升时安全操作、停机安全操作和收工安全操作一系列步骤。

4. 巡回指导，及时反馈

在学生实训过程中，指导教师要及时跟踪并进行巡回指导；共性的问题集中解决，个性问题现场及时解决。下课前，指导教师要对学生在操作过程中出现的问题进行必要的记录和总结，并及时反馈。

六、注意事项

1. 在整个操作过程中应精神集中，随时注意操纵台上的主要仪表的读数。
2. 应注意深度指示器的指示位置。
3. 随时注意各转动部位在运动中的声响。
4. 注意信号盘信号的变化。
5. 要注意钢丝绳在卷筒上（指单绳缠绕式提升机）的排列是否正常。

6. 矿井提升机在启动、试运转中发现下列情况之一时，应立即断电、制动停机：

（1）电流过大，加速太慢，启动不起来。

（2）压力表（气压和油压）所指示的压力不足。

（3）提升机声响不正常。

（4）钢丝绳在卷筒上缠绕（指单绳缠绕式提升机）排列时发现异状。

（5）出现不明信号。

（6）速度超过规定值，而限速、过速保护又未起作用。

7. 矿井提升机在运转中发现下列情况之一时，应立即断电、制动停机：

（1）出现紧急停机信号或在加减速过程中出现意外信号。

（2）主要部件失灵。

（3）接近井口尚未减速。

（4）其他严重的故障。

8. 矿井提升机在常速运转时，电动机操纵手把应在推或扳的极限位置，以免启动交流电动机电阻过度发热。

七、总结与思考

1. 课程总结

指导教师对本次实训进行总结，包括实训教学的效果、存在的问题和改进措施等。

2. 书写实训报告

学生认真书写实训报告，深刻体会理论与实践的紧密结合，进而通过实训提高自己技能水平。

3. 评估反馈

由指导教师对学生实训过程进行全面综合评估，并及时向学生反馈结果，以便下一次实训活动有序开展。

第六章

流体机械

学习目标

1. 了解矿井通风设备、矿井压风设备、矿井排水设备的结构及其工作原理。
2. 熟悉矿用通风机、离心式水泵的主要部件及性能。
3. 掌握矿用空压机、矿用水泵的结构与性能，以及矿井排水设备的选型。

引　言

流体机械作为矿山生产中的重要设备，其性能与运行状况直接关系煤矿生产的安全与效率。因此，学习与掌握流体机械知识，对于从事矿山生产及相关领域的人员来说，具有十分重要的意义。

本章主要介绍矿井通风设备、矿井压风设备、矿井排水设备的结构、性能、工作原理以及设备的选型，通过系统学习相关内容，为今后的工作实践打下坚实的基础。

第一节　矿井通风设备

一、矿井通风设备概述

1. 矿井通风设备的作用

矿井通风设备是确保矿井安全生产的关键设备设施之一。矿井通风不仅能为井下作业人员提供足够的氧气，输送新鲜空气，还能有效稀释并排出矿井中的有害气体和粉尘，降低有害气体和粉尘的含量，防止瓦斯与煤尘爆炸等事故的发生。因此，正确使用矿井通风设备，能够有效地改善井下作业环境，降低生产安全事故与职业病的发生率，对保障作业人员身体健康和生命安全具有重要意义。

2. 矿井通风的方法及方式

（1）矿井通风的方法

1）自然通风法

自然通风法是指利用自然风压或温度差产生的空气流动来进行通风的方法。

2）机械通风法

机械通风法是指用通风设备（如风机、风筒等）强制将新鲜空气送入矿井，同时将污浊空气排出矿井的方法。

3）混合式通风法

混合式通风法是指将自然通风法和机械通风法相结合，充分利用两者的优点，以提高通风效果。

（2）矿井主通风设备的工作方式

1）抽出式

抽出式是将矿井主通风设备安设在出风井一侧的地面上，新风经进风井流到井下各用风地点后，污风再通过风机排出地表的一种矿井通风方法。

2）压入式

压入式是将矿井主通风设备加压后送入井下各用风地点，污风经过回风井排出地表的一种矿井通风方法。

3. 矿井通风设备的主要类型

（1）局部通风机

局部通风机主要用于局部地点的通风换气，如掘进工作面、采煤工作面等。根据工作原理，可将其分为离心式通风机和轴流式通风机。

1）离心式通风机

如图 6-1 所示，离心式通风机通过叶片的旋转和空气离心力的作用产生风流，主要适用于大型矿井。其特点是风压高、流量大。

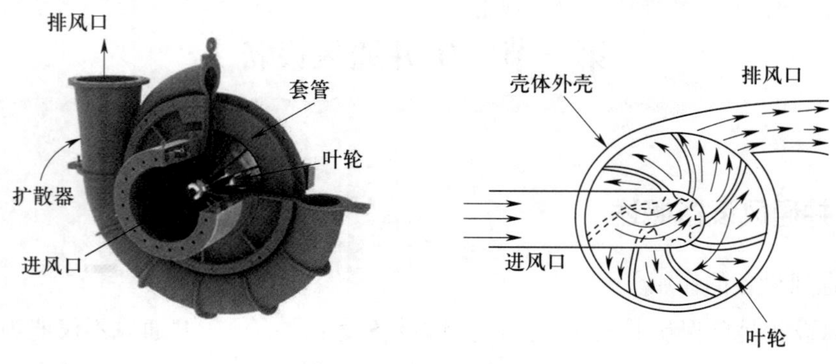

图 6-1　离心式通风机

2）轴流式通风机

如图 6－2 所示，轴流式通风机主要利用叶片的旋转产生风流，适用于各种大小的矿井。其特点是风量大、效率高、噪声低。

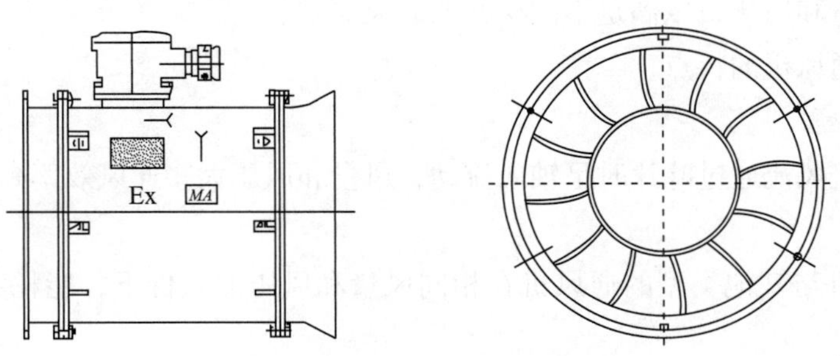

图 6－2　轴流式通风机

（2）主要通风机

主要通风机负责全矿井或矿井某一翼的通风，是矿井通风系统的核心设备。主要通风机通常安装在地面，也可安装在井下。

（3）辅助通风机

辅助通风机主要用于在主要通风机发生故障时提供备用通风，以及在某些特殊情况下增加矿井通风量。

二、通风机的工作原理和特点

1. 离心式通风机的工作原理和特点

（1）离心式通风机的工作原理

当离心式通风机的电动机驱动叶轮旋转时，风叶上的叶片在旋转过程中将空气推向后方，形成离心力，气体在离心力的作用下从叶轮中心被甩向边缘，从而实现通风。离心力的大小与风叶旋转的速度成正比，速度越快，离心力越大，通风机的排风能力就越强。同时，离心式通风机的排风量还与进风口的大小、风叶的数量和形状等因素有关。

（2）离心式通风机的特点

1）效率高

离心式通风机采用离心力原理，能够实现大风量、低压力的通风效果，具有较高的通风效率。

2）结构简单

离心式通风机的结构相对简单，制造和维护方便，成本较低。

3）运行稳定

离心式通风机运行稳定，噪声较小，能够适应各种恶劣环境。

2. 轴流式通风机的工作原理和特点

（1）轴流式通风机的工作原理

轴流式通风机通过电动机驱动传动装置，使叶片在轴向上旋转，叶片表面产生的气流受到离心力的作用，使气体在叶片的推力作用下沿轴向流动。由于叶片的特殊设计，气流在通过叶片时，会受到一定的压缩和加速，从而增加气流的动压和静压，使气流更好地向矿井内部扩散，最终实现矿井的通风换气。工作过程中，可以通过调整电动机的转速和叶片的倾角，控制通风机的风量和风压，以满足不同矿井的通风需求。

（2）轴流式通风机的特点

1）通风效率高

轴流式通风机风流通过叶片时呈轴向流动，风量和风压大，通风效率高。

2）能耗低

轴流式通风机与其他类型的通风机在相同风量和风压的条件下，能耗更低，有助于降低矿山运营成本。

3）维护简便

轴流式通风机结构简单，维护方便，运行时噪声相对较小，维修成本较低，延长了设备的使用寿命。

三、矿用通风机的结构及性能

1. 矿用通风机的结构

矿用通风机主要由进风口、电动机、风机主体、出风口、风筒和控制装置等部分组成，其中的风机主体一般由叶轮、蜗壳、轴承、机壳等构成。图 6-3、图 6-4 所示分别为离心式通风机和轴流式通风机的结构。

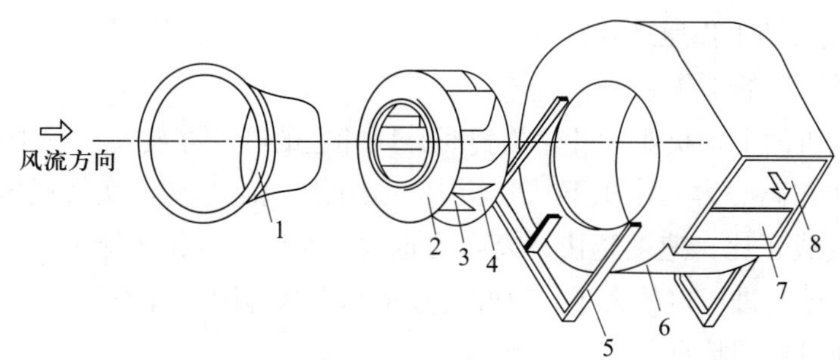

图 6-3　离心式通风机的结构

1—进风口；2—叶轮前盘；3—叶片；4—叶轮后盘；5—支架；6—机壳；7—截流板（风舌）；8—出风口

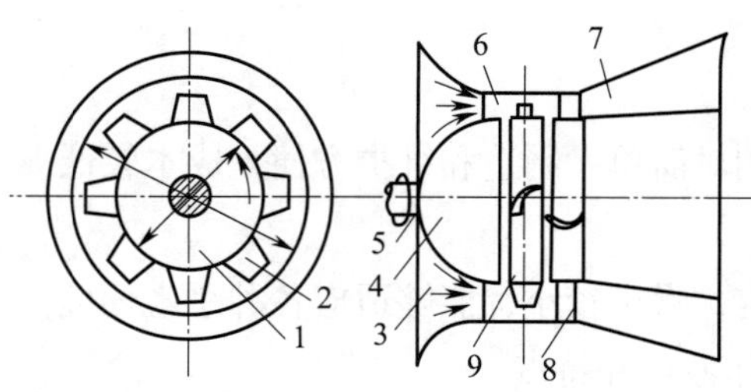

图 6-4　轴流式通风机的结构

1、9—工作轮；2—叶片；3—进风口；4—前流线体；5—轴承；6—机壳；7—扩散器；8—整流器

（1）风机主体

1）叶轮

叶轮是通风机的核心部分，负责将电动机的旋转动力转化为气体的流动动力，其主要作用是增加空气的压力和流速。叶轮一般由多个叶片组成，形状和数量根据通风机的设计参数和使用环境来确定。叶轮的设计和制造质量直接影响到通风机的性能和使用寿命，通常采用高强度、耐磨损的材料制成，以适应恶劣的工作环境。

2）蜗壳

蜗壳位于叶轮的外部，主要作用是引导空气流动，减少涡流损失，提高通风效率。蜗壳的形状和尺寸也是根据通风机的设计参数和使用环境进行设计的。

3）轴承

轴承用于支撑叶轮并使其能在电动机驱动下自由转动。矿用通风机通常采用耐磨、耐腐蚀的材料制造轴承，以适应矿山复杂的工作环境。

4）机壳

机壳是通风机的外部框架，主要作用是固定和保护内部零件，同时也是气流的通道。考虑到气流的顺畅性和通风机的整体稳定性，因此机壳通常由钢板焊接而成，具有良好的强度和密封性。

（2）电动机

电动机是通风机的动力源，通过驱动叶轮转动来实现空气的流通，一般采用三相异步电动机，其具有启动快、运行稳定、效率高、噪声小等特点。矿用通风机通常采用防爆型电动机，以确保在易燃易爆的矿山环境中安全运行。

（3）进风口和出风口

进风口和出风口是通风机空气流动的通道，其大小和形状对通风机的性能有重要影响。进风口需要考虑风流的方向和流量的调节，通常设置在通风机的侧面或顶部，而出风口则需要考虑到气流的均匀性和方向的调整，设置在通风机的另一侧或顶部。

（4）风筒

风筒是连接通风机和井下巷道的管道，其作用是将新鲜空气输送到井下，并将有害气体和粉尘排出。风筒的材质和直径应根据实际需要进行选择，以保证通风效果。

（5）控制装置

控制装置是通风机的控制核心，通常由电气控制柜和可编程逻辑控制器（PLC）等组成，用于实现通风机的启动、停止、调速等功能。

2. 矿用通风机的性能

矿用通风机的性能指标主要包括风量、风压、功率、效率等指标。

（1）风量

风量是指单位时间内通风机通过的空气体积，通常以 m^3/min 或 m^3/h 表示。风量是评价通风机性能的重要指标之一，与通风机的结构和转速有关。在矿井通风系统中，合理的风量分配对于保障矿工的健康和生产安全至关重要。

（2）风压

风压是指通风机产生的静压、动压和全压之和，通常以 Pa 表示。风压的大小决定了通风机能否将空气输送到较远的距离或克服较大的阻力。在矿井通风系统中，风压的选择应根据矿井的实际情况和通风要求来确定。

1）静压（P_j）是指单位体积的气体流过通风机后所获得的压力能。

2）动压（P_d）是指单位体积的气体流过通风机后所获得的动能。

3）全压（P）是指单位体积的气体流过通风机后所获得的总能量。

（3）功率

功率是指通风机在运行过程中所消耗的电能，通常以 kW 表示。功率的大小与通风机的风量、风压以及电动机的效率等因素有关。在满足通风需求的前提下，应尽量降低通风机的功率消耗，以提高能源利用效率。

（4）效率

效率是指通风机输出的有用功与输入的总功之比，通常以百分比（%）表示。效率越高，说明通风机的性能越好，能源利用率越高。通风机的效率受多种因素影响，如叶轮的设计、蜗壳的形状、电动机的功率等。提高通风机的效率有助于降低能耗、减少运行成本并延长设备的使用寿命。

3. 矿井通风设备的选型与维护

矿井通风设备的选型应根据矿井的实际需要来确定，包括通风量、通风阻力、工作环境等因素，同时还应考虑设备的可靠性、经济性和维修性。设备的维护也非常重要，包括定期检查、清洁、润滑和更换易损件等，以确保设备的正常运行和延长使用寿命。

矿井通风设备是矿井安全生产的重要组成部分。了解和掌握矿井通风设备的基本知识，合理选择和维护设备，对于提高矿井安全水平和保障作业人员生命财产安全具有重要意义。未来，随着科技的发展，矿井通风设备将不断向更高效、更智能的方向发展。

第二节　矿井压风设备

一、矿井压风设备概述

矿井压风设备是矿山生产中的重要设备之一，主要用于向井下提供压缩空气，以满足各种气动工具和设备的需求。矿井压风设备通常由多个部分组成，每个部分都有其特定的功能和作用。

1. 矿井压风设备的基本组成

矿井压风设备由主要设备（空气压缩机、储气罐、空气净化设备）和辅助设备（输气管道系统、井口安全装置、压力传感器和温度传感器）以及电气控制系统等组成。

（1）空气压缩机

空气压缩机简称空压机，是矿井压风设备的核心部分，将大气中的空气压缩成高压气体，供给井下使用，其安装标准系统配置如图 6-5 所示。常见的空压机类型有活塞式、螺杆式和离心式等，其中的活塞式空压机因其结构简单、维修方便在矿井得到广泛应用。

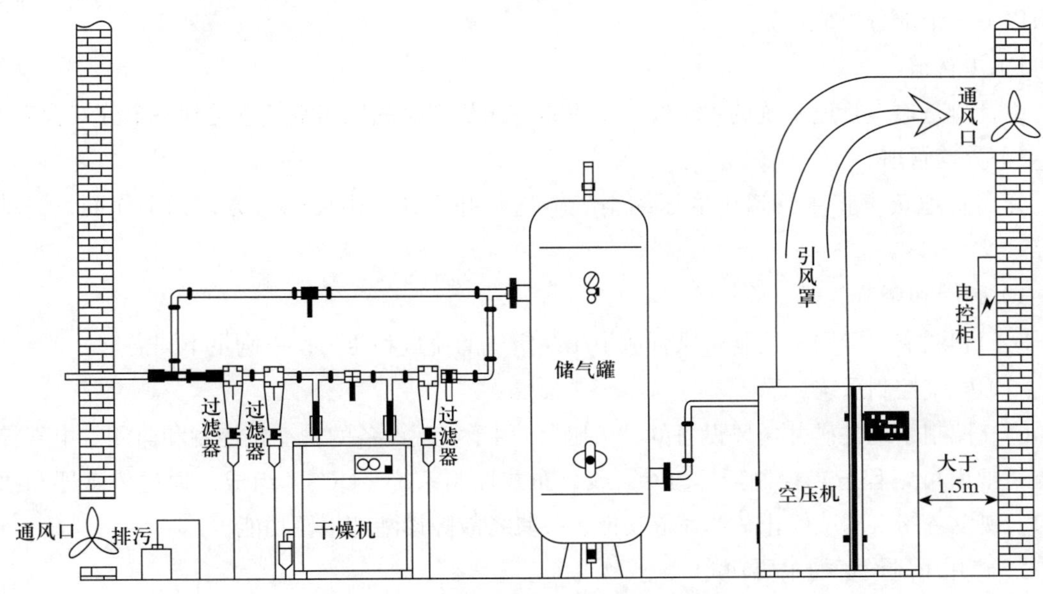

图 6-5　空压机安装标准系统配置

空压机主要由以下 6 个部分组成：

1）电动机

电动机是空压机的动力源，负责提供空压机所需的旋转动力。根据矿井的实际情况，可以选择适当类型和功率的电动机。

2）压缩机

压缩机是空压机的核心部件，负责将吸入的空气进行压缩，提高空气的压力。

3）冷却系统

冷却系统包括风扇、散热器等部件，负责将压缩机工作过程中产生的热量散发出去，以保证压缩机的正常工作。

4）控制系统

控制系统负责控制空压机的启动、停止、调速等功能，保证空压机的安全、稳定运行。

5）储气罐

储气罐用于储存和缓冲空压机输出的压缩空气，以保证在空压机停机或负载波动时，仍能提供稳定的压缩空气。储气罐通常设计为一定的容积和压力等级，以满足矿井的实际需求，同时还配备有安全阀、压力表等安全附件。

6）空气净化设备

由于压缩空气中会含有一定的油分、水分、粉尘等杂质，所以使用空气净化设备去除这些杂质，以保证压缩空气的质量。常见的空气净化设备有冷凝器、干燥器和过滤器等。

（2）输气管道系统

输气管道系统是矿井压风辅助设备中的重要组成部分，主要负责将压缩空气从空压机输送到井下各个工作面，通常由钢管或塑料管组成，并根据实际需要设置分支管道和阀门，通常由以下3个部分组成：

1）主管道

主管道是输气管道系统的主干线，负责将空压机产生的压缩空气输送到各个分支管道中。

2）分支管道

分支管道负责将主管道中的压缩空气输送到井下各个需要的地方，如工作面、气动工具等。

3）阀门和调节装置

阀门和调节装置用于控制压风管道中压缩空气的流量和压力，以满足不同需求。

（3）电气控制系统

电气控制系统是矿井压风设备的“大脑”，用于实现设备的自动化控制和监测。电气控制系统通常由可编程逻辑控制器（PLC）或分布式控制系统（DCS）组成，通过传感器和执行机构实现设备的启动、停止、调速等功能，并具备故障诊断和报警功能。

2. 矿井压风设备的主要功能

（1）提供压缩空气

矿井压风设备的基本功能之一是生成并提供清洁、安全的压缩空气。在生产过程中，许多设备都需要使用压缩空气来驱动或控制，包括为井下各种气动设备提供动力，如风镐、气动钻机、气动锚杆机等设备的驱动，以及矿石的输送和除尘，确保生产线的正常运转。

（2）维持矿井通风

在矿井中，由于可能存在有毒有害或易燃易爆的气体，使用电动工具可能引发危险，因此，保持良好的通风是非常重要的。矿井压风设备可以通过向井下输送新鲜空气，稀释并排出有害气体，改善井下作业环境，从而避免危险，保证矿工的身体健康和生产安全。

（3）用于紧急救援

在发生矿难时，如井巷坍塌、火灾或瓦斯爆炸等，矿井压风设备可以为遇险矿工提供呼吸所需的清洁空气，确保他们的生命安全。这是矿井压风设备最为重要的功能之一，因为它直接关系到矿工的生命安全。

（4）提供动力支持

矿井压风设备除了提供驱动气源外，还可以为矿井中的其他设备提供动力支持。例如，用压缩空气来驱动气动马达、气动泵等，这些设备在矿井作业中发挥着重要作用，可以提高作业效率，降低工人的劳动强度。

（5）节能降耗、环保减排

矿井压风设备通常采用先进的节能技术，如变频控制、智能调节等，能够根据矿井的实际需求自动调节设备的运行状态，实现节能降耗的目的。同时，这类设备越来越注重环保和减排技术的应用，如采用低噪声设计、减少废气排放等措施，以降低对周边环境的影响。这些都有助于提升煤矿的可持续发展水平，实现绿色矿山建设目标。

3. 矿井压风设备的选择与维护

在选择矿井压风设备时，应充分考虑矿井的实际情况，包括井下设备的数量、作业环境、安全生产要求等因素。同时，还应对设备进行定期的检查和维护，确保其处于良好的运行状态。为了保证矿井压风设备的安全运行，通常会配备如下安全防护装置：

（1）压力保护装置

当压缩空气的压力超过设定值时，压力保护装置会自动切断电源，防止空压机过载损坏。

（2）温度保护装置

当空压机的温度过高时，温度保护装置会自动切断电源，防止空压机因过热而损坏。

（3）油气分离器

油气分离器负责将压缩空气中的油分分离出来，防止油分进入井下对环境和设备造成污染。

二、矿用空压机的结构与调节

1. 矿用空压机的结构

如图 6–6 所示，矿用空压机主要由压缩主机、冷却系统、控制系统、气路系统和油气分离系统等组成。

图 6–6　矿用空压机

（1）压缩主机

压缩主机是矿用空压机的核心组成部分，其组成如图 6–7 所示。电动机通过联动轴驱动转子旋转，从而带动曲轴和活塞进行往复运动，实现对空气的压缩。其中气缸是压缩空气的主要工作区域，活塞的运动，使得气缸内的空气受到压缩，从而提高其压力。

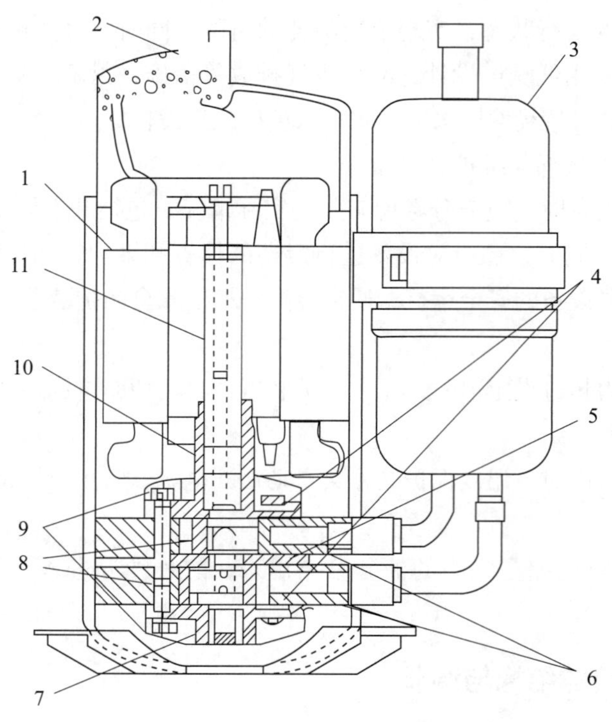

图 6－7　矿用空压机的压缩主机的组成

1—电动定子；2—接线端子；3—气液分离器；4—阀（上、下）；5—隔热板；6—气缸（上、下）；7—下轴承；8—旋转活塞（上、下）；9—排气罩（上、下）；10—上轴承；11—轴

（2）冷却系统

由于空压机在工作过程中会产生大量的热量，因此保持正常运行必须配备冷却系统以防止设备过热。冷却系统通常由冷却风扇、散热器、水管等部件组成，能够有效地将设备产生的热量散发出去。

（3）控制系统

控制系统是空压机的“大脑”，负责对设备的运行进行监控和调控。控制系统通常由电气控制箱（PLC 触摸屏）、压力传感器、温度传感器等部件组成，操作人员可以设定和调整空压机的运行参数，如压力、流量、温度等。其中的各种传感器负责实时监测设备的运行状态，如温度、压力、转速等，通过 PLC 触摸屏能实现对空压机的启动、停止、加载和卸载等操作的精确控制。

（4）气路系统

气路系统由进气系统、排气系统、安全阀等部件组成，主要功用是向空压机提供足够的空气。进气系统包括空气过滤器、进气阀等部件，用于过滤和调节进入空压机的空气流量。排气系统包括排气管道、排气阀等部件，用于将压缩空气排出空压机，以满足矿山生产的需求。安全阀用于在压缩机超压时自动切断压力源，以保护空压机和设备的安全，而压力表用于实时监测空压机的压力。

（5）油气分离系统

油气分离系统主要功能是将压缩空气中的油分分离出来，以保证压缩空气的质量，通常由油气分离器、油过滤器、回油管等组成。油气分离器通过离心力和重力的作用，将空气中的油分分离出来，然后通过回油管将油分送回压缩主机进行再利用。

2. 矿用空压机的调节

为了满足矿山井下等不同工作环境下对压缩空气的不同需求，矿用空压机通常需要进行一定的调节，常见的调节方式包括以下 3 种：

（1）压力调节

压力调节通过调节空压机控制系统中的压力控制阀和压力传感器来实现，可以改变对压缩机输出压力的控制。根据实际需要，可调整压力开关的设定值，以控制空压机的启动和停止压力。同时，通过监测压力传感器的读数，可以实时了解空压机的运行压力，从而对其进行必要的调整。当实际压力低于设定值时，空压机将增加输出功率，以提高压力；当实际压力高于设定值时，空压机将降低输出功率以降低压力。

（2）流量调节

流量调节主要通过改变空压机的转速或调节进气阀的开度来实现。当需要更大的流量时，可以提高空压机的转速或增大进气阀的开度；当需要更小的流量时，可以降低空压机的转速或减小进气阀的开度。

（3）温度调节

温度调节主要通过冷却系统来实现。定期检查冷却系统的运行状态，确保冷却水循环畅通，可以有效防止空压机过热。当空压机温度过高时，可以增加冷却系统的功率，提高冷却效果；当空压机温度过低时，可以减小冷却系统的功率，避免浪费能源。此外，还可以通过调整空压机的运行负荷，来控制其温度。

3. 矿用空压机的调节方法

矿用空压机的调节方法主要包括手动调节和自动调节两种。

（1）手动调节

手动调节是指操作人员直接调整控制系统中的各项参数，实现对空压机的调节。这种方法需要操作人员具备一定的专业知识和技能，且在调节过程中可能存在一定的误差。

（2）自动调节

自动调节是指通过控制系统中的自动化设备和算法，实现对空压机的自动调节。这种方法可以减少人为误差，提高调节的准确性和稳定性。

4. 矿用空压机调节的注意事项

在进行矿用空压机的调节过程中，需要注意以下 4 点：

（1）调节前应对空压机进行全面检查，确保设备处于良好状态。

（2）调节过程中应遵循设备说明书和操作规程，严禁违规操作。

（3）调节后应对空压机的运行状态进行监控，确保调节效果达到预期。

（4）如遇调节困难或设备故障，应及时联系专业人员进行检修和维护。

5. 矿用空压机调节的重要性

（1）提高效率

合理的调节可以使矿用空压机在最佳状态下运行，从而提高其工作效率。这不仅可以减少能源消耗，还可以延长空压机的使用寿命。

（2）保障安全

矿用空压机的安全运行对于矿山生产至关重要。通过调节，可以确保空压机的各项参数在正常范围内波动，从而避免设备故障和事故发生。

（3）降低成本

适当的调节可以降低矿用空压机的运行成本，包括减少能源消耗、降低维护成本以及延长设备的使用寿命等。

总之，矿用空压机的调节是确保其高效、安全运行的关键步骤。通过掌握正确的调节方法并注重实际应用，可以使矿用空压机在矿山生产中发挥最大的效能。因此，对于煤矿来说，加强矿用空压机的调节和维护工作具有十分重要的意义。

三、矿用空压机的选用

矿用空压机的正确选用对于确保生产效率、降低成本、提高设备使用寿命具有重要意义。

1. 矿用空压机的分类

矿用空压机根据工作原理和结构特点，可分为活塞式空压机、螺杆式空压机、离心式空压机等多种类型。各类空压机各有优缺点，适用于不同的使用场景，选用时需要根据矿山的实际需求来决定。

（1）活塞式空压机

活塞式空压机（工作原理见图 6－8）结构简单、维修方便、适应性强，能够在各种环境和使用场景下稳定工作。然而，其运行效率相对较低、噪声较大，维护成本也较高。

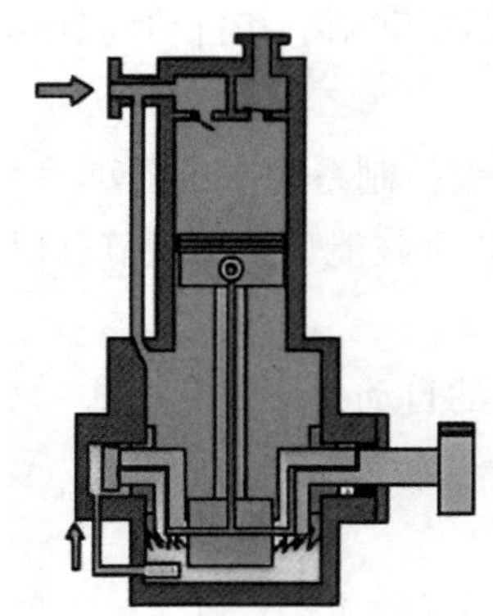

图 6－8　活塞式空压机的工作原理

（2）螺杆式空压机

螺杆式空压机（工作原理见图 6－9）运行平稳、噪声低、效率高，且维护成本相对较低。但是，其结构复杂，对使用环境的要求较高，且对维护和保养的要求也比较严格。

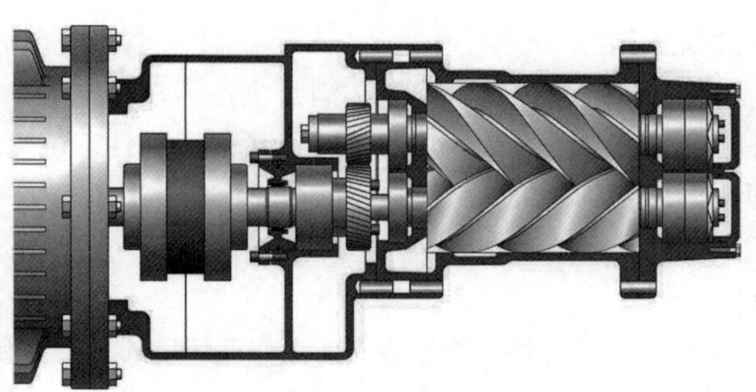

图 6-9　螺杆式空压机的工作原理

（3）离心式空压机

离心式空压机（工作原理见图 6-10）具有效率高、处理气量大的优点，且运行稳定，适用于需要大量压缩空气的矿山。然而，其初期投资成本较高，且对运行环境和使用条件的要求也比较严格。

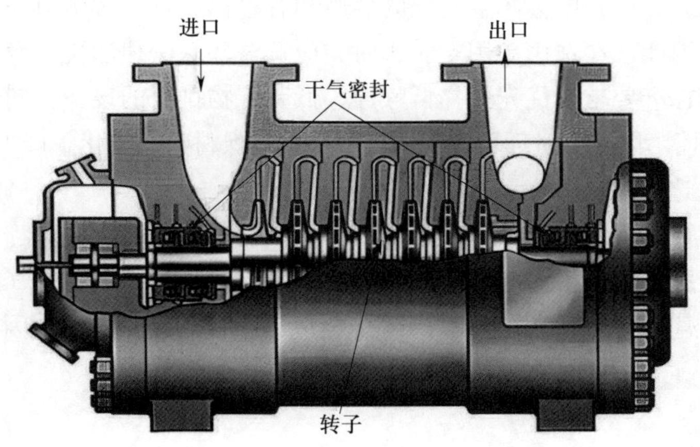

图 6-10　离心式空压机的工作原理

2. 矿用空压机选用的基本原则

（1）安全性原则

矿用空压机作为矿山作业的重要设备，其安全性至关重要。在选用矿用空压机时，设备的设计、制造、安装、调试、运行和维护等各个环节必须确保满足国家和行业相关安全标准，并严格遵守安全规定。同时，应确保矿用空压机具有完备的安全保护措施，如过热保护、过压保护、过载保护等。此外，还要考虑设备的稳定性和可靠性，避免因设备故障或误操作而引发安全事故。

（2）可靠性原则

矿用空压机应具有较高的可靠性，能够在恶劣的工作环境下长时间稳定运行。设备的材料和制造工艺应符合高标准，关键零部件应有较长的使用寿命。此外，设备应具有完善的维护和保养体系，以方便用户进行日常维护和保养。

（3）高效率与低能耗原则

矿用空压机应具有较高的效率，以确保在满足生产需求的同时，降低能耗，减少成本。在选用矿用空压机时，应充分考虑其功率与气量的匹配性，避免功率过大或过小造成的能源浪费。同时，应考虑设备的节能性能，优先选择采用高效节能技术的矿用空压机。

（4）适应性原则

矿用空压机应具有较强的适应性，能够适应矿山作业环境的复杂性和多变性。在选择矿用空压机时，应考虑其适应高温、高湿、高海拔等恶劣环境的能力，以及适应不同气源压力和气量需求的能力。此外，还应考虑设备的易维护性和耐用性，以适应矿山作业的长期性和连续性。

例如，对于大型矿山，应选择功率大、稳定性好的空压机；对于小型矿山，则可以选择功率适中、操作简便的空压机。

（5）环保性原则

矿用空压机在运行过程中会产生一定的噪声和有害排放物，对矿山环境和作业人员的健康造成一定影响。因此，在选用矿用空压机时，应符合环保法律法规，设备的噪声、有害排放物等指标应达到标准要求，优先选择低噪声、低有害物排放的设备。同时，应考虑设备的可回收性和再利用性，以减少对环境的影响，如采用环保材料、优化生产工艺等。

3. 矿用空压机选用的步骤

（1）明确使用需求

在选用矿用空压机前，首先需要明确矿山的实际需求，包括压缩空气的需求量、工作压力、工作环境（如温度、湿度、海拔等）、工作时间以及设备使用寿命等因素，这些需求将直接影响设备的选择。

（2）市场调研

在明确需求后，应进行市场调研，了解当前市场上矿用空压机的品牌、型号、性能、价格、售后服务等信息，并根据实际需求进行选型。也可以通过查阅产品目录、参观展会、咨询专业人士等方式进行调研。

（3）设备选型

根据矿山的具体需求和市场调研结果，进行设备选型。选型时，应重点考虑以下 5 个方面的内容：

1）设备的性能

设备的性能应满足所投入使用矿山的需求，包括压缩空气的输出量、工作压力、工作效率、噪声、振动等指标。

2）设备的可靠性

设备的可靠性应高，能够保证连续、稳定地工作，减少故障和维修时间。

3）设备的安全性

设备应符合相关的安全标准，有完善的安全保护措施，能确保操作人员的安全。

4）设备的适应性

设备应能适应矿山的工作环境，包括温度、湿度、海拔等因素。

5）设备的成本

设备的成本应在矿山可承受范围内，如购买价格、维护成本、能耗等。

（4）评估与比较

在矿用空压机选型过程中，应对多个备选设备进行评估与比较，可以通过实地考察、邀请厂家提供技术支持、咨询专业人士等方式进行。评估与比较的内容应包括设备的性能、可靠性、安全性、适应性以及成本等因素。

（5）选择与采购

根据评估与比较的结果，选择最适合所投入使用矿山的矿用空压机，并进行采购。在采购过程中，应与供应商明确设备的规格、性能、交货时间、售后服务等事项，并签订正式的采购合同。

（6）安装与调试

矿用空压机采购后，应进行安装与调试。在安装与调试过程中，应严格按照设备的安装说明书进行操作，确保设备的正确安装和稳定运行。

（7）培训与操作指导

为确保矿用空压机的正常运行和延长其使用寿命，应对操作人员进行培训与操作指导，内容应包括设备的操作方法、维护保养、故障排除等。

（8）定期维护与保养

在矿用空压机使用过程中，应定期对设备进行维护与保养，包括更换易损件、清洗过滤器、检查油位等。通过定期维护与保养，可以确保设备的正常运行并延长设备的使用寿命。

矿用空压机的选用是一个综合考虑多种因素的过程，在实际操作中，应遵循上述基本原则和具体步骤，确保选用到合适的设备，以满足生产需求、降低成本，并提高设备的使用寿命。同时，还应关注设备的节能环保性能和售后服务等因素，为煤矿的长远发展奠定坚实的基础。

第三节　矿井排水设备

一、矿井排水设备概述

矿井排水设备是确保矿井安全、稳定运行的关键设施之一，其主要功能是将矿井中的积水排出，防止水害事故的发生，从而保障矿工的生命安全和矿井生产设备的正常运行。在矿井中，用于布置矿井排水设备的房间或井下空间称为矿井排水泵房，如图 6－11 所示。

图 6－11 矿井排水泵房

1. 矿井排水设备的组成

矿井排水设备主要由排水泵、电动机和控制设备、吸水管路、排水管路、阀门和附件、电气保护设备、自动化控制系统等部分组成，如图 6－12 所示。

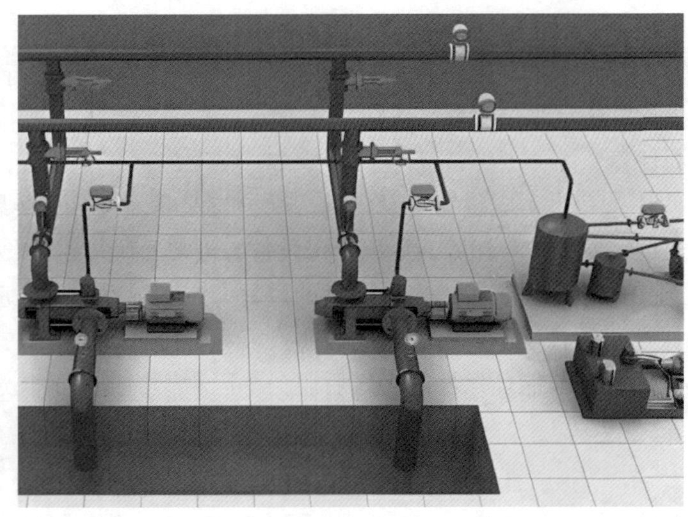

图 6－12 矿井排水设备

（1）排水泵

排水泵是矿井排水设备中的核心组成部分，其作用是将矿井中的积水抽出并输送到地面或其他处理设施。根据矿井的涌水量、水质和扬程等因素和需求，可选用不同型号和规格的排水泵，如离心式水泵、潜水式水泵等。

（2）电动机和控制设备

电动机是驱动排水泵工作的动力源，其性能直接影响到排水泵的抽水能力和效率。电动机的功率应与排水泵的功率相匹配，以保证排水效率。通常采用防爆型电动机，以满足矿井安全生产的需要。控制设备（控制柜）则负责控制电动机的启动、停止和运转速度等，以适

应不同情况下的排水需要，应具备防水、防尘、防爆等功能，以确保安全可靠运行。

（3）吸水管路

吸水管路负责将矿井内的积水引导到排水泵中，其材质和规格应根据输送水的流量、压力和腐蚀性等因素进行选择，通常由钢管、铸铁管或塑料管等材料制成。设计吸水管路时，需考虑管径、壁厚、连接方式等因素，以确保水流顺畅、安全。

（4）排水管路

排水管路负责将排水泵抽出的水输送到地面或其他处理设施。其材料、管径、连接方式等应根据实际需要进行选择，以确保水流顺畅、无泄漏。

（5）阀门和附件

阀门和附件用于调节和控制管路的通断、水流的方向、流量和压力等参数。常见的阀门有截止阀、止回阀、安全阀等，附件有压力表、流量计、法兰、接头、支撑架等。

（6）电气保护设备

电气保护设备用于保护电动机和控制设备免受电气故障、过载等问题的损害。常见的电气保护设备有漏电保护器、过载保护器等。

（7）自动化控制系统

自动化控制系统用于实现对矿井排水设备的远程监控和自动化控制。通过该系统，可以实时监测排水设备的运行状态、启停控制、故障诊断、水量等信息，并自动调整排水泵的运行参数以满足实际需要，并且提高运行效率和安全性。

（8）辅助设备

辅助设备是确保矿井排水设备正常运行不可或缺的部分，它包括但不限于以下设备：

1）过滤器

过滤器用于过滤进入排水泵的水中的杂质，防止杂质对泵体和电动机造成损害。

2）压力表

压力表用于监测管路系统内的压力，确保排水泵在正常工作范围内运行。

3）温度计

温度计用于监测排水泵和电动机的工作温度，防止过热导致设备损坏。

4）水箱

水箱用于储存经过排水泵处理后的水，以便后续处理或排放。

2. 矿井排水设备的工作原理

矿井排水设备的工作原理主要包括抽水、输送和控制3个过程。当矿井中的水位达到预设值时，控制系统将自动启动排水泵和电动机，排水泵开始抽水并通过管路输送到地面或其他处理设施。同时，控制系统还会实时监测水位和水流量等参数，以确保排水设备的正常运行。当水位下降到预设值以下时，控制系统将自动停止排水泵和电动机的工作。

二、矿用离心式水泵的工作原理

矿用离心式水泵是矿山排水和供水系统中的重要设备，其工作原理基于离心力的作用。

1. 矿用离心式水泵的基本结构

矿用离心式水泵主要由进水管、叶轮、泵壳、轴承、密封装置和出水管等组成。其中，叶轮是水泵的核心组成部件，负责将机械能转化为水的动能和势能。

2. 工作原理

（1）进水过程

当矿用离心式水泵启动后，进水管中的水流被吸入叶轮的中心。此时，叶轮的叶片对水产生向心力，使水流沿着叶轮的叶片向外流动。

（2）离心过程

随着水流从叶轮中心向外流动，水流的速度逐渐增加，同时压力降低。当水流到达叶轮的边缘时，速度达到最大值，由于离心力的作用，水流被抛出叶轮的边缘。

（3）增压过程

被抛出叶轮边缘的水流进入泵壳，由于泵壳逐渐扩大，水流的速度逐渐降低，同时压力升高。这样，水流的动能被转化为势能，从而实现增压。

（4）出水过程

增压后的水流通过出水管流出水泵，供给矿山排水或供水系统。

总之，矿用离心式水泵具有结构简单、性能稳定、维护方便等优点，其工作原理是基于离心力的作用，通过进水、离心、增压和出水等过程实现水的输送和增压，如图 6-13 所示。

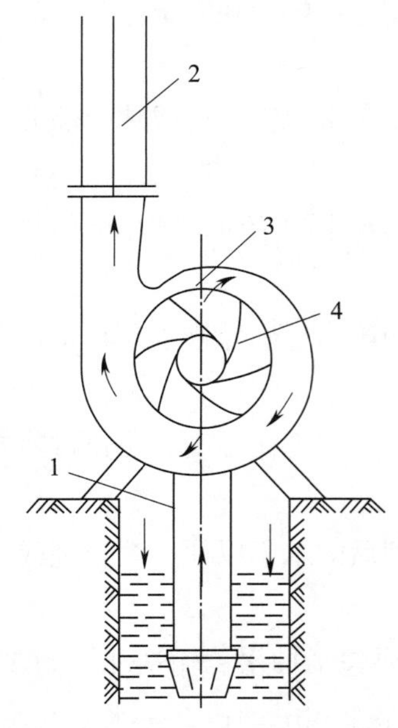

图 6-13　矿用离心式水泵的工作原理

1—吸入管；2—排出管；3—泵体；4—叶轮

三、矿用水泵的结构和性能

矿用水泵是煤矿生产中重要的设备之一，主要用于在矿井中抽取地下水、排放污水和进

行其他相关的液体输送任务。由于其特殊的工作环境和使用需求，矿用水泵在结构和性能上都有一定的特殊性。

1. 矿用水泵的结构

矿用水泵及其结构如图 6-14 所示。

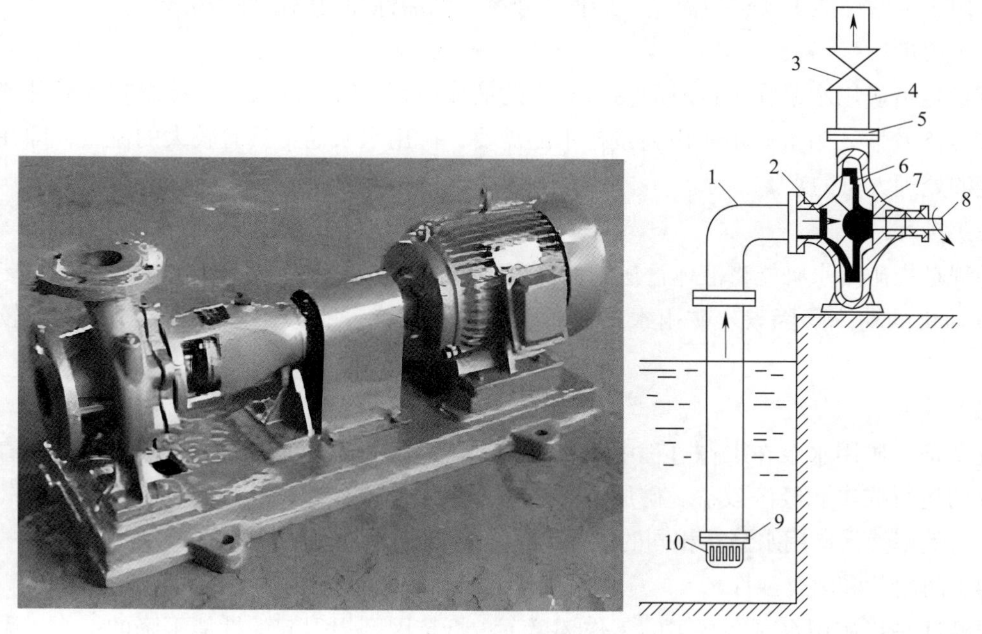

图 6-14 矿用水泵及其结构

1—吸入管；2—吸入口；3—调节阀；4—排出管；5—排出口；6—叶轮；7—泵体；8—泵轴；9—底阀；10—滤网

（1）泵体

泵体是矿用水泵的主体组成部分，通常由耐磨、耐腐蚀的材料制成，如铸铁、不锈钢等。泵体的主要功能是容纳叶轮，形成泵的工作空间，同时承受泵在工作过程中产生的压力和液体冲击。

（2）叶轮

叶轮是矿用水泵的核心组成部件，负责将机械能转化为液体的动能。叶轮通常由耐磨、耐腐蚀的材料制成，如青铜、不锈钢等。叶轮的设计和制造精度直接影响到泵的性能和使用寿命。

（3）泵轴

泵轴是起到传递扭矩、支撑叶轮和电动机转子等部件的作用，通常由高强度、耐磨的材料制成。轴承的工作状态直接影响到泵的稳定性和使用寿命。

（4）密封装置

密封装置是防止泵在工作过程中发生泄漏的关键部件。矿用水泵的密封装置通常采用多重密封结构，包括填料密封、机械密封等，以确保泵的长期稳定运行。

（5）电动机

电动机是驱动矿用水泵工作的动力源，电动机的选择应根据泵的工作需求和矿井的实际条件进行，以确保泵的正常运行和效率。

2. 矿用水泵的性能

矿用水泵的性能主要包括流量、扬程、效率、耐磨性和耐腐蚀性等指标。

（1）流量

流量是指矿用水泵在单位时间内所输送的液体体积。流量的大小直接影响到矿井的生产效率和经济效益。为了满足矿山大量排水的需要，矿用水泵通常具有较大的流量，即在短时间内能够处理大量的水。

（2）扬程

扬程是指矿用水泵能将液体输送到的高度。扬程的大小取决于泵的结构设计和制造工艺，以及电动机的功率等因素。矿用水泵具有较高扬程性能，能够在较低的转速下实现较高的扬程。

（3）效率

效率是指矿用水泵在工作过程中，将机械能转化为液体动能的效率。效率的高低直接影响到泵的运行成本和经济效益。矿用水泵通常采用先进的水力设计和制造工艺，以提高泵的效率。高效率使得矿用水泵在相同的能耗下，能够输出更多的有用功。

（4）耐磨性和耐腐蚀性

耐磨性是指矿用水泵在恶劣的工作环境下，抵抗因磨损引起的性能下降的能力。耐磨性的强弱直接影响到泵的使用寿命和维修成本。

耐腐蚀性是指矿用水泵在含有腐蚀性物质的液体中，抵抗被腐蚀的能力。耐腐蚀性的强弱直接影响到泵的使用寿命和安全性。

四、常用矿用离心式水泵

1. D 型泵

D 型泵为多级单吸分段式离心泵，可输送水温低于 80 ℃的清水或物理性能类似于水的液体。这种泵的流量范围为 32.4～580 m^3/h，扬程范围为 67.5～800 m。目前，矿井主排水泵多使用 D 型泵。

D 型泵的泵轴上装有 3 个叶轮和 1 个平衡盘，在轴的两端用单列向心轴承支承，平衡盘背面卸荷腔上开有管孔，用平衡管把此腔与吸入口接通。为了改善吸水性能，第一级叶轮的吸入口直径比其他几级叶轮大。

2. B 型泵

B 型泵为单级单吸悬臂式离心泵，可供输送水温低于 80 ℃的清水或物理性质与水相似的液体。这种泵的流量范围为 4.5～360 m^3/h，扬程范围为 8～98 m。

B 型泵的泵体内腔制成截面逐渐扩大的蜗壳形流通空腔，吸水室与泵体铸成一体，出水口与泵的轴线垂直，并可根据安装使用情况与泵体共同旋转 90°、180° 甚至 270°。

B 型泵的泵轴左端装有叶轮、右端通过联轴器与电动机相连。叶轮前后盖和泵体之间采用平环式密封环，并开有平衡孔。

3. 卧式多级螺壳水泵

卧式多级螺壳水泵的叶轮呈对称平衡布置，级间以螺壳形流道串接，此流道或布置在泵体内部与泵体铸成一体，或用泵体外的管道串接。泵体分成上下两个部分，揭开上盖后，整个转子外露，清理和检查非常方便。

4. 深水泵

深水泵属于立式多级分段水泵。其结构特点如下：

（1）下部为工作部分，是泵的主体，由几段串联的叶轮组成，叶轮是借助锥形套装在泵轴上的。

（2）中部由输水管和位于其中的传动轴组成，轴和输水管都是分段式的，各段轴用联轴器连接，管中有橡胶制的轴承体衬套支承长轴。

（3）上部是泵的传动部分，其中有逆转装置，以避免反转时各段间的螺纹连接松动而发生事故。

5. 吊泵

吊泵的工作部分位于其最下端，装有带底阀的吸水软管，利用软管可以尽可能地将水窝内各处水吸干。吊泵的传动部分直接与工作部分相接，排水管装于泵的最上部。工作人员可以在随泵一起移动的操纵台上控制排水闸和电动机。

五、矿井排水设备的选型

在煤矿生产中，矿井排水设备是确保矿井安全、正常生产的重要设备之一。合理选择排水设备，对于提高矿井生产效率、保障作业安全具有十分重要的意义。

1. 矿井排水设备的选型原则

（1）安全性原则

应确保矿井排水设备在运行过程中具有足够的安全性能，以满足矿井排水需求，防止因设备故障导致的安全事故。

（2）经济性原则

在满足安全性能的前提下，应选择性价比高的矿井排水设备，实现设备投资与运行成本的最优化。

（3）适用性原则

应根据矿井的实际情况，选择适合矿井排水特点的设备，确保设备能够充分发挥其性能。

（4）可靠性原则

应选择具有稳定、可靠性能的矿井排水设备，减少设备故障对矿井生产的影响。

（5）环保性原则

应选择符合环保要求的矿井排水设备，降低设备运行过程中产生的噪声、有害物污染等负面影响。

2. 矿井排水设备的选型步骤

（1）调研需求

了解矿井的排水量、所排水的水质、排水距离等需求，为后续选型提供依据。

（2）设备分类

根据排水需求，将矿井排水设备分为潜水排污泵、离心泵、轴流泵等不同类型，明确选型范围。

（3）设备比选

对各类设备的性能、价格、生产厂家等因素进行综合比较，筛选出符合选型原则的设备。

（4）实地考察

对筛选出的设备进行实地考察，了解其实际运行效果、维护保养情况等，进一步确定选型。

（5）编制选型报告

将选型过程、结果以及建议整理成报告，供决策层参考。

3. 矿井排水设备选型需要考虑的主要因素

（1）设备性能

设备性能主要包括排水量、扬程、效率、可靠性等指标，需要满足矿井排水需求。

（2）设备材质

考虑设备在不同水质环境下的耐腐蚀性，确保设备能够长期稳定运行。

（3）设备尺寸

根据矿井空间大小，选择适合的设备尺寸，避免设备过大或过小影响排水效果。

（4）能源消耗

在满足排水需求的前提下，选择能源消耗较低的设备，以降低生产成本。

（5）维护保养

了解设备的维护保养要求，确保设备在运行过程中能够得到及时、有效的维护。

【知识拓宽】

流体机械是机械工程中的重要分支，它研究流体在机械中的运动和相互作用。流体机械广泛应用于能源、航空航天、化工、水利等领域，对于现代工程技术的发展起着重要的推动作用。

思考练习题

1. 矿井通风设备的主要组成部分有哪些？

2. 简述矿用空压机的结构及设备的选用。
3. 简述矿用离心式水泵的结构及性能。

技能实训七 矿井通风设备的安全操作

一、实训目标

1. 熟悉矿井通风设备使用前的安全检查内容。
2. 掌握矿用通风机安全操作内容与步骤。

二、任务描述

熟悉矿井通风设备作业环境安全检查、运行装置安全检查等矿井通风设备作业前的安全检查内容；学会矿用通风机启动安全操作、运行监控以及设备停机的安全操作一系列步骤。

三、任务准备

1. 换好工作服，佩戴安全帽、矿灯，领取实训报告单，并有序进入矿井通风设备实训现场排队等候。
2. 打扫好矿井通风设备实训现场周边卫生、清扫通风机机身浮尘。
3. 清点矿用通风机操作使用的相关工具和检修仪器。
4. 熟悉操作过程中有关安全措施。

四、知识要点

1. 检查作业环境

（1）检查设备是否完好无损，检查通风机及管道有无明显破损、变形或堵塞情况，各部件连接是否紧固。

（2）清理设备周围的杂物，确保设备运行环境清洁。

（3）检查设备的电源线和控制线是否完好，有无裸露或破损现象，接地是否可靠。

（4）检查设备的叶片是否干净，有无杂物或尘土附着。

（5）检查设备的安装位置是否合理，是否有利于空气流通。

（6）检查设备润滑油是否充足，是否需要更换。

2. 通风机的启动

（1）按照通风机启动程序，逐步启动；打开通风机的电源开关，观察是否正常启动；确保通风机运行平稳，无异常声音。

（2）调节通风机的风速和风量，确保按照设定要求运行。

3. 通风机运行监控

（1）定期检查通风机运行状况，包括轴承温度、电动机温度、风量、风压等。

（2）使用通风机过程中，应保持通风系统畅通，不得随意关闭送风或排风口。

（3）发现异常情况，例如有异响、异味或温度异常升高时，应立即停机检查，排除故障。

4. 停机

（1）按照通风机停机程序，调节其风速和风量至最低，逐步关闭通风机。

（2）关闭通风机的电源开关，断开电源。

（3）在通风机完全停止运行后，进行必要的维护和保养工作。

五、实训过程

1. 介绍实训内容

在开始实训前，指导教师介绍本次实训内容和目标以及学生必须掌握的知识点，并做好作业前的安全操作培训有关事宜。

2. 分配任务

根据教学计划和课程要求分配任务给每个学生，学生每两人一组，一人操作，另一人监护，并进行必要的指导。

3. 开展实训操作

根据分配任务进行具体操作，让学生练习矿用通风机启动前的安全检查工作，以及通风机启动的安全操作、运行监控以及停机安全操作等一系列步骤。

4. 巡回指导并及时反馈

在学生实训过程中，指导教师要及时跟踪并进行巡回指导；共性的问题集中解决，个性问题现场及时解决处理。下课前，要对学生在操作过程中出现的问题进行必要的记录和总结，并及时反馈。

六、设备使用注意事项

1. 使用矿井通风设备时，应坚持“安全第一”的原则，确保设备的运行安全。应严格遵守安全操作规程，确保人身安全。

2. 在设备运行过程中，禁止触摸设备的旋转部件，以免发生意外伤害。矿井通风设备应定期进行检查和维护，确保设备的正常运行。

3. 在使用过程中，如发现设备有异常情况，应立即停止使用，及时报告并采取有效措施进行处理。

4. 矿井通风设备的操作人员应具备一定的电气知识和安全知识，确保设备的正确、安全使用。

七、总结与思考

1. 课程总结

指导教师对本次实训进行总结，包括学生实训规范、实训教学效果以及存在的问题和改进措施等。

2. 书写实训报告

学生应认真填写实训报告单，总结实训过程中存在的问题，锻炼通过理论与实践相结合来解决问题的能力，进而通过实训演练提高自己的技能水平。

3. 评估反馈

指导教师对学生实训过程进行全面综合评估，并及时向学生反馈结果，以便于下一次实训活动有序进行。

技能实训八 矿用压风机的安全操作

一、实训目标

1. 熟悉矿用压风机使用前的安全检查内容。
2. 掌握矿用压风机安全操作内容与步骤。

二、任务描述

熟悉矿用压风机作业环境安全检查、运行装置安全检查等矿用压风机作业前的安全检查内容；学会矿用压风机启动安全操作、运行监控以及设备停机的安全操作一系列步骤。

三、任务准备

1. 换好工作服，佩戴安全帽、矿灯，领取实训报告单，并有序进入矿用压风机实训现场排队等候。
2. 打扫好矿用压风机实训现场周边卫生、清扫压风机机身浮尘。
3. 清点矿用压风机操作使用的相关工具和检修仪器。
4. 熟悉操作过程中有关安全措施。

四、知识要点

1. 检查作业环境

（1）检查电气系统，确保电源接线正确可靠。

（2）检查压风机的润滑油位，确保正常运转。

（3）检查压风机输送管道、连接件等是否有松动、渗漏等现象。

（4）检查压风机进出风口是否畅通。

2. 设备启动前的准备

（1）检查确认设备无明显损坏，各部件连接紧固，无松动现象。

（2）检查电源线路是否完好，确保电压稳定，符合设备要求。

（3）检查设备润滑油位，确保油位在正常范围内。

（4）在启动设备前，应进行空载试车，检查设备运行是否平稳，有无异常声音。

3. 设备的启动

（1）开启冷却水系统，确保压风机冷却水流量和压力满足要求。

（2）合上压风机电气控制装置电源开关，将控制方式选择为“自动”或“手动”。

（3）在控制面板上按下启动按钮，电动机开始运转，观察压风机运行是否平稳，有无异常声响或振动。

（4）当压风机运转正常后，逐渐打开进气阀门和排气阀门，调整压风机负载，使其达到所需的工作压力。

4. 设备运行监控

（1）在压风机运行过程中，应密切关注其运行状态，包括排气压力、排气温度、电动机电流等参数是否正常。

（2）定期检查压风机润滑油油位和油质，确保润滑系统正常运行。

（3）定期检查冷却水系统，确保冷却水流量和压力稳定，防止压风机过热。

5. 设备停机

（1）当需要停止压风机时，应首先关闭进气阀门和排气阀门，使压风机逐渐卸载。

（2）在控制面板上按下停止按钮，电动机停止运转。

（3）关闭冷却水系统，切断压风机电气控制装置的电源开关。

五、实训过程

1. 介绍实训内容

在开始实训前，指导教师介绍本次实训内容和目标以及学生必须掌握的知识点，并做好作业前的安全操作培训有关事宜。

2. 分配任务

根据教学计划和课程要求分配任务给每个学生，学生每两人一组，一人操作，另一人监护，并进行必要的指导。

3. 开展实训操作

根据分配任务进行具体操作，练习矿用压风机启动前的安全检查工作，以及压风机启动的安全操作、运行监控以及停机安全操作等一系列步骤。

4. 巡回指导并及时反馈

在实训过程中，指导教师要及时跟踪并进行巡回指导；共性的问题集中解决，个性问题现场及时解决处理。下课前，要对学生在操作过程中出现的问题进行必要的记录和总结，并及时反馈。

六、设备使用注意事项

1. 使用矿用压风机时，应坚持“安全第一”的原则，确保设备的运行安全。应严格遵守安全操作规程，确保人身安全。

2. 在设备运行过程中，禁止触摸设备的旋转部件，以免发生意外伤害。压风机应定期进

行检查和维护，确保设备的正常运行。

3. 在使用过程中，如发现设备有异常情况，应立即停止使用，及时报告，并采取有效措施进行处理。

4. 压风设备的操作人员应具备一定的电气知识和安全知识，确保设备的正确、安全使用。

七、总结与思考

1. 课程总结

指导教师对本次实训进行总结，包括学生实训规范、实训教学效果以及存在的问题和改进措施等。

2. 书写实训报告

学生应认真填写实训报告单，总结实训过程中存在的问题，锻炼通过理论与实践相结合来解决问题的能力，进而通过实训演练提高自己的技能水平。

3. 评估反馈

指导教师对学生实训过程进行全面综合评估，并及时向学生反馈结果，以便于下一次实训活动有序进行。

技能实训九　矿井排水设备的安全操作

一、实训目标

1. 熟悉矿井排水设备使用前的安全检查内容。
2. 掌握矿井排水设备安全操作内容与步骤。

二、任务描述

熟悉矿井排水设备作业环境安全检查、运行装置安全检查等矿井排水设备作业前的安全检查内容；学会矿井排水设备启动安全操作、运行监控以及设备停机的安全操作一系列步骤。

三、任务准备

1. 换好工作服，佩戴安全帽、矿灯，领取实训报告单，并有序进入矿井排水设备实训现场排队等候。

2. 打扫好矿井排水设备实训现场周边卫生、清扫设备机身浮尘。

3. 清点矿井排水设备操作使用的相关工具和检修仪器。

4. 熟悉操作过程中有关安全措施。

四、知识要点

1. 检查作业环境

(1) 检查水泵、电动机、控制柜等部分是否完好无损，确保开关和按钮能够正常操作；检查紧固件是否松动；检查润滑油是否充足。

(2) 检查电源，确保电源稳定、电压符合设备要求；检查确保电源线路完好无损，没有裸露的电线或破损的绝缘层。

(3) 检查排水管道是否畅通，接头是否紧固，有无堵塞物，有无渗漏现象。

2. 设备的启动

(1) 开启设备的电源总开关，检查电源指示灯是否亮起，确认设备已接通电源。

(2) 打开排水泵的进水阀门，确保水源充足；同时观察进水口的水流情况，确保水流稳定。

(3) 按下排水泵的启动按钮，启动排水泵。在启动过程中，应注意观察设备的运行状态，如有异常声音或振动，应立即停机检查。

3. 设备运行与监控

(1) 在设备运行过程中，应定期观察排水泵的出水情况，确保出水流量稳定，无异常波动。

(2) 检查设备的温度，确保设备温度在正常范围内，避免因过热而损坏设备。

(3) 监听设备的运行状态，如有异常噪声或振动，应及时停机检查，排除故障。

4. 设备停机

(1) 当需要停机时，应先关闭排水泵的进水阀门，切断水源。

(2) 按下排水泵的停止按钮，使设备停止运行。

五、实训过程

1. 介绍实训内容

在开始实训前，指导教师介绍本次实训内容和目标以及学生必须掌握的知识点，并做好作业前的安全操作培训有关事宜。

2. 分配任务

根据教学计划和课程要求分配任务给每个学生，学生每两人一组，一人操作，另一人监护，并进行必要的指导。

3. 开展实训操作

根据分配任务进行具体操作，练习矿井排水设备启动前的安全检查工作，以及设备启动的安全操作、运行监控以及停机安全操作等一系列步骤。

4. 巡回指导并及时反馈

在实训过程中，指导教师要及时跟踪并进行巡回指导；共性的问题集中解决，个性问题现场及时解决处理。下课前，指导教师要对学生在操作过程中出现的问题进行必要的记录和总结，并及时反馈。

六、设备使用注意事项

1. 使用矿井排水设备时，应坚持“安全第一”的原则，确保设备的运行安全。应严格遵守安全操作规程，确保人身安全。

2. 在设备运行过程中，禁止触摸设备的旋转部件，以免发生意外伤害。应定期进行检查和维护设备，确保设备正常运行。

3. 在使用过程中，如发现设备有异常情况，应立即停止使用，及时报告，并采取有效措施进行处理。

4. 排水设备的操作人员应具备一定的电气知识和安全知识，确保设备的正确、安全使用。

七、总结与思考

1. 课程总结

指导教师对本次实训进行总结，包括实训规范、实操教学效果以及存在的问题和改进措施等。

2. 书写实操报告

学生应认真填写实训报告单，总结实训过程中存在的问题，以及锻炼通过理论与实践相结合来解决问题的能力，进而通过实训演练提高技能水平。

3. 评估反馈

指导教师对学生实训过程进行全面综合评估，并及时向学生反馈结果，以便于下一次实训活动有序进行。